JN240552

開発効率を向上させて、
人を育てる仕組みを作る

エンジニアチームの生産性の高め方

技術評論社

著　田中洋一郎 石川宗寿 若狭建 田中優之
小澤正幸 川中真耶 三木康暉

はじめに

　ソフトウェア開発の世界では、生産性の向上は永遠のテーマです。ユーザーニーズの変遷や技術の進歩など、環境が変化し続ける中でいかにして効率的に開発を継続していくかは、多くのソフトウェア開発チームにとって切実な問題です。本書は、そのような問題に対する解決のヒントを提供することを目指しています。

　しかし、本書が提供するのは汎用的な解決策や、普遍的な理論では**ありません**。各章に記されているのは、それぞれの著者が、自身の経験と専門性をもとに導き出した、生産性を向上させるための具体的かつ実践的な自説です。生産性を向上させるための網羅的な解説書というわけではなく、むしろ多角的な視点からの提案と捉えてください。

　本書は2部構成になっています。第1部『開発プロセスと生産性』では、開発プロセスの改善をどう実現するかについて述べます。具体的には、Product Requirements Document や Design Doc といったドキュメント作成や、ブランチ・リリース戦略、リアーキテクト時のテスト戦略というトピックから、生産性を向上させる方法を解説します。第2部『開発チームと生産性』では、チームの立ち上げ、スキルの向上、開発基盤の改善というトピックで、開発者とその組織に焦点を当てて解説します。

　本書は、エンジニアリングマネージャーやテックリードを含む、開発生産性を改善したいと考えている方々に向けて書かれています。必ずしも、すべてを通して読む必要はありません。それぞれの章は、独立して理解できるように構成されているため、必要に応じて部分的に読むことができます。興味のあるトピックや現在直面している課題に関連する章を読み、そのアイデアをご自身のチームに採用してみてください。

　本書を通じて、読者の皆様が新たな視点を得られることを心から願っています。

Contents
目次

第2章　Design Doc　69

第3章　ブランチ・リリース戦略　109

第5章 実践エンジニア組織づくり　187

第6章 エンジニアリングイネーブルメント 227

<table>
<tr><td>第7章</td><td>開発基盤の改善と
開発者生産性の向上</td><td>259</td></tr>
</table>

　第1部では、プロダクト開発の最前線で活躍する専門家たちが、それぞれの経験に基づいて、開発プロセスを改善するための手法を紹介しています。さっそくそれらを読んでいきたいところですが、その前に、これらの手法を深く理解するための準備体操をしておきましょう。プロダクト開発を5W1Hで整理し、さらにプロダクトを継続的に成長させていくために必要となることを紹介しながら、開発プロセスの基本的な概念について振り返ります。そして、専門家たちが紹介する手法が、開発プロセスのどの段階に対して効果的な「武器」となるかを明確にします。

　インターネットやWebが世界で広く使われるようになってから、既に30年以上が経過しました。その間に、ソフトウェアは大規模化し、利用するユーザー数についても増加の一途をたどっています。また、様々な業種、業態でソフトウェアが使われるようになり、今やソフトウェアを利用していない領域はないのではないか、と思えてしまうほどです。この状況は、2023年末での企業の時価総額ランキングの上位5社中で4社がソフトウェアによる価値創造をミッションとした企業で占められていることからも分かります[注1]。

表a　時価総額ランキング

順位	銘柄名	国	セクター	株式時価総額
1	アップル	米国	情報技術	2.99兆ドル
2	マイクロソフト	米国	情報技術	2.79兆ドル
3	サウジアラムコ	サウジアラビア	エネルギー	2.13兆ドル
4	アルファベット	米国	コミュニケーションサービス	1.76兆ドル
5	アマゾン	米国	一般消費財サービス	1.57兆ドル

　そして、コンピューターの小型化と高性能化が進む中で、人々の生活にソフトウェアが今後さらに活用されていくことが想定されています。たとえば、スマートホームの普及が進むにつれて、人々の日常生活はさらに便利になるでしょう。また、AI技術の進化は、人々の経済活動にも大きな影響を及ぼし、経済活動の本質を根本的に変える可能性があります。このような未来は、もはや目の前に迫ってきています。

　ソフトウェアの適用範囲が広がり、ソフトウェアによって作られたプロダクトを利用する人々が増加するにつれて、プロダクトを開発する難易度や複雑性も増しています。プロダクト開発チームは、増加する複雑性に対応しながら、効果的に開発を進めることが求められます。プロダクト開発において重要なことは、

注1　「世界株式時価総額ランキング（2023年12月末）」https://lloydy-investment.com/equity-market-cap/

開発手順、すなわち開発プロセスです。今日では、個人ではなくチームによるプロダクト開発が主流です。チームメンバーが迷いなく高品質なプロダクトを開発していくためには、適切なツールや枠組みを採用し、開発プロセスを継続的に改善し進化させることが必要です。

図a　プロダクトを取り巻く外的要因とその中心にいる開発チーム

個々の技術やチームメンバーをつなぐ役割を開発プロセスが担っています。その開発プロセスが適切に組み立てられていればいるほど、チームの力が発揮され、よいプロダクトを生み出すことが可能となります。

プロダクト開発の5W1H

では、開発プロセスを5W1Hを使って分解してみましょう。これによって、プロダクト開発にて行われることが「いつ誰がどこで何をどのように」という軸で整理されます。ここでは、第1部のそれぞれの章で紹介されている手法が、開発プロセスの何を改善してくれるものなのかを明確にします。

図b　開発プロセスと5W1Hとの関係

	企画立案	設計	実装	テスト	リリース
Why	▓▓▓▓▓				
What	▓▓▓▓▓▓				
How		▓▓▓▓▓▓▓			
Who	▓▓▓▓▓▓▓▓▓▓				
When	▓▓▓▓▓▓▓▓▓▓				
Where	▓▓▓▓▓▓▓▓▓▓				

ここでの前提として、不特定多数のユーザーに利用されるスマートフォン向けアプリやWebアプリなどのプロダクト開発に焦点を当てています。しかし、ここで取り上げるプロセスは一般的なものであり、他の種類のプロダクト開発においてもカバーできます。BtoC（企業から消費者へ）だけでなく、BtoB（企業から企業へ）を対象にしたプロダクトについても同様に適用可能です。

「開発プロセス」というやや堅苦しい表現をやさしく言い換えると、「どんな人に、どんなものを、どのように作って、どうやって届けるか」という形になります。この表現は、「どのように作るか」という技術的な側面だけではなく、企画の立案から最終的にユーザーに使用してもらうまでの全過程を包含していることを示しています。

5W1Hとは、以下の軸を使って整理する方法です。

- Why：なぜ開発するのか
- What：何を開発するのか
- Who：誰が開発するのか
- Where：どこで開発するのか
- When：いつ開発するのか
- How：どのように開発するのか

開発プロセスと5W1Hとの対応について、順に見ていきましょう。

Why（なぜ開発するのか）

プロダクト開発において、そのプロダクトが解決を目指す特定の課題が存在することが基本です。つまり、プロダクトを開発する動機は、その課題の解決にあります。この課題解決という目標が、プロダクト開発の根底にある動機付け、すなわち「なぜ開発するのか（Why）」になります。

プロダクトの開発を決定する際には、解決を目指す課題が実際に存在することを明らかにすることが重要です。加えて、その課題に直面している人々がどこに、どれだけの人数でいるのかを特定することも必要です。これを言い換えると、「市場があるかどうか」になります。

図c　市場とプロダクトの関係

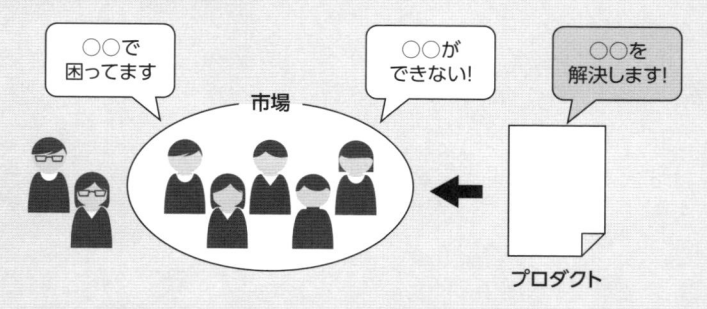

「市場があるかどうか」は、特定のプロダクトに対して、十分な需要や購買意欲が存在するかどうかを指します。具体的には、そのプロダクトを購入したいと思うユーザーが十分にいるか、または特定の問題やニーズを持つ顧客層が存在するかを示します。市場がある場合、そのプロダクトは商業的に成功する可能性が高く、投資や開発の努力が報われることが期待されます。逆に市場がない場合、需要が不足しているため、そのプロダクトが商業的に成功する可能性は低いと考えられます。開発プロセスの最初の段階で、市場の存在を確認するためには以下のステップが行われます。

- **市場調査**
  市場のサイズ、潜在的な顧客層、競合状況、業界の動向などを理解するために市場調査を実施します。これにはオンライン調査、アンケート、フォーカスグループ、インタビューなどが含まれます。
- **顧客ニーズの分析**
  対象となる顧客層が直面している課題やニーズを特定し、そのニーズが現在の市場でどの程度満たされているかを評価します。
- **競合分析**
  類似の製品やサービスを提供している競合他社を調査し、市場における自社の位置付けを理解します。競合の強みと弱みを分析することで、市場の隙間を見つけることができます。
- **財務的見積もり**
  市場の潜在的な価値を評価し、プロダクト開発のコストと見込まれる収益を比較します。市場が十分大きく、利益を上げる可能性があるかを判断します。

　これらの調査や分析の結果は、Marketing Requirements Document (MRD)にまとめるか、または各結果を別々のレポートとして作成します。その後、これ

らの資料を基にして、プロダクト開発を進めるかどうかを判断材料にして議論が行われます。

図d　開発チームとMRDとの関係

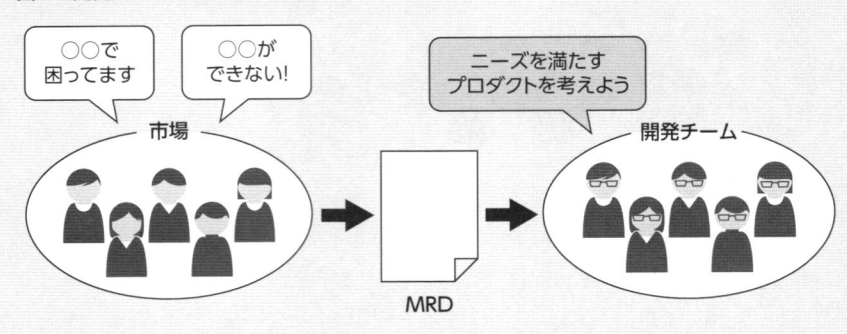

開発プロセスにおいて、「なぜ開発するのか (Why)」を明確にする作業は、企画立案の初期段階で最優先に行われます。この段階では、プロダクト開発の必要性を明確にし、その理由に説得力を持たせることが重要です。これにより、プロジェクトの方向性が定まり、開発チームや関係者が共通の目的に向かって努力できるようになります。

What（何を開発するのか）

市場が確実に存在し、解決すべき課題を持つユーザーが一定数いることが明らかになった後、次のステップは具体的にどのようなプロダクトが求められているかの検討を始めることです。これは企画立案の後半の段階で行われ、プロダクトのコンセプト、機能、利用シナリオなどを考えます。この段階での目的は、市場のニーズに最も適合するプロダクトの特徴を明確にすることです。

この段階では、ユーザーインターフェースや具体的な機能の設計、あるいは開発方法についての議論に焦って取り掛かることは避けるべきです。この時点で最も重要なことは、プロダクトの本質を見極めることです。先に行った「なぜ開発するのか (Why)」に関する検討結果を深く理解し、その課題を解決するために何が必要かを議論し、まとめていくことが重要です。このプロセスを怠ると、市場の実際のニーズと合わないプロダクトの開発に進んでしまうリスクがあります。

なぜ開発するのか？　　何を開発するのか？　　どのように開発するのか？

$$ \text{Why} \rightarrow \text{What} \rightarrow \text{How} $$

　プロダクトに要求される機能や特性を議論してまとめること、すなわち「何を開発するのか（What）」を検討していくには、以下のステップが重要です。

- **ニーズの特定**
  市場調査や顧客インタビューの結果を基に、ユーザーがどのような問題を抱えているか、どのようなニーズを持っているかを特定します。
- **要求の定義**
  特定されたニーズを基に、プロダクトが満たすべき具体的なこと（要求と呼びます）を定義します。これには機能的な要求だけでなく、非機能的な要求（性能、セキュリティ、使いやすさなど）も含まれます。
- **優先順位の調整**
  すべての要求を一度に満たすことは難しい場合があるため、要求ごとに優先順位をつけます。これは、リソースの制約、市場への影響、開発の複雑性などを考慮して行います。
- **コンセプトの決定**
  要求を満たすためのプロダクトの基本的なコンセプトを決定します。これには、プロダクトの主要な機能や、ユーザーとのインタラクション方法などが含まれます。
- **フィードバックの収集**
  初期のコンセプトをユーザーや関係者に提示し、フィードバックを収集します。これにより、コンセプトの調整や改善を行います。

これらをまとめて資料化するために、いくつかの文書の形式が考えられます。

- PRD：Product Requirements Document。第1章で解説します。
- 基本設計書、外部設計書：システムインテグレーターでよく使われます。
- インセプションデッキ：質問に回答する形式で要求をまとめます。
- PR/FAQ（プレスリリース）：米国にあるAmazonの本社で採用されている要求をまとめるための形式です。

　「何を開発するのか (What)」を明確にすることは、プロダクト開発における重要な指針となります。この明確な定義は、開発中に生じる様々な判断や選択を迷うことなく行うための基盤を提供します。さらに、開発プロセスに関わるすべてのメンバーが「何を開発するのか」に関して共通の理解を持つことは、プロダクトの成功を大きく左右します。

図f　PRDと開発チームの関係

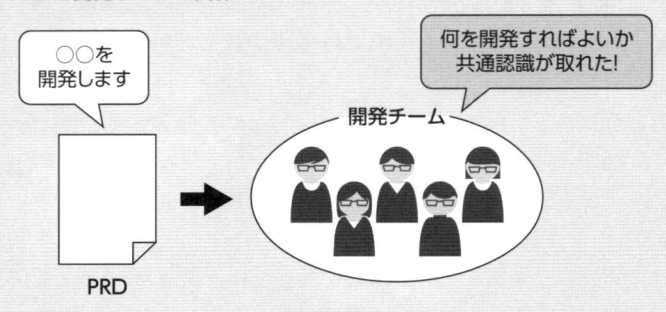

　この共通の理解は、開発チームが一貫した目標に向かって協力するための基盤を形成し、意思決定のプロセスをスムーズにし、チーム間のコミュニケーションを効果的にします。プロダクト開発における方向性の明確化は、プロジェクトの効率を高め、成功の可能性を大幅に向上させます。

Who、Where、When（誰がどこでいつまでに開発するのか）

　「何を開発するのか (What)」がプロダクトマネジメントの中心的な問いであるのに対し、「誰が開発するのか (Who)」「どこで開発するのか (Where)」「いつ開発するのか (When)」はプロジェクトマネジメントの領域に属します。プロダクトに対する具体的な要求が明確になると、様々な職種の人々がプロダクト開発に参加するようになります。この段階では、開発に必要な様々な作業が並行して進行します。

　プロダクトを実際に形にするためには、これらの作業を効果的に進める必要があります。これには、開発チームの各メンバーが何を、いつ、どこで行うべきかを明確にし、それぞれのタスク、責任、期限を管理することが含まれます。プロジェクトマネジメントでは、これらの要素を調整し、プロジェクトの進捗をスムーズにし、全体的な目標達成を目指します。その結果、効率的で組織的なプロダクト開発が可能となります。

　プロジェクトマネジメントの側面を推進するために使用できる有名な手法には、

以下のようなものがあります。

- **ウォーターフォールモデル**
  より伝統的なプロジェクトマネジメント手法で、リニアかつ段階的なアプローチを採用します。一連の明確な段階（要求定義、設計、実装、テスト、デプロイメント）を経てプロジェクトを進めます。
- **アジャイル開発**
  チームの協力と反復的な進捗を重視し、柔軟で迅速な開発を可能にします。
- **リーン開発**
  必要最低限の機能を備えたプロトタイプの開発によって、開発コストが大きくなることを避け、対象ユーザーからのフィードバックに基づいて改善を継続していきます。

アジャイル開発では、以下のフレームワークも有名であり、多くの開発チームで採用されています。

- **スクラム**
  小さく自律的なチームが短期間のスプリントを通じて、定期的に成果物を生成するアジャイル手法です。定期的なスタンドアップミーティング、スプリント計画会議、レトロスペクティブなどが特徴です。
- **カンバン**
  作業の流れを視覚化し、進行中のタスクの量を制限することで、効率を向上させるアプローチです。カンバンボードを使用してタスクの進捗状況を追跡します。

これらの手法は、プロジェクトの複雑さ、チームのサイズ、組織の文化、プロジェクトの特性などに応じて選択されます。それぞれの手法は、プロジェクトの特定の側面に適しており、目的に応じて適切な手法を選択することが重要です。

開発チーム自体をどのように組閣し、文化を醸成し、課題を発見して改善し、そして育てていくか、これらがよいプロジェクトマネジメントを実現するために重要となります。これらを改善していくための手法は、第2部で触れます。

How（どのように開発するのか）

「何を開発するのか（What）」が明らかになった段階で、プロダクトを具体化するために、様々な専門分野のメンバーがそれぞれの技能を発揮して開発を進

めます。具体的には、以下のような職種とそれに関連する作業内容が考えられます。

- **ソフトウェアエンジニア**
  この職種のメンバーは、機能を実現するための技術的な設計およびコードの実装を行います。
- **テストエンジニア、品質管理担当者**
  これらのメンバーは、プロダクトが期待通りに動作することを確認するためのテスト計画の策定と品質チェックを行います。
- **デザイナー**
  ユーザーの体験を考慮し、ユーザーインターフェースの設計を行います。
- **法務、情報セキュリティ担当者**
  法的遵守、プライバシー保護、セキュリティ脆弱性の確認などを担当します。
- **広報、マーケティング担当者**
  プレスリリースの作成や市場へのアプローチ方法を検討します。

　現代のプロダクト開発においては、各メンバーが独立して作業を行うこともあれば、他のメンバーと協力して作業を進めることも多くあります。今日では、プロダクトを一人で作り上げる時代は既に終わり、現在では複数人での協働による開発が一般的です。そのため、「自分だけが理解していれば十分」という考え方はもはや通用せず、どのようにプロダクトを開発するかについては、他のメンバーとの合意形成が不可欠となります。つまり、チーム全体で統一された理解と方向性を共有し、効果的な協働を実現することが求められます。

図g　WhatとHowの関係

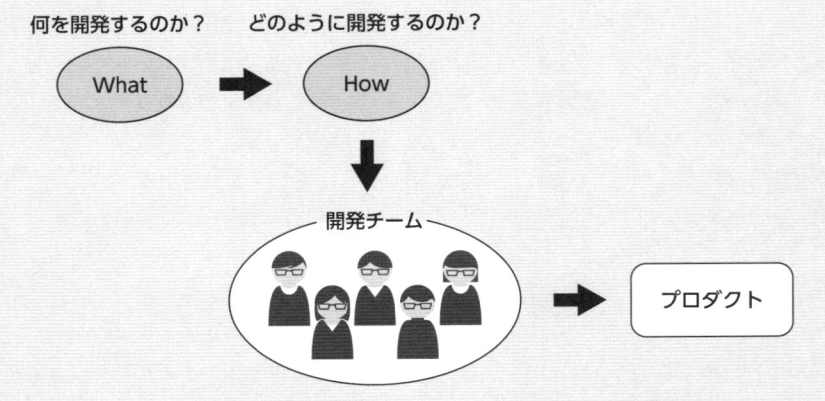

「何を開発するのか (What)」がPRDなどの文書を通じて明確化される過程と並行して、ソフトウェアエンジニアは「どのように開発するのか (How)」の検討を進めます。この段階では、要求された機能をどのように実装するか、つまり設計が主な作業となります。実装の規模によってアプローチは変わりますが、多くの場合、直接プログラミングに取り掛かる前に、適切な設計文書を作成することが一般的です。

　一般的に執筆される設計文書には、以下のような形式があります。

- 詳細設計書、内部設計書
  データ構造や処理フローなどの、設計に焦点を当てた文書です。実装を行うための具体的な指示という性格を帯びることが多いです。
- Design Doc
  こちらも設計に焦点を当てた文書ですが、主に開発チーム内の議論や意思決定に用いられます。Design Docについては、第2章で詳しく取り上げます。
- アーキテクチャドキュメント、技術仕様書
  システム全体の構造、各コンポーネント間の関係、特定の機能やモジュールの詳細な技術要求が含まれる文書です。

　適切な設計文書を作成することにより、開発プロセスの初期段階での潜在的な問題の特定、効率的な開発の進行、およびコードの品質保持が可能になります。

プロダクトの継続的な成長への対応

　インターネットの普及とデバイスの高性能化により、開発者はユーザーがプロダクトを使用している間にもリアルタイムでプロダクトを更新することができるようになりました。多くの場合、ユーザーはプロダクトが更新されていることに気づかないほど、変更は滑らかに行われます。さらに、メンテナンスなど特定の例外を除いて、ユーザーはいつでも、どこからでもプロダクトを利用することが可能です。

　この進展により、開発者は機能の改善を迅速に行い、ユーザー体験を向上させる能力を得ました。言い換えれば、プロダクト開発は「一度完成させたら終わり」というものではなく、継続的な更新と改善が求められるプロセスであるということです。これは、プロダクトが常に進化し、ユーザーのニーズや市場の変化に応じて更新されるべきだという考え方を反映しています。

図h　プロダクトをユーザーがいつでも利用可能で、しかも改善が続けられている

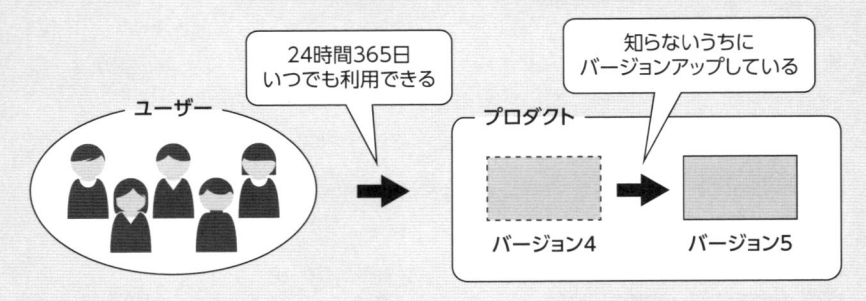

開発プロセスの多くは従来、企画立案からリリースまでを主な範囲としていました。しかし、プロダクトの継続的な成長と進化に対応するためには、開発プロセス自体もこれらの変化に適応できるようになることが求められます。つまり、リリース後の維持管理、ユーザーフィードバックの収集と分析、それに基づく定期的なアップデートや改善などについても、開発プロセスの重要な部分となります。これにより、プロダクトは市場やユーザーのニーズに柔軟に対応し続けることができ、長期的な成功を確保するための土台が築かれます。

デプロイやリリースの効率化

ソフトウェアエンジニアには、プロダクトを継続的にリリースするために、デプロイメントやリリースプロセスの効率化が求められます。これらの効率化は、本質的な価値創出そのものの活動ではありませんが、以下のことを実現するために、今日では重要視されています。

- 本質的な価値創出に対して、時間やコスト、人材をより多く投資できるようにする
- 仮説検証のイテレーションのスピードを上げる仕組みを強化する
- 現代のソフトウェア開発技術を使って自動化を行い、コストを削減する

特に3つ目の自動化によって、手作業によるエラーを減らし、リリースのスピードを上げることができます。これは、ソフトウェアの品質を維持しながら迅速に市場のニーズに応える能力を高めることに直結します。

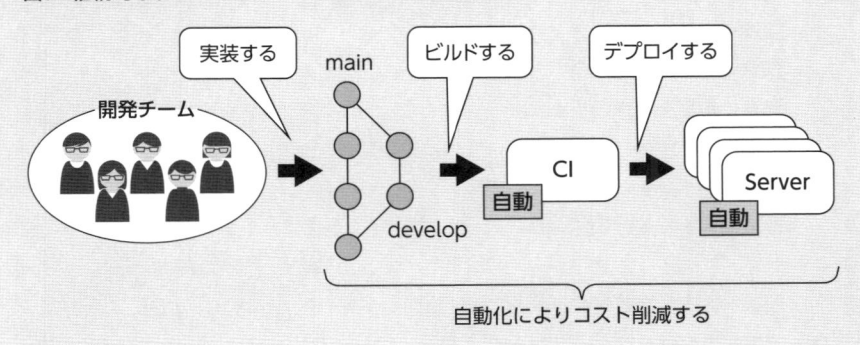

図i　継続的なデプロイとリリースおよびコスト削減

　本書の第3章では、このような継続的デプロイメントやリリースサイクルの手法について詳しく解説しています。これにより、読者は継続的な開発とリリースのプロセスを効果的に管理するための知識と技術を身につけることができます。

継続的な品質の確保

　ソフトウェアは動的で変化し続ける性質から、よく「生き物」と表現されます。それは、以下の特徴があるからです。

- **常に進化するニーズへの対応**
  ユーザーのニーズや市場の要求は常に変化します。これに対応するためには、プロダクトは継続的に更新され、機能が追加または改善される必要があります。
- **安定性の維持が困難**
  ソフトウェアは、新しいコードの追加や既存のコードの変更によって、予期せぬバグやパフォーマンスの問題を引き起こすことがあります。
- **継続的なメンテナンスの必要性**
  新しいセキュリティリスクの発見や依存する技術の更新など、外部からの影響に対応するために、定期的なメンテナンスが必要です。
- **フィードバックループ**
  ユーザーからのフィードバックや市場の動向を収集し、それに基づいてプロダクトを継続的に改善していくこととなります。

　プロダクト開発チームは継続的な改善と適応の重要性を認識し、プロダクトを最適な状態に保つために努力を続けることが求められます。特に、ソフトウェアを継続的に改善していく際には、以下のような課題に直面することでしょう。

- **コードベースの複雑化**

  機能の追加によってコードベースが複雑になり、保守や拡張が難しくなります。

- **パフォーマンスの問題**

  新しい機能がシステムのパフォーマンスに影響を及ぼす可能性があります。これには応答時間の遅延やリソースの過剰使用などが含まれます。

- **ユーザーインターフェースの混乱**

  機能が多すぎると、ユーザーインターフェースが混雑し、ユーザーが混乱します。

- **セキュリティリスク**

  新しい機能には新たなセキュリティ脆弱性が伴うことがあります。

- **テストの複雑化**

  機能が増えると、テストがより複雑になり、完全なカバレッジを達成することが難しくなります。

今日では、プロダクトをゼロから実装することはほとんどなく、オープンソースとして公開されているライブラリやフレームワークを数多く組み合わせてプロダクトを構築していきます。それらは日々改善され、新しいバージョンが登場し、よりよいライブラリやフレームワークも次々と登場します。つまり、プロダクトの実装は、想像よりも早く「古い技術を使ったもの」となってしまうのです。

図j　ソフトウェアの陳腐化

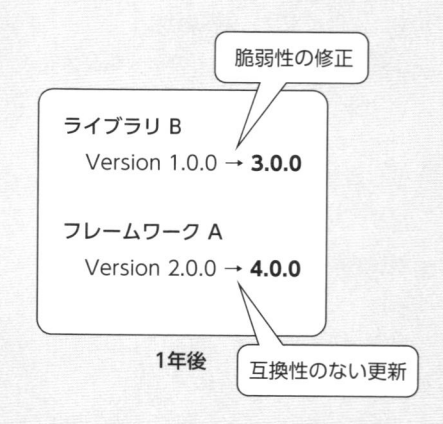

そのような状態になってしまったプロダクトを「技術的負債」と呼ぶことがあります。プロダクトを継続してよい状態に保つためには、その負債をあるタイミングで返済しなければなりません。これは、今日のプロダクト開発において、とても大きな問題です。技術的負債を返済するために行われることとして、以下があります。

- **リファクタリング**
  既存のコードを機能を変えずに内部的に改善することで、コードの可読性、保守性、拡張性を向上させます。
- **ドキュメントの更新と改善**
  ソフトウェアのドキュメントを最新の状態に保つことで、新たな開発者がプロジェクトに参加しやすくなります。
- **テストカバレッジの向上**
  十分なテストがないコードに対して、単体テストや統合テストを追加することで、将来の変更が問題を引き起こすリスクを減らします。
- **レガシーコードの置き換え**
  古くなった技術やフレームワークを、より現代的でサポートされている技術に置き換えます。
- **パフォーマンスの最適化**
  システムのパフォーマンスを分析し、遅延の原因となる部分を特定して最適化します。
- **セキュリティの向上**
  セキュリティ脆弱性を定期的にレビューし、必要に応じて対策を講じます。
- **依存関係の管理**
  ライブラリやフレームワークの古いバージョンを最新のものにアップデートすることで、セキュリティリスクを減らし、新機能を活用します。

　内部的な改善を行う際に特に注意すべき点は、「今まで動いていたものが動かなくなる」という状況を引き起こさないようにすることです。この課題は非常に難しく、十分な工夫がなされていない場合、「手がつけられない」という状況に陥り、プロダクトの進化が停止してしまう恐れがあります。そのため、プロダクトの開発を始める段階から、将来的にこのような状況に直面する可能性を予測し、対策を準備しておくことが重要です。第4章では、リアーキテクト（既存システムやソフトウェアの再設計や再構築）におけるテスト戦略について取り上げます。

各章の内容

　第1部の各章では、ソフトウェアプロダクトをチームで開発する際の課題の解決について、それぞれの著者の実体験や活用している手法について解説します。

1章 Product Requirements Document

　1章では、プロダクト開発におけるProduct Requirements Document (PRD)の作成方法と重要性について解説します。PRDは「何を開発するか」を明確にするための重要なツールです。チーム内の認識を統一し、開発の方向性を明確にすることで、開発生産性を大幅に向上させます。PRDの基本構成や他の文書との違いを詳述し、効果的なプロダクト開発の基盤となるPRDの活用方法を紹介します。

2章 Design Doc

　2章では、Design Docの作成とその活用方法について詳述します。Design Docは、開発プロセスの初期段階で「どう実装するか」を明確にするための重要なツールであり、設計や実装の手戻りを減らし、開発生産性を向上させる役割を果たします。Design Docの目的、基本的な構成、書き方のポイントなどを解説し、効果的な活用によってチームの認識を統一し、効率的に開発を進めるための方法を紹介します。

3章 ブランチ・リリース戦略

　3章では、ソフトウェア開発におけるブランチ・リリース戦略の重要性と、その効果的な実践方法について解説します。ブランチ戦略とリリース戦略は、開発プロセス全体の効率化と品質向上を支える基盤であり、特にCI/CDと連携することで、迅速なデプロイと安定したリリースを実現します。代表的なブランチモデルやリリースサイクル戦略を比較し、最適な運用方法を選択するための指針を提供します。

4章 リアーキテクトにおけるテスト戦略

　4章では、リアーキテクトにおけるテスト戦略を解説します。リアーキテクトとは、既存システムの再設計や再構築を指し、この過程でのテスト工程は品質保証の要です。リアーキテクトにおけるテストの重要性や課題、そして効果的なテスト戦略の実践方法について取り上げます。そして、限られた時間やリソースの中で、効率的かつ確実にテストを進めるための具体的な手法を紹介し、実際の事例を通してその有効性を示します。

第 1 章

Product Requirements Document

田中洋一郎

1-1 Whatを書くPRD

　開発プロセスにおいて「何を開発するのか (What)」を明確にすることは、非常に重要かつ難しいことです。PRD (Product Requirements Document) を導入することにより、プロダクトに関わる全員が「何を開発するのか (What)」の合意形成を行うことができるようになります。

　この節では、PRDを導入する目的を説明し、同じような目的で今まで書かれてきた文書との比較を行います。

チーム開発の難しさ

　何らかのプロダクト開発 (パッケージソフト、Webアプリ、スマホアプリなど) に携わったことがある方なら、必ず以下のような思いを抱いたことがあるはずです。

「こんなはずではなかった！こんなものを作りたいわけではなかったのに！」

　たった一人で作ったソフトウェアであったとして、上記のような感想を持ってしまう可能性は決して低くありません。それがチーム開発であったら、尚更です。ある程度満足の行く出来だと感じている人もいれば、あまりの出来の悪さに失望してしまった人が出てきてもおかしくはありません。

　また、請負にて顧客が求めるプロダクトを開発してきたつもりでも、最終的にはその顧客から「こんなものを頼んだつもりはない！」と言われてしまうことも、そう珍しい話ではありません。顧客から訴えられてしまった、という最悪の事態も十分にあり得ます。

図1-1　作りたいものを伝える難しさ

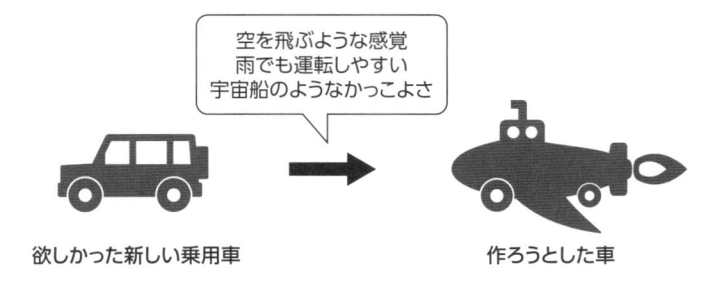

空を飛ぶような感覚
雨でも運転しやすい
宇宙船のようなかっこよさ

欲しかった新しい乗用車　　　　　　作ろうとした車

それほどに、「思い描いたものを正しく作ること」は、とても難しいことなのです。

なぜプロダクト開発において「期待されたものを作れない」事態になってしまうのか、その要因をいくつか考えてみましょう。

▶ チーム参加者の職種の多様さ

コンピューターシステムは、年々複雑になっています。インターネットによって世界中にあるコンピューター同士が通信できるようになりました。また、ユーザーが持つスマートフォンを代表とするデバイスについても、性能の向上が止まりません。今日では、プロダクトの提供は、一部の人に向けたものではなく、世界中の人々向けに提供することが前提となりつつあります。

プロダクトの対象ユーザーが多種多様になればなるほど、そして対象ユーザーがグローバルになればなるほど、プロダクト開発に関わる人々も多種多様となります。これを言い換えると、「プロダクトの開発チームには、様々な職種の人々が参加している」となります。

図1-2　チーム参加者の職種の多様さ

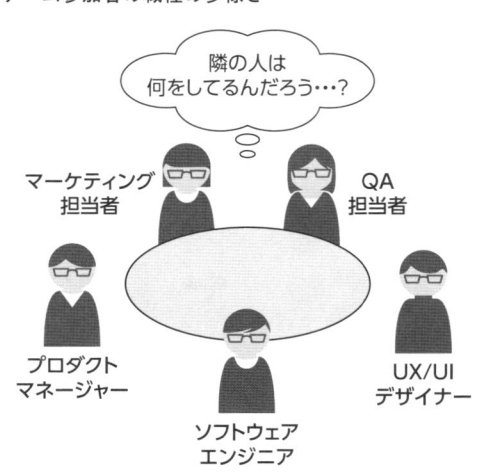

同じチームに所属している隣の机に座っている人が、一体どんな仕事をしているのか分からない、そんなことも往々にしてあることでしょう。

▶ コミュニケーションの難しさ

チームに参加している関係者は、各々が職種の専門性を発揮することで、チームに貢献しようとしています。それ自体は、とてもよいことです。個々人の成果の集合体が、プロダクトとして形に現れます。

　しかし、その専門性のために、職種によって「プロダクトのある一側面」のみ
を見ている状況となります。職種によって興味関心が異なる、という言い方もで
きるでしょう。たとえば、

- 経営陣：全体収益に関心がある
- プロジェクトマネージャー：開発コストに関心がある
- デザイナー：UIに関心がある
- ソフトウェアエンジニア：実装技術に関心がある
- セールス：価格に関心がある
- サポート：仕様に関心がある
- 品質管理：発生した不具合に関心がある

といったように、一つのプロダクトに対して持つ関心事は、職種によってかなり
異なります。職種によってプロダクトに求めること、つまり「このプロダクトは
○○であるべきだ」という思いが専門性によって大きく変わってくるということ
です。

図1-3　職種による認識の違い

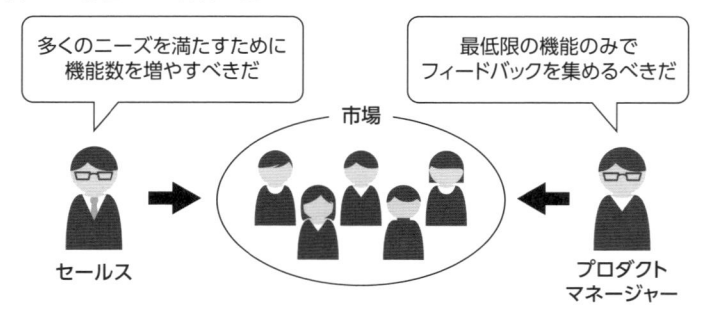

　この違いは、コミュニケーションにおいては致命的です。プロダクトに対する
期待や理想の暗黙的なズレによって、「お互いの言っていることが理解できない」
という事態に発展します。
　コミュニケーションが不全のままでは、ストレスが蓄積し、会話の量も減って
きてしまうことでしょう。そうなったら最後です。「よいプロダクトにしよう！」
という前向きな姿勢も見られなくなってしまいます。

▶ 異なる認識によるブレ

　チームメンバーそれぞれの職種の違いから来る「関心対象の違い」、そして関

心対象の違いから来る「コミュニケーションのすれ違い」、これらから引き起こされることは、はっきりとしています。それは、「ゴールのズレ」です。

　チームとして何を作り上げなければならないのか、そのゴールは共通でなければなりません。しかし、職種ごとの理解が異なり、そして関心が異なることでコミュニケーションが成立しない状況では、チームメンバーそれぞれが異なる認識を持つことになるでしょう。

- このプロダクトは、とにかく安くなければならない
- このプロダクトは、とにかく機能が豊富でなければならない
- このプロダクトは、とにかく若い人に受け入れられればそれでよい
- このプロダクトは、○○機能がメインだ
- このプロダクトは、PCでのみ動けばそれでよい

　これから作ろうとしているプロダクトには、これらに対してチームとしての方針を決定する必要があります。しかし、その方針が分からず、しかもチームメンバーが違えば認識も違う、という状況下で開発が進む姿を想像してみてください。

　たとえば、開発がある程度進み、実際に触ってみることができる段階まで来たとします。ここでは、以下の機能を考えてみましょう。実際に触ったら、以下のような使い勝手でした。

- あるボタンを押すとメッセージが送信されます
- ボタンを押したらすぐに送信されます
- メッセージ送信は、取り消すことができません
- メッセージが相手に確実に届くまで、次のメッセージは送信できません

　これらの挙動に対して、以下のような対立した意見が出てくる可能性があります。

- 「手軽に送信ができて便利！」vs「送信前に確認できないと危険だ！」
- 「現実世界では発言は取り消せない！」vs「すぐになら取り消せないと困る！」
- 「相手が読んでなくても次々送信できるべき！」vs「相手が読んだことを確認できることが大事！」

　これらすべては、明確に間違った意見ではありません。どれも正しい可能性があります。しかし、

- 「手軽で軽快」を重視したプロダクトを開発する
- 「確実かつ安全」を重視したプロダクトを開発する

　このどちらの認識を持っているかによって、正解が変化します。つまり、チームメンバーが上記の2つについて異なる認識を持ってしまっている状況では、実装された機能について「正しい」と考える人もいれば、「正しくない」と考える人も出てきてしまいます。

　「手軽で軽快」と「確実かつ安全」のどちらでプロダクト開発するかが個々人によって異なる状況で開発を進めてしまうと、その結果として「何が期待されたことなのか」が分からずに「使えないプロダクト」ができあがります。

図1-4　異なる認識のまま作られた謎プロダクト

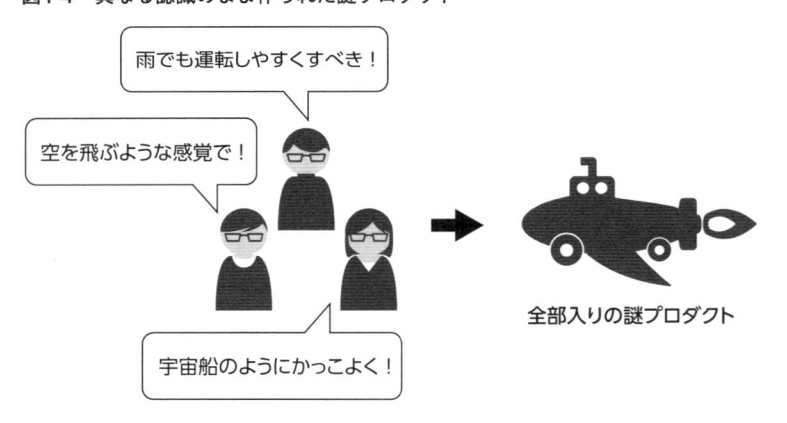

　よく「なにこれ、使いにくい！」と感じてしまうプロダクトに出会うと思いますが、それらは「そもそも開発したチームメンバーの認識の違いから来るゴールのブレ」の結果として生み出されたものです。こんなに残念なことはありません。

▶ 合意形成が遅れることによる弊害

　チームメンバーの合意形成を作っていくことが遅れていくことにより、いくつかの弊害が出てきます。

　まずは、開発が遅れることです。合意形成が遅れると、チームメンバーが意見を交わすために必要な時間が増えていくために、開発の進捗が遅くなります。また、合意形成が進まないうちに開発を進めてしまうことで、開発期間の後半以降で大きな変更が必要になる可能性が大きくなり、さらに時間を要することになります。

図1-5　合意形成の遅れによる弊害

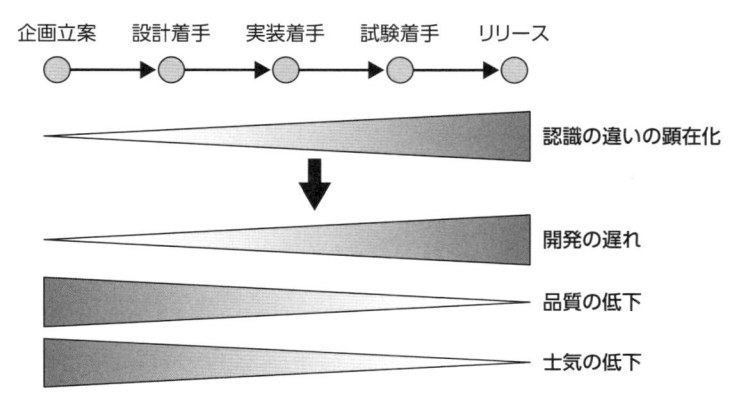

　次に、品質が低下する可能性があります。これは、チームメンバーが意見を交わす時間が少ないうちに開発が進んでしまうため、仕様の漏れや矛盾が発生しやすくなるためです。そして、合意形成が進まないうちに開発を進めてしまうと、顧客のニーズに合わない仕様になってしまう可能性も大きくなります。

　最後に、チームの士気が低下する可能性があります。なぜなら、チームメンバーが合意形成に時間を費やすことに不満を感じるためです。また、合意形成が進まないうちに開発を進めてしまい、後で変更が必要になった際には、チームメンバーが責任を感じてしまうことも、士気が低下する原因となります。

　チーム開発においては、上記のような状況とならないためにも、初期の段階で、

- なぜ開発するのか（Why）
- 何を開発するのか（What）

について明確にして合意形成を迅速に行うことが非常に重要なのです。

PRDとはプロダクトへの要求が書かれた文書

　複数人の異なる職種から構成されるチームにて、認識の違いをできる限り減らすことは、プロダクト開発の成功の可能性を飛躍的に高めます。そのためには、「何を開発するのか（What）」を明確にすることが必要となります。「何を開発するのか（What）」を明文化するためのツールは、数多く存在します。その中でも筆者が実際に利用しているツールとして、「PRD」があります。PRDは「Product Requirements Document」の略であり、日本語では「製品要求文書」となります。

PRDを一言で説明するならば、**プロダクトに要求されていることが書かれた文書**となります。

　PRDは、プロダクトに求められる要求を明確にし、チームメンバー間の認識を統一するために作成されます。ここから、もう少し詳しくPRDを書く目的を紹介していきます。

▶ プロダクトへの要求を明確にする

　PRDは、プロダクトの機能、性能、品質など、プロダクトへの要求事項を網羅的に記述します。これにより、そのプロダクトを開発するチームやテストチーム、セールス、サポートなど、プロダクトに関わるすべての関係者が、プロダクトへの要求を正しく理解することができます。

　ここで注意すべき点として、PRDは「何を開発するのか（What）」を記述するための文書であるということです。特に以下の事項については、他の文書などで記述されることになります。

- なぜ開発するのか（Why）… Marketing Requirements Document にて明確にされる
- どのように開発するのか（How）… Design Doc にて明確にされる
- 誰がいつ開発するのか（Who、When）… プロジェクトマネジメントにて明確にされる
- どこで開発するのか（Where）… プロジェクトマネジメントにて明確にされる

図1-6　PRDの範囲

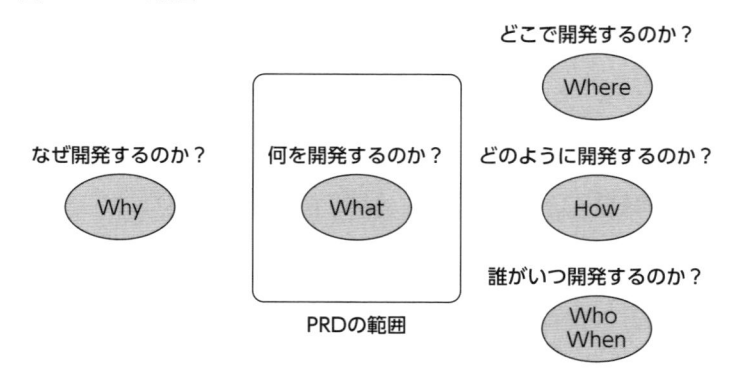

　PRDに記述される内容が「何を開発するのか（What）」に関することのみになることで、プロダクト開発に関係するすべての人々が読んで理解できる文書にな

ります。

▶ 関係者間の認識を統一する

PRDは、プロダクト開発を進める上での共通の認識を形成するために作成されます。PRDを作成することで、開発チームやテストチーム、セールス、サポートなど、プロダクトに関わるすべての関係者が、プロダクトへの要求について同じ認識を持つことができます。PRDによって共通の認識が形成されること、つまり合意形成がPRDにおいて最も重要となります。

図1-7　PRDによる共通認識の形成

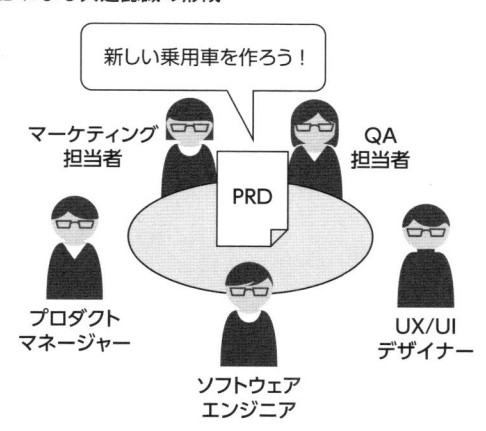

一般的に、プロダクト開発では様々なドキュメントが作成されます。さらに、同時に複数のプロダクト開発が進むことも珍しくありません。PRDは、読みやすさを向上させるための工夫が施されています。一度PRDを書いたり読んだりした後は、その使いやすさから「プロダクト開発の最初はPRDを書き始めること」と考えるようになるでしょう。

▶ プロダクトの品質を向上させる

PRDを作成することで、プロダクトの品質を向上させることができます。PRDに記載されている要求事項を満たすために、プロダクトを開発するチームは、プロダクトの設計や開発に細心の注意を払う必要があります。

プロダクトを開発しているときは毎日様々な課題が発見され、都度どうしていくか判断していかなければなりません。判断するときは、PRDに記載されている要求が基準となります。

PRDの基準に従って開発を進めていくことで、属人性を排除した状態で、判

断を迷いなく行っていくことができます。これが、結果としてプロダクトの品質向上につながります。

▶ 後で振り返ることができる

PRDは、プロダクト単位に書くこともあれば、プロダクトの機能単位で書くこともできます。書かれたPRDは文書ですので、後日読み返すことが可能です。

開発が終了してリリースされたプロダクトに対して、「なぜこの機能はこのようなUIになっているのだろう」と疑問に持つことがあります。たとえば、そのUIに対して「使い方が分からない」という問い合わせが増えてきたとしましょう。そのプロダクトを開発したチームも、なぜそのような問い合わせが増えているのか、分かりません。ここで、当時書かれたPRDがあれば、それを読み返すことができます。

図1-8　当時の意図をPRDから知る

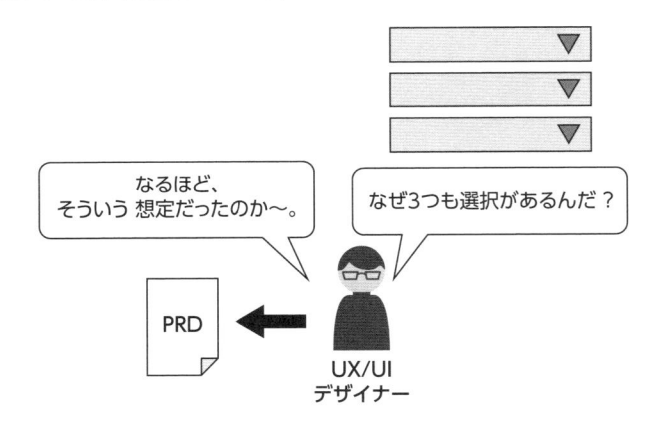

実際に読み返してみたところ、対象ユーザーの章には「○○という知識を有している人々」と前提条件が書かれていました。プロダクトがリリースしてから時間が経過したことにより、当初想定していたユーザー像ではない別のユーザーによる利用、つまり前提知識を持っていないユーザーからの利用が増えたことにより問い合わせが増加した、と分析することができました。

このように、過去に書かれた要求事項は、今日のソフトウェアの進化やユーザーの変化などの外的要因により、現在では合わなくなってきていることが往々にして起こります。このような状況の変化を正確に把握するためにも、PRDは非常に強力なツールとなります。

PRDと似た文書

何を開発するのかを記述する文書の形式は、PRD以外にもいくつか存在します。ここでは、特に有名な以下の文書について紹介します。

- プレスリリース
- インセプションデッキ
- 基本設計書と外部設計書

▶ プレスリリース

対象ユーザーがプロダクトを利用できるようになったことを公式にメディアなどに伝えるために、企業はプレスリリースと呼ばれる文書を作成します。一般的にプレスリリースは「プロダクト開発が終わった後」に書かれるのですが、それを逆手に取って「プロダクト開発を始める前」に書いている企業があります。それは、米国にあるAmazonの本社（以下、米Amazon社）です。

米Amazon社では、プロダクトの企画を行う際に、まず仮想のプレスリリースを作成するという手法を採用しています。これは、米Amazon社の「顧客中心主義」に基づく考え方です。一般的にプレスリリースは、プロダクトを利用する対象ユーザーおよび対象ユーザーに情報を届けるメディア向けに作成されます。「何を開発するのか」を対象ユーザー向けに説明するとするならば、それはつまりプレスリリースになるのではないか、ということです。

仮想のプレスリリースは、プロダクトの名称、目的、対象ユーザー、競合プロダクト、機能、価格、リリース時期などを記載した文書です。このプレスリリースを作成することで、プロダクトがどのようなものなのか、そして、どのような価値を提供するのかを、第三者視点から明確にすることができます。仮想のプレスリリースを作成することで、以下の利点があります。

- 顧客の視点に立ったプロダクト企画が可能になる
- 関係者間の共通認識を形成しやすくなる
- プロダクトの成功確率を高めることができる

これらはPRDとほとんど同じです。また、「どのように開発されたか（How）」などについては記載されない（対象読者にとっては知らなくてもよい話）ことも、PRDとの共通点となります。

▶ インセプションデッキ

　インセプションデッキとは、アジャイル開発において、プロジェクトの全体像をまとめた文書です。インセプションデッキは、プロジェクトの初期段階で作成されます。プロジェクトメンバー全員が集まってインセプションデッキを作成することで、プロジェクトの全体像を共有し、チームメンバー間の合意形成を図ることができます。インセプションデッキは、以下の10個の質問に答える形で作成されます。

- 我々はなぜここにいるのか？
- 我々は何を構築するのか？
- 我々は誰のために構築するのか？
- 我々はどのように構築するのか？
- 我々は何を達成するのか？
- 我々はいつまでに達成するのか？
- 我々のリスクは何か？
- 我々の成功の基準は何か？
- 我々の次回の会議は何を議論するのか？

　これらの質問に答えることで、プロジェクトの目的、対象ユーザー、機能、スケジュール、リスク、成功基準などを明確にすることができます。
　インセプションデッキを作成することで、以下の利点があります。

- プロジェクトの目的や対象ユーザーを明確にできる
- チームメンバー間の合意形成を図ることができる
- プロジェクトの進捗を管理しやすくなる
- プロジェクトの成功確率を高めることができる

　PRDと比べて、インセプションデッキには「なぜ開発するのか (Why)」や「どのように開発するのか (How)」に関する記述が求められます。また、「次回の会議での議論内容」といった、スクラムなどイテレーション開発に関する記述も必要となります。それらが含まれるために、プロダクトを説明した文書というよりも、プロジェクトを説明した文書という性質が強い内容となります。

▶ 基本設計書と外部設計書

　特にシステムインテグレーターにてよく書かれる文書に、基本設計書と外部

設計書があります。それぞれ、以下の組み合わせで執筆されます。

- 基本設計書と詳細設計書
- 外部設計書と内部設計書

　基本設計書は、プロダクトの全体的な設計を定めた文書であり、詳細設計書は、基本設計書に基づいて、プロダクトの各機能やコンポーネントの詳細な設計を定めた文書です。

　基本設計書には、以下の内容が記載されます。

- プロダクトの目的
- プロダクトの概要
- プロダクトの機能要求
- プロダクトの非機能要求
- プロダクトのアーキテクチャ
- プロダクトのテスト計画

　プロダクトのアーキテクチャやテスト計画は「どのように開発するのか (How)」についての記載となりますが、それ以外については「何を開発するのか (What)」が明確に記述されますので、PRD と共通点があります。また、基本設計書はプロダクト開発の方向性を明確にする以外にも、プロダクト開発に必要なリソースを予測したり、プロダクト開発のリスクを把握したりする目的でも作成されます。

　外部設計書は、プロダクトのユーザーから見える部分の設計を定めた文書であり、内部設計書は、プロダクトのユーザーから見えない部分の設計を定めた文書です。

　外部設計書には、以下の内容が記載されます。

- プロダクトの画面設計
- プロダクトの帳票設計
- プロダクトの操作性の設計

　上記のように、外部設計書には「何を開発するのか (What)」のみが記載されますので、PRD と共通点があります。それに対して、内部設計書は「どのように開発するのか (How)」を記載することになりますので、PRD には記載されない内容となります。

　基本設計書および外部設計書の2つで明確化される内容は、PRD にて記載さ

れる内容とかなり似ています。基本設計書や外部設計書の執筆に慣れている方は、PRDを書くべき内容について理解しやすいでしょう。

1-2 PRDに記載すべき内容

PRDは、プロダクトを検討する際に、プロダクトの概要や目的、対象ユーザー、機能、非機能要件などを定義した文書です。PRDはプロダクト開発の初期段階で作成され、様々な職種で構成されるチームメンバー間の合意形成、開発の方向性や進め方の検討などに活用されます。

ここからは、PRDに記載すべき内容について解説します。その際に「スマートフォン向けのメッセージ送受信アプリ」を想定して、PRDの章ごとにどのような記載となるか例を示します。

決まった章立てで書く

PRDを効果的に作成するためには、決まった章立てで書くことが重要です。決まった章立てで書くことで、以下のメリットがあります。

- PRDの全体像を把握しやすくなる
- チームメンバー間での合意形成がしやすくなる
- PRDの改訂や更新がしやすくなる

▶ PRDの全体像を把握しやすくなる

PRDは、プロダクトの概要や目的、対象ユーザー、機能、非機能要件などを定義した文書です。これらの内容は、プロダクト開発の重要な要素であり、チームメンバー間で共有される必要があります。

決まった章立てでPRDを作成することで、これらの内容が論理的に整理され、PRDの全体像を把握しやすくなります。また、章立てに沿って内容を記載することで、PRDの読みやすさも向上します。

▶ チームメンバー間での合意形成がしやすくなる

PRDは、プロダクト開発の初期段階で作成される文書であり、チームメンバー間での合意形成が重要です。決まった章立てでPRDを作成することで、すべてのPRDで「どの章に何が書かれているのか」が統一されます。これにより、

- PRDの読みやすさが格段に向上する
- PRDに記載される内容にブレが生じにくくなる

といった利点を得られます。結果として、チームメンバーの間での議論や検討がしやすくなります。

▶ PRDの改訂や更新がしやすくなる

　PRDは、プロダクトの開発状況に合わせて、内容を追加や修正していく必要があります。決まった章立てで作成しておくことで、PRDの改訂や更新がしやすくなります。たとえば、

- 改訂や更新の対象を特定しやすい
- 改訂や更新の作業が効率的になる

という利点が得られます。また、改訂履歴を管理しておくことで、どの章がどう更新されていったかも追いやすくなります。

代表的な章立て

　プロダクトを開発する企業内において、PRDの章立てを統一しておくことで、複数のプロジェクトそれぞれで書かれたPRDの内容を理解しやすくなります。しかし、残念ながらPRDには「誰かが定めた唯一の統一された章立て」というものは存在しません。そして、PRDという名称は同じでも、章立ては各社それぞれ異なっていることがほとんどです。そのため、PRDを書き始めようとしても、何をどう書いていけばよいのか分からず、試行錯誤が続いてしまう可能性があります。

　そこで、筆者が普段から使用している章立てを紹介します。ここで取り上げる章立ては、記載される内容の範囲が比較的広く、ほとんどのプロダクトにて適用することができます。以下がその章立てです。

表1-1　PRDの代表的な章立て

章の名前	記載される内容
概要	開発するプロダクトやこのPRDについての説明を書きます。特記するべきことがない場合はシンプルでかまいません。
背景	このプロダクトや機能を開発するに至った背景などを記載します。多くの場合、問題や課題を記載することになります。
製品原則	このプロダクトや機能が満たすべき原則を簡潔にまとめます。「何がどのようにできるものなのか」が完結に記述されていれば十分です。
対象ユーザー	このプロダクトや機能が対象とするユーザーを記述します。特定の利用環境などによって対象ユーザーが制限される場合は、その利用環境なども併せて記載します。
ユースケース	対象ユーザーがこのプロダクトや機能をどのように使用するかを記述します。
市場分析	このプロダクトの対象マーケットに関する分析結果を記述します。
競合分析	このプロダクトや機能の競合相手に関する分析結果を記述します。
機能要求	ここを見れば何を作ればよいかが分かる内容を記載します。ここでは、シンプルに必要とされる機能の記述に徹します。
その他の技術的要求	プロダクトや機能に対して技術的な部分での要求が何かある場合に記述します。求められるパフォーマンスやセキュリティ、プライバシーなどで特に守るべきことがあれば、それらも記載します。
スコープ	このプロダクトや機能に含めるものと含めないものを記載します。
KPI	このプロダクトや機能の評価を行うための指標となるKPIをここに記載します。
リリーススケジュールおよびマイルストーン	このプロダクトや機能に対して期待するスケジュールがある場合に記述します。
マーケティング計画	このプロダクトや機能に関するマーケティング計画があれば記述します。

　これらの章立ては、必ずしもすべてを記載しなければならないということではありません。筆者の経験では、以下のように使い分けています。

- **必須の章**

  概要、背景、製品原則、対象ユーザー、ユースケース、機能要求、スコープ、リリーススケジュールおよびマイルストーン

- **省略される章**

  市場分析、競合分析、その他の技術的要求、KPI、マーケティング計画

　たとえば、PRDを機能単位で作成したときは、市場分析や競合分析の章に関しては省略される可能性が高いです。また、KPIについては、企業にて別の指標

を採用しているのであればそれに従って章を構成します。

▶「なぜ開発するのか（Why）」を含めてよいか

PRDの作成に先立ち、「なぜ開発するのか（Why）」を市場要求定義書（MRD）に記載することは、開発するプロダクトの根拠を明確にする上で重要です。これにより、PRDで提案される開発がなぜ必要なのかの理解を深めることができます。ただし、開発対象が特定の機能に限定されている場合や、大規模な市場調査を行わない場合には、MRDの作成を省略することもあります。

図1-9　MRDの作成を省略して、WhyをPRDに含める

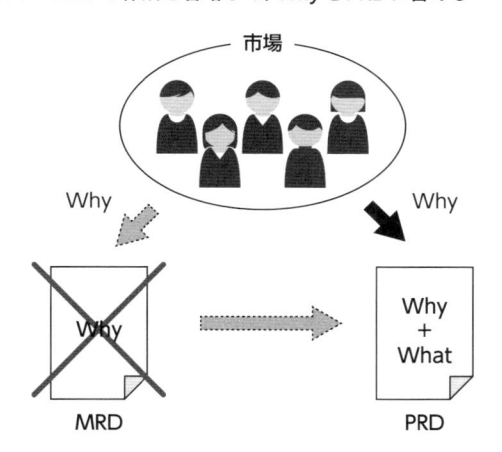

筆者は、PRDに「何を開発するのか（What）」と共に、「なぜ開発するのか（Why）」についても記述してよいと考えています。市場調査や競合分析の結果が複雑で、資料が充実している場合は、MRDの作成が適切です。しかし、日々のプロダクト開発では、ユーザーからのフィードバックやプロダクトの使用状況分析に基づいて改善を行うことが一般的です。これらの情報は、MRDを用いるよりもPRD内で「なぜ開発するのか（Why）」を簡潔に説明することで、開発の根拠を示すことが可能になります。結果として、PRDの読者は「何を開発するのか（What）」をより明確に理解することができるようになります。

▶「概要」の章

PRDの概要の章では、そのPRDで説明される内容を簡潔に記述します。誰かがこのPRDを手に取ったときに、文書が何について書かれているのかを、概要の章を見ただけで即座に理解できるようにすることが重要です。通常、概要に

は1〜2文程度の文章を記載します。たとえば、「このPRDは、プロダクト○○に要求される事項について記載した文書です。」というようなシンプルな文が適切です。具体例は、以下となります。

図1-10 「概要」の章の具体的な例

> このPRDは、スマートフォン向けに提供するコミュニケーションアプリに要求される事項について記載した文章です。

この具体例の文は、簡潔かつ明瞭です。このPRDがスマートフォン向けのコミュニケーションアプリに関連する要求事項を扱っていることを明示しています。このPRDの読者は、すぐにこの文書の焦点が何であるかを理解できます。

また、文書の範囲が明示されています。このPRDが扱う具体的なプロダクト（スマートフォン向けコミュニケーションアプリ）と、そのプロダクトに関連する要求事項に焦点が当たっていることが分かります。これにより、このPRDの読者は対象範囲を瞬時に把握することができます。

そして、「スマートフォン向けに提供するコミュニケーションアプリ」という表現により、このPRDがどのようなプロダクトに関連しているかが具体的に示されています。このような、具体的かつ簡潔で分かりやすい表現を概要の章で用いることが重要です。

実は、概要の章の内容は、PRDの執筆過程で何度も更新されることが一般的です。もし概要が一度も更新されない場合、その内容とPRDの他の章の記載内容との間に不一致が生じている可能性が高いと考えられます。

PRDでは「何を開発するのか（What）」に焦点を当てて記述していきます。開発対象についての議論を進める中で、当初漠然としていたプロダクトのイメージが徐々に明確になっていきます。この過程で新たな洞察が生まれ、プロダクトに要求される事項に変更が加えられることが予想されます。ユーザーヒアリングやプロトタイピングを経て、目指すべき要件が変化しながら具体化していきます。

プロダクトの開発が完了し、リリースされた際には、概要の章の記載内容を再検討して、実際にリリースされたプロダクトに合致するように修正しましょう。

▶「背景」の章

PRDの背景の章では、対象となるプロダクトや機能を開発するに至った経緯を詳述します。これは、「なぜ作るのか」「なぜ必要なのか」という問いに対する答えと言い換えることができます。背景の章を通じて、なぜこのプロダクトが必要とされているのか、その理由を読者に伝えることがこの章の目的です。プロダ

クトや機能に関するアイデアを思いついたときは、大抵は何らかの課題を解決しようと考えたときです。これには以下のようなケースが含まれます。

- 自分自身や他人が直面している問題を解決したいという思い
- 何かをより簡単に、または効率的に行えるようにしたいという願望
- これまで不可能だったことを可能にしたいという切望

課題に対する解決策を考えている際に、しばしば新しいアイデアが浮かびます。これらのアイデアが新しいプロダクトや機能の開発へと繋がります。課題という言葉にはネガティブな印象を持たれがちですが、たとえば「新しいハードウェアによって可能になった新たな機能」のような、状況の変化が新しい機会を生むこともあります。それらを活用して何か新しいものを創造することも、プロダクト開発における重要な課題の一つです。

つまり、PRDの背景の章では、プロダクト開発の基になったアイデアがどのような課題を解決しようとしているのか（Probrem Statementと呼びます）について詳述することが望ましいです。この章においては、その課題を明確に記載し、プロダクトがどのようにしてこれらの課題に対処するかを示すことが重要です。

図1-11　課題や改善、新規アイデアの「背景」の章への記載

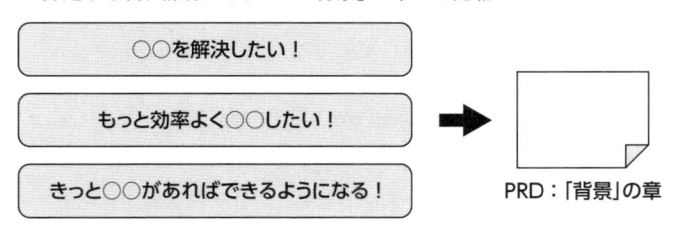

ただし、考え出されたアイデア自体を背景の章であまり詳細に述べるのは推奨されません。背景の章ではプロダクトの開発に至った経緯を記述し、アイデア自体はPRDの各章でより明確に展開します。これにより、背景の章はプロダクトの基盤となる理念や動機を明確にし、具体的なアイデアや解決策はPRDの他の部分で詳しく説明されることになります。具体的な例は、以下となります。

図1-12　「背景」の章の具体的な例

> 　これまでコンピューターを利用した人々のコミュニケーションは、主に電子メールやチャットが中心でした。また、利用されてきたコンピューターは、PCや、性能が限られた携帯電話（ガラケー）でした。
> 　電子メールは今もコミュニケーション手段として使用されていますが、これは基本的に郵便の代替手段であり、リアルタイム性に欠けます。一方、PCでのチャットは双方向性がありリアルタイム通信が可能ですが、PCの持ち運びは不便で、常に電源が入っているわけではありません。また、ガラケーなどの携帯電話は、その限られた性能のため、PCのようにアプリを常時稼働させることが難しいです。
> 　これに対し、iPhoneやAndroidなどのスマートフォンには以下の特徴があります。
>
> • 常に電源が入っていて、ユーザーの手元にある
> • モバイルネットワークに常時接続している
> • アプリを常時実行することができる
> • 画面上で多彩な表現が可能である
>
> 　スマートフォンは今後急速に普及する見込みです。つまり、スマートフォンを使ったリアルタイムなコミュニケーションが実現可能になるはずです。具体的には、「いつでもテキストや画像などのメッセージを送り、相手がすぐにそれを確認できる」というアプリをスマートフォン上で実現できます。
> 　人々のコミュニケーション手段は、郵便、電話、電子メール、PCでのチャットと進化してきました。しかし、真のリアルタイム性を持つ遠隔地間のコミュニケーション手段はまだ存在しません。スマートフォンとリアルタイムメッセージングアプリの組み合わせにより、人々のコミュニケーションはこれまで以上に手軽で活発になることが期待されます。

　上記の具体例では、なぜ新しいプロダクト（この場合はスマートフォンを使用したリアルタイムコミュニケーションアプリ）の開発が必要とされているのか、その背景と動機を明確に説明しています。これはPRDの背景の章の基本的な要素です。そして、執筆時点での主なコミュニケーション手段（電子メールやチャットなど）の限界と問題点を指摘しており、これが新しいプロダクト開発の必要性を裏付けています。

　それに続いて、スマートフォンの普及とその特性についての説明をすることで、プロダクトが開発される背景としての技術進化の重要性を示しています。さらに、スマートフォンを利用したリアルタイムコミュニケーションの可能性について言及を行うことで、提案されている新しいプロダクトがどのようにして既存の問題を解決するかを示しています。

　最後に、この新しいプロダクトが人々のコミュニケーションをどのように変革するかというビジョンが提示されています。これは、PRDの背景の章で読者にプロダクトの重要性と影響を理解させる上で効果的です。

▶「製品原則」の章

PRDの製品原則の章は、PRDにおいて最も重要な部分です。この製品原則があることによって、PRD全体が機能し、意義を持つと言っても過言ではありません。多くの人にとって「製品原則」という用語は馴染みが薄いかもしれませんが、この章では文字通りプロダクトの原則を定義します。

「原則」とは、プロダクトが満たすべき要件を簡潔に表現したものです。これは、「ある条件を満たさない場合、その製品はプロダクトとして認められない」という基準を示します。これはプロダクトのコンセプトと同様のものと考えることもできますが、製品原則は、より制約や必須条件を強調した内容となる傾向があります。

製品原則の章に記載する内容は、チームメンバー全員が容易に暗記できるほど簡潔である必要があります。そのため、使用する言葉や表現には特に慎重な選択が求められます。短い文章だからといって記載作業が簡単だと思うのは早計です。実際には、PRDを作成する中で最も難しい作業の一つが、この製品原則の考案と執筆です。一つの文で表現できれば理想ですが、多くても2つまたは3つの文にて表現されることが望ましいです。

図1-13　チームメンバー全員が拠り所にする製品原則

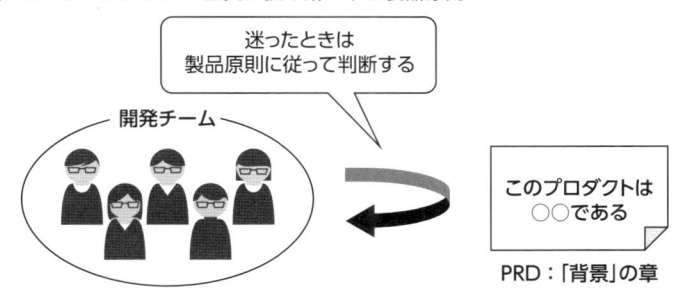

PRDには数多くの章が含まれ、それぞれにプロダクトの要件が詳述されますが、これらの章に記載される内容は例外なく製品原則を満たしている必要があります。言い換えれば、製品原則は「何を開発するのか（What）」についての検討においてブレが生じないよう、判断基準および指針として機能します。プロダクト開発を進める過程で迷いや不確実性が生じることはしばしばありますが、このようなときに製品原則に立ち返ることで、より的確な判断を下すことが可能となります。具体的な例は、以下となります。

図1-14 「製品原則」の章の具体的な例

> 遠くにいるユーザーがスマートフォンを介して近くで会話しているようにメッセージを手軽にリアルタイムで送り合えること。

　この製品原則の具体例では、「近くで会話しているように」という表現を使うことで、直接的な対話の流れと高品質のコミュニケーションを強調しています。加えて、「手軽に」という表現によって、ユーザーフレンドリーなインターフェースと簡単な操作性を示唆しており、ユーザーが容易に利用できることを強調しています。そして、リアルタイムでの高品質通信と、ユーザーフレンドリーな設計を同時に達成することが要求されています。

　さらに、「近くで会話しているように」という自然なコミュニケーション体験と「手軽に」というアクセシビリティは、ユーザーにとって非常に魅力的な組み合わせとなります。これらはプロダクトの使いやすさと実用性の両方を強調し、広いユーザーベースにアピールできる可能性があります。

　これらのような言葉と表現の組み合わせによって、この製品原則により、リアルタイムで自然かつ使いやすいコミュニケーション体験を目指すプロダクトの目標を明確に示すことができています。チームメンバーは頭の中で常にこの製品原則と照らし合わせることで、ブレのない検討を進めることができます。

　PRDにおける製品原則は、多岐にわたる検討を進める中でブレのない判断基準を提供するために非常に重要です。しかし、初めに定めた製品原則に固執し過ぎることは避けるべきです。プロダクト開発の初期段階では、その姿はまだ曖昧であり、検討を進めることで徐々に明確になっていきます。この進行に伴い、製品原則に記載される内容も、より適切な言葉や表現へと進化させていく必要があります。

▶「対象ユーザー」の章

　PRDの「対象ユーザー」の章では、プロダクトによって解決される課題を抱えている想定ユーザーに焦点を当てます。この章では、プロダクトの利用によって具体的な問題が解決されるであろうユーザー群を特定し、その特徴やニーズを詳細に記述します。どのユーザーが最も恩恵を受けるかについての明確なイメージをこの章で提示します。

　「背景」の章を事前に記載している場合、以下の点について執筆者は既にある程度の理解を持ち始めているはずです。

- どのようなユーザーがどのような課題を持っているのか
- その課題を解決するためにはどのようなプロダクトが必要なのか

「対象ユーザー」の章では、これらの課題を持つユーザーが具体的にどのような人々であるかを記述します。これにより、プロダクトがどのユーザーグループに最も適しているかが明確になります。ペルソナ（具体的な状況を想定した架空のユーザー像）として表現することもできます。

図1-15　対象ユーザーを導き出して判断基準にする

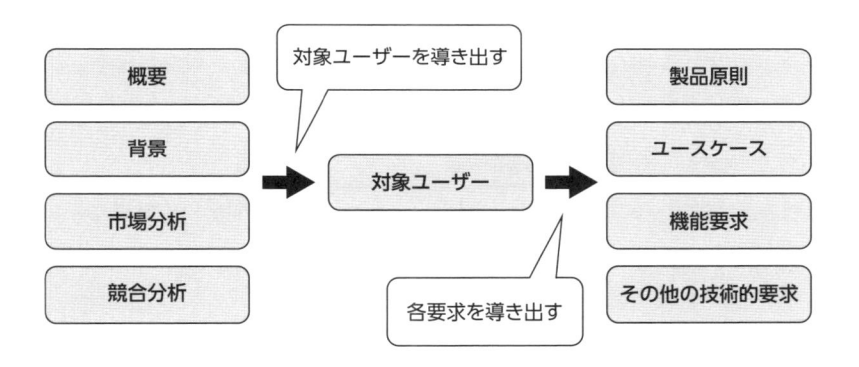

対象ユーザーの章は、プロダクト開発において非常に重要な役割を果たします。この章の内容は、以下のように様々な面でプロダクト開発に影響を与えます。

- **プロダクトの方向性と焦点の決定**
  プロダクトの主要な機能やデザインの方向性を決定する上で重要です。対象ユーザーのニーズや課題を理解することによって、どの機能が最も重要か、またどのようなユーザーエクスペリエンスが求められているかを判断できます。
- **ユーザーエクスペリエンスの最適化**
  対象ユーザーの特性（たとえば年齢、技術的スキル、ライフスタイル）に基づいて、ユーザーインターフェースやユーザーインタラクションを設計します。これにより、プロダクトがユーザーにとって直感的で使いやすいものになります。
- **機能開発の優先順位付け**
  対象ユーザーのニーズに応じて、どの機能を優先して開発するかを決定します。これはリソースの効率的な配分と時間管理にも直結します。

- **マーケティングとプロモーションの戦略**

  プロダクトを市場に投入する際のマーケティング戦略やプロモーション活動に影響を与えます。ターゲットオーディエンスに合わせてマーケティングメッセージをカスタマイズし、最適なチャネルを選定することが可能になります。

- **リスク管理とフィードバックの活用**

  プロダクトがリリースされた後、対象ユーザーからのフィードバックを効果的に収集し、継続的な改善のために活用します。これにより、ユーザー満足度の向上や市場適合性の評価が可能になります。

　また、将来的なプロダクトの拡張や改善に関する決定にも影響を与えます。ユーザーの進化するニーズに合わせて、プロダクトの機能を拡大したり、新しいターゲット市場に適応したりすることが可能になります。具体的な例は、以下となります。

図1-16　「対象ユーザー」の章の具体的な例

> 　日常生活でスマートフォンを活用し、以下のようなニーズや願望を持つ18歳以上の人々。
>
> - 電子メールや従来のチャットアプリに比べて、より迅速で直接的なコミュニケーションを求めている
> - 移動している時間が多く、PCよりも手軽に持ち運びが可能なスマートフォンを通じて、迅速なコミュニケーションを必要としている
> - 遠くにいる家族や友人と、まるで近くで会話しているかのようにコミュニケーションを取りたいと望んでいる

　この具体例の対象ユーザーの内容では、ユーザープロファイルが示されています。スマートフォンを日常生活で使用する人々というユーザーグループを特定しています。

　そして、想定しているユーザーが抱える具体的なニーズや願望を列挙しています。これには、迅速で直接的なコミュニケーションを求めるニーズ、移動中の利便性、遠隔地の人々とのコミュニケーションといった点が含まれています。

　また、提供するコミュニケーションアプリがこれらのニーズをどのように満たす可能性があるかを示唆しています。アプリがスマートフォンの利点を活用して、ユーザーのコミュニケーションの質を向上させることが期待されます。

　上記の具体例では、対象ユーザーを18歳以上に限定しています。ここでは、未成年者を保護するために必要と判断した結果として、具体的に条件を追加しています。このように、ユーザーの年齢層、職業、地理的位置、趣味・興味などの情報を含めることで、対象ユーザーのプロファイルをより明確にすることができます。また、ユーザーのセグメントに基づいて、様々なユーザーグループの特

定のニーズや嗜好にどのように対応するかを詳述することも有効です。

　対象ユーザーの章がプロダクトの直接的な利用者に焦点を当てるのに対し、後述する市場分析の章では、より広範な視点からプロダクトの位置付けを検討します。対象ユーザーの章と市場分析の章を組み合わせることで、プロダクトの全体像がより明確になり、より効果的な意思決定が可能になります。

▶「ユースケース」の章

　PRDの「ユースケース」の章は、プロダクトの開発チームがユーザーの視点を理解し、プロダクトの設計と開発をガイドするための重要な指針となります。また、プロダクトが実際にどのように使用されるかを具体的に示すことで、その価値と有用性を示すことができます。この章では、プロダクトが実際にどのように使用されるかの具体的な例を提供します。これには、ユーザーがプロダクトを使用して目的を達成する過程のステップが含まれます。

図1-17　ユーザーとプロダクトとの関係

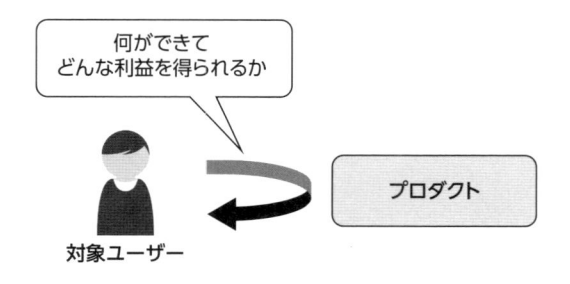

　また、各ユースケースは、ユーザーがプロダクトを使用する目的と、それを達成するために取る行動についても説明します。これには、ユーザーが達成しようとしている具体的なタスクや目標が含まれます。そのため、ユーザーがプロダクトを使用する環境や状況（たとえば、オフィスでの仕事中、外出中、自宅でのリラックス時間など）を考慮に入れることも必要です。

　ユースケースにて説明される詳細なステップには、ユーザーのアクションとプロダクトからの応答の詳細な記述を含めても構いません。これには、ユーザーがプロダクトの特定の機能を使用する方法と、その結果としてのプロダクトの振る舞いが含まれます。そして、主要なユースケースに加えて、特殊な状況や例外的な条件下での使用シナリオを検討して記述することもできます。これには、エラー処理や予期せぬユーザー行動に対するプロダクトの対応が含まれます。

　そして、ユースケースが成功するための基準を定義します。これには、ユーザー

が期待する結果や達成すべき目標が含まれます。具体的な例は、以下となります。

図1-18 「ユースケース」の章の具体的な例

ユースケース１：家族や友人との親密なコミュニケーション
- シナリオ：ユーザーは遠く離れた地域に住む家族や友人との親密な瞬間を共有したいと考えています。
- ユーザーの行動：ユーザーはアプリを使用して、特別なイベントや日常の風景を撮影した写真や動画を選択し、選択した家族や友人と共有します。
- プロダクトの応答：アプリはリアルタイムでメディアを共有し、受信者がメディアを見たことをユーザーに知らせます。受信者は直接アプリ内でコメントやリアクションを送ることができます。
- 成功の基準：共有されたメディアは30秒以内に受信者に届き、5分以内に少なくとも1人の受信者から反応があります。
- 代替シナリオ：もしユーザーが大きなファイルサイズのメディアを共有しようとして通信速度が遅い場合、アプリはファイル圧縮や低解像度での送信を提案します。

ユースケース２：ビジネスでの効率的なコミュニケーション
- シナリオ：ビジネスユーザーが外出中に、会議の変更や重要な決定をチームメンバーに迅速に伝える必要があります。
- ユーザーの行動：ユーザーはチームチャットグループを開き、会議の変更に関する詳細や新しい決定事項を記載したメッセージを送信します。
- プロダクトの応答：アプリはメッセージを即座に送信し、必要に応じて添付された文書や画像も共有します。
- 成功の基準：すべてのチームメンバーが5分以内にメッセージを確認し、必要な反応を示します。
- 代替シナリオ：メンバーの一部がオフラインの場合、アプリはメッセージを保存し、メンバーがオンラインになったときに通知を送ります。

ユースケース３：緊急時の迅速なコミュニケーション
- シナリオ：ユーザーは突発的な緊急事態に直面し、すぐに家族や友人に安全を知らせる必要があります。
- ユーザーの行動：ユーザーはアプリを開き、緊急連絡先リストを選択し、事態の概要と自身の安全状況を簡潔に記述したメッセージを作成して送信します。
- プロダクトの応答：アプリはメッセージをリアルタイムで送信し、受信者がメッセージを読んだことをユーザーに通知します。
- 成功の基準：メッセージが30秒以内に送られ、1分以内に少なくとも1人の受信者から応答があります。
- 代替シナリオ：もしネットワークに問題がある場合、アプリはユーザーに通知し、SMS経由で同じメッセージを送信するオプションを提供します。

　上記の具体例では、各ユースケースは具体的なシナリオに基づいており、ユーザーがどのような状況でアプリを使用するかを明確に示しています。これにより、チームメンバーはユーザーの実際のニーズを理解しやすくなります。

　さらに、各ユースケースはユーザーの行動とアプリの対応を詳細に説明しており、プロダクトの機能とユーザーインタラクションが明確になっています。それらに加えて、成功の基準が明確に示されており、プロダクトのパフォーマンスを測定するための具体的な目標が設定されています。ユースケースのいくつかには、通信速度の問題やネットワークの問題など、予期せぬ状況に対する代替シナリオが考慮されており、リスク管理とユーザー体験の向上が要求されていることが記述されています。そして、ここで記述されたユースケースは、ユーザー中心の視点から書かれており、プロダクトが実際にどのように利用されるかを示しています。

　記載するユースケースの数は、プロダクトの複雑性、目的、および対象市場に依存します。複雑で多機能のプロダクトの場合、より多くのユースケースを含める必要があります。シンプルなプロダクトの場合、少数の代表的なユースケースで十分な場合があります。一般的に3〜5個ユースケースが書かれていれば、多くのプロダクトにとって適切な範囲と言えるでしょう。しかし、ここで大事なことは、プロダクトの主要な機能や目的を網羅するためのユースケースを記載することです。各主要機能に少なくとも1つのユースケースを割り当てることを目指します。

　ユースケースは明確で集中的であるべきです。不必要に多くのユースケースを記述すると、重要な情報が埋もれたり、読者が混乱したりする可能性がありますので、注意しましょう。

▶「市場分析」の章

　PRDの「市場分析」の章では、プロダクトを市場に投入するにあたっての外部環境を理解し、その分析結果を基に戦略を立てるための重要な情報を記載します。プロダクトが成功するための市場の理解を深め、戦略的な意思決定を行うための基礎を築きます。この章の情報により、プロダクト開発、マーケティング、販売戦略がより効果的かつ目標指向になります。

　この章では、現在の市場状況、市場の規模、成長性、市場の動向などを記載します。プロダクトが投入される市場の特性を理解するための情報であることが重要です。そして、プロダクトの主要な顧客層、顧客のニーズと期待、顧客の購買行動などを分析します。ターゲットオーディエンスを明確にすることで、マーケティング戦略をより効果的に計画できるだけでなく、PRDの「対象ユーザー」の章に記載される内容の裏付けにもなります。

　さらに、市場内で発見された機会と課題を特定し、これらをどのように活用または克服するかについて記載します。市場の機会を活用し、課題を解決することでプロダクトの成功率を高めます。市場の将来の動向、予測されるトレンド、

技術革新、規制変更など、将来の市場環境に影響を及ぼす要因についても分析します。

SWOT分析の結果を掲載することもよい試みです。プロダクトの強み（Strengths）、弱み（Weaknesses）、機会（Opportunities）、脅威（Threats）を評価することで、プロダクトの市場でのポジションを明確にして、戦略を調整します。具体的な例としては、以下となります。

図1-19　「市場分析」の章の具体的な例

市場の概要

現在、通信市場はガラケーが支配的ですが、スマートフォンの普及が急速に進んでいます。スマートフォン市場は、高い成長率と大きな潜在的市場規模を持っており、今後数年間で主流になることが予想されます。

ターゲットオーディエンスの分析

初期ターゲットオーディエンスは、新しいテクノロジーに精通し、常時接続を求める若年層のスマートフォンユーザーです。この層は、迅速かつ効率的なコミュニケーション手段を求めています。

市場の機会と課題

市場の主要な機会は、スマートフォンユーザーの増加とデータ接続の向上です。課題としては、スマートフォン普及の遅れや、データ通信のコストが挙げられます。

市場動向と予測

スマートフォンの普及は今後数年間で加速すると予測されます。これに伴い、データ通信のコストが下がり、アプリ市場が拡大することが期待されます。

SWOT分析

強みは、初期市場参入による競争優位です。弱みは、市場の未成熟さとブランド認知度の低さです。機会は、スマートフォンユーザーの急増と通信技術の進化にあります。脅威としては、他の大手メッセージングサービスプロバイダーによる市場参入や、ユーザーのデータプランに関する懸念が挙げられます。

上記の具体例では、プロダクトの企画立案時の通信市場の状況とスマートフォンの普及に関する分析が含まれており、市場の動向を正確に把握するための基本情報を提供しています。そして、当時のスマートフォンユーザーの特性とニーズを理解し、ターゲット市場を特定しています。これは、製品のマーケティング戦略を計画する上で重要です。

そして、スマートフォン市場の機会と課題を特定し、それらをどのように活用または克服するかについて考察しています。これにより、戦略的なリスク管理と機会の最大化が可能になります。また、将来の市場動向に関する予測が含まれており、長期的なビジネス戦略を立てるための重要な情報を提供しています。

SWOT分析においては、プロダクトの強み、弱み、機会、脅威を評価しています。これは、市場でのプロダクトのポジションを理解し、戦略を調整するのに役立ちます。

▶「競合分析」の章

PRDの「競合分析」の章では、市場に存在する競合製品やサービスに関する詳細な分析を行い、それらとの比較を通じてプロダクトの強み、弱み、機会、脅威を理解し、適切な戦略を立てるための重要な情報を提供します。

この章を記載していくことで、競合他社の製品を分析し、プロダクトを市場に合わせて適切に調整するための基礎を築くことができます。この章は、市場での成功を目指すためにプロダクトのポジショニングと差別化戦略を明確にするのにも役立ちます。また、競合分析は、市場の動向を把握し、将来の脅威を予測するのにも重要な役割を果たします。プロダクトの開発とマーケティング戦略の計画において、この情報は不可欠なガイドラインとなります。

記載内容として、市場における主要な競合他社を特定し、それらのビジネスモデル、製品・サービスの特徴、市場シェアなどを概説します。各競合製品の機能、価格、品質、ユーザーインターフェース、顧客サービスなどを分析します。また、競合製品がどのように市場で受け入れられているかについても評価します。

次に、各競合製品の強みと弱みを分析し、これから開発することになるプロダクトと比較します。これにより、自社製品が市場でどのように差別化されるべきかのヒントを得ることができます。そして、競合他社やその製品が市場でどのようなポジションを占めているかを分析します。また、自社製品が取るべき市場ポジショニングについて考察します。

さらに、競合分析を通じて、市場に存在する機会や脅威を特定します。これにより、マーケティング戦略や製品開発計画をより効果的に調整できます。具体的な例は、以下となります。

図1-20　「競合分析」の章の具体的な例

> **競合他社の特定**
> 　現在の市場では、電子メールサービスプロバイダー、SMSサービス、およびデスクトップPC向けチャットアプリケーションが主な競合となります。
>
> **競合製品の分析**
> 　電子メールは広範に利用されていますが、リアルタイム性に欠けます。SMSはリアルタイムでのコミュニケーションが可能ですが、文字数の制限や追加コストが課題です。デスクトップPC向けチャットアプリはリアルタイム性と多機能性を提供しますが、モ

バイル利用には適していません。

競合の強みと弱み

電子メールとSMSの強みは、普及率の高さと既存のユーザーベースです。一方で、これらの手段は即時性と便利さで劣ります。PC向けチャットアプリは機能性で優れていますが、モバイルアクセスの制限が弱点です。

市場ポジショニング

当社のスマートフォン向けリアルタイムメッセージングアプリは、モバイルファーストのアプローチでこれらの競合製品と差別化を図ります。リアルタイム性と使い勝手のよさを兼ね備え、移動中のユーザーにも適した選択肢を提供します。

市場の機会と脅威

市場の機会は、スマートフォンの普及に伴う新しいコミュニケーションニーズの出現です。脅威は、既存のメッセージングサービスによる市場の飽和と、新たな競合の出現です。

上記の具体例では、企画立案時点での市場における主要な通信手段である電子メール、SMS、デスクトップPC向けチャットアプリを競合として明確に特定しています。これにより、市場の既存プレイヤーとの比較基準を設定しています。そして、各競合製品の特徴、利点、制約を詳細に分析し、これから開発するプロダクトとの比較を可能にしています。これは、競合との差別化ポイントを明確にするのに役立ちます。

競合製品の強みと弱みの分析を通じて、開発するプロダクトの市場における機会と脅威を特定しています。この情報は、市場でのポジショニングと戦略計画に不可欠です。また、これから開発するプロダクトにて、モバイルファーストのアプローチと利便性を強調し、競合との差別化戦略を示しています。これにより、ターゲット市場に対する明確なアピールポイントを設定しています。

ネガティブな面についても分析を行うことが重要です。スマートフォンの普及に伴う新たなニーズの出現を機会として捉え、既存のメッセージングサービスによる市場の飽和や新競合の出現を脅威として認識しています。これにより、市場戦略のリスク管理と機会の最大化の方針を示しています。

▶「機能要求」の章

PRDの「機能要求」の章では、プロダクトに対する具体的な機能への要求を記述します。これには、対象ユーザーがユースケースを実行できるようにするための機能が含まれます。機能要求に記載される内容は、「何を開発するのか (What)」をより明確にし、プロダクトの設計、開発、テストといったプロセス全体において中心的な役割を果たします。

この章では、プロダクトが提供するべき主要な機能を明確にリストアップします。そして、各機能について、その目的、動作、ユーザーとのインタラクション、入出力の詳細、必要となる情報などについて、具体的に説明します。そして、機能間の相互関係や依存性があれば、関連する機能がどのように連携して動作するかについても説明します。

図1-21　機能要求に記載する内容

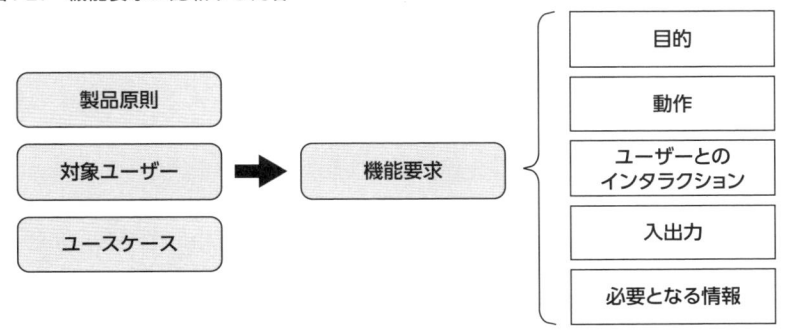

各機能を説明する際に重要なことは、ユースケースとの対応を明確にすることです。これにより、各機能が実際のユーザーのニーズをどのように満たすかを明確にすることができます。

この章では、各機能をどこまで詳細に説明するかがポイントとなります。その理由としては、「課題を解決するために、どのような価値を提供するか」ということがPRDに記載すべき本質的なことであって、具体的な開発成果物についてPRD内で紐付けられてしまうことは避けるべきことだからです。つまり、「何を開発するのか」の詳細に立ち入り過ぎない、そのバランスが大事なことになります。

UIを掲載することで、PRDの読み手が対象の機能を理解しやすくする効果がありますが、ユーザーインターフェース (UI) を機能要求の章に掲載することには慎重な判断が必要です。理由としては、プロダクトの開発が進むにつれてUIのデザインが変更される可能性が高く、PRDに掲載されたUIが古くなるリスクがあるからです。また、初期の段階でUIを固定すると、プロダクトの柔軟性が制限され、新たな要件が発見された際に迅速な変更が難しくなる可能性もあります。

そのため、機能要求の章では、機能の目的、動作、必要な入出力、ユーザーとのインタラクションの概要を中心に記述し、UIの詳細なデザインは別の文書や後の開発段階で扱うのが一般的です。必要であれば、UIの基本的なコンセプトや原則について言及し、具体的なデザインはプロダクトの設計段階にて詳細化していくアプローチを取ることが望ましいでしょう。これにより、PRDは変更に

柔軟に対応できる文書として維持され、プロジェクトチームは機能の本質に集中できます。具体的な例は、以下となります。

図1-22 「機能要求」章の具体的な例

機能の一覧

- 即時メッセージング
- グループチャット
- メディア共有
- 通知システム
- ユーザープロファイル管理

機能の詳細説明

即時メッセージング機能

- 目的：ユーザー間でテキスト、画像、ビデオといったメッセージをリアルタイムで交換できるようにする。
- 動作：ユーザーはアプリ内でメッセージを作成し、選択した連絡先またはグループに送信できます。受信者は即座に通知を受け取り、アプリ内でメッセージを閲覧できます。
- 入出力：ユーザーはテキスト入力、画像選択、ビデオ録画を行い、これらをメッセージとして送信できます。受信者はこれらのメッセージをアプリ内で閲覧し、返信することができます。

グループチャット機能

- 目的：複数のユーザーが一つのグループ内でコミュニケーションを取れるようにする。
- 動作：ユーザーは新しいグループを作成し、他のメンバーを追加できます。グループ内のメンバーは互いにメッセージを交換できます。
- 入出力：ユーザーはグループチャットのインターフェースを通じてメッセージやメディアを送受信します。

メディア共有機能

- 目的：ユーザーが写真やビデオを簡単に共有できるようにする。
- 動作：ユーザーはアプリ内でメディアを選択し、選んだグループと共有できます。共有されたメディアは受信者のメッセージリストに表示されます。
- 入出力：ユーザーはスマートフォンのギャラリーからメディアを選択し、共有します。受信者は共有されたメディアをアプリ内で閲覧できます。

通知システム

- 目的：新しいメッセージや重要なアップデートをユーザーに通知する。
- 動作：アプリは新しいメッセージが届いたり、特定のアクティビティが発生したりすると、ユーザーに通知を送信します。
- 入出力：ユーザーは通知を受け取り、直接アプリを開いて詳細を確認することができます。

ユーザープロフィール管理

- 目的：ユーザーが自分のプロフィール情報を管理できるようにする。

- 動作：ユーザーは自分のプロフィールを作成し、写真、名前、その他の個人情報を編集できます。
- 入出力：ユーザーはプロフィール編集画面を通じて情報を入力または変更します。

機能間の依存関係
- メディア共有は即時メッセージング機能に依存します。
- グループチャット機能は即時メッセージングとユーザープロフィール管理機能に依存します。
- 通知システムはすべての機能と統合されます。

ユーザーストーリーやユースケースとの関連付け
- 即時メッセージングは「緊急時の迅速なコミュニケーション」ユースケースをサポートします。
- メディア共有は「家族や友人との親密なコミュニケーション」ユースケースに対応します。
- グループチャットは「ビジネスでの効率的なコミュニケーション」ユースケースに適用されます。

　上記の具体例は、このプロダクトの機能とその目的を明確に伝え、開発プロセスのガイドラインを提供するうえで効果的です。明確に定義された機能のリストが提供されており、PRDの読者に対象アプリの主要な機能を理解しやすくしています。

　また、機能間の依存関係が明示されており、これによって開発プロセスにおける機能開発の優先順位やスケジューリングが容易になります。そして、各機能がどのように特定のユースケースをサポートするかが示されています。これは、機能が実際のユーザーのニーズとどのように関連しているかを理解するのに役立ちます。

▶「その他の技術的要求」の章

　PRDの「その他の技術的要求」の章は、主要な機能要求以外に考慮すべき技術的な側面についての重要な情報を提供します。この章では、プロダクトがユーザーによって利用される過程で直面する可能性のある技術的な課題やリスクを詳細に洗い出し、それらに対する対策を明確に記述します。つまり、この章の目的は、プロダクトが実用的で安全かつ長期的に持続可能であるために必要な技術的要件を定義することにあります。その他の技術的要求の章では、以下のような要件が記載されることになります。

- **セキュリティ要件**

  データ保護やユーザー認証、アクセス制御など、プロダクトのセキュリティに関する要件。

- **スケーラビリティとパフォーマンス要件**

  ユーザー数の増加やデータ量の増加に対応するためのスケーラビリティ要件、レスポンスタイム、処理能力、ストレージ容量、インフラストラクチャーにかかるコストなどに関する要件。

- **互換性要件**

  異なるオペレーティングシステムやデバイスなどとの互換性に関する要件。

- **データ保護要件**

  データのバックアップやデータ損失時の復旧、災害時などに関する要件。

- **法的及び規制上の要件**

  GDPRやHIPAAなどの法的規制の遵守など、特定の業界や市場に特有の法的要件や規制基準を満たすための要件。

具体的な例は、以下となります。

図1-23 「その他の技術的要件」の章の具体的な例

データ保護
- すべての通信は、エンドツーエンドの暗号化を用いて保護されます
- ユーザーデータは、プライバシー法規制（GDPR、CCPAなど）に準拠することで、プライバシーを遵守します

スケーラビリティとパフォーマンス
- 高負荷時にも応答性を保ち、最大で100万人の同時オンラインユーザーをサポートします
- ピーク時でもサーバー応答時間は1秒未満とします

互換性
- iOS（バージョン5以降）およびAndroid（バージョン4.1以降）との互換性を保証します

　ユーザーの信頼を獲得し、法的な問題を回避するために、データ保護に関する記載が役に立ちます。また、スケーラビリティとパフォーマンスとして具体的な数値目標を記載することで、ユーザー体験を確保するための具体的な目標を設定しています。また、互換性への言及によって、広範囲のユーザーベースにプロダクトがリーチできることを目標としています。

▶「スコープ」の章

　PRDの「スコープ」の章では、プロダクトの範囲を明確に定義します。これには、「何が含まれているか」と同じくらい重要な「何が含まれていないか」という情報も記述します。

　プロダクトに含まれる主要な機能を列挙することで、「何が含まれているか」を明確にします。一方、「何が含まれていないか」については、現時点で計画に含まれていない機能や将来のリリースで検討される機能を、その理由とともに記載します。これにより、プロジェクトの範囲をはっきりと理解し、プロジェクトの目標や可能性について正確な理解を持ち、過剰な期待や誤解を抱かないように適切にコントロールします。具体的な例は、以下となります。

図1-24　「スコープ」の章の具体的な例

プロダクトに含まれる機能の範囲
- 即時メッセージング
- メディア共有
- グループチャット
- リアルタイム通知システム
- ユーザープロファイルのカスタマイズ

除外される機能
- ビデオ通話と音声通話の機能は、初期リリースでは含まれません。これらは将来的なアップデートで検討される可能性があります

　上記の記載内容によって、何を開発すべきかが明確になっています。これにより、プロダクトの実際の提供内容を正しく理解することができるようになり、チームメンバーは焦点を合わせるべき機能に集中することができます。

▶「KPI」の章

　KPI (Key Performance Indicator、主要業績評価指標) は、組織の目標達成度を測るために使用される定量的な指標です。KPIは、組織やチームが設定した特定の目標に対する進捗や成功の度合いを示す数値を提供します。これにより、組織は自身の戦略や目標の達成状況を追跡し、管理することができます。

　PRDの「KPI」の章では、プロダクトのパフォーマンスを客観的に評価し、目標達成度を測定するための指標が記載されます。KPIを通じて、プロダクトの様々な側面 (利用状況、エンゲージメント、収益、品質、顧客満足度など) に関する洞察が得られ、意思決定プロセスをサポートし、プロダクトの改善に役立てられます。具体的な例は、以下となります。

図1-25 「KPI」の章の具体的な例

アクティブユーザー関連KPI
- 日次アクティブユーザー：アプリを日々使用するユーザー数
- 月次アクティブユーザー：一ヶ月間にアプリを使用したユーザー数

エンゲージメント関連KPI
- 平均セッション時間：ユーザーがアプリを使用する平均時間
- 総メッセージ送信数：ユーザーによって送信されたメッセージの総送信数
- 平均メッセージ送信数：セッションあたりの平均メッセージ送信数

市場浸透率と拡大に関するKPI
- 新規ユーザー獲得数：新規に登録したユーザー数
- 市場シェア：同種のアプリの中での市場占有率

　アクティブユーザー関連KPIにてプロダクトの健全性が測定されます。エンゲージメント関連APIによって、ユーザーがアプリにどの程度積極的に関わっているかどうかが分かります。そして、市場浸透率と拡大に関するKPIにより、アプリ市場での成長及び競争力が計測され、プロダクトの成長戦略とマーケティング効果を測定する上で役立ちます。

　プロダクトの成功可否を判断する指標としてKPIとは異なる手法を採用する際には、PRDにはその指標についての章を設けてもよいでしょう。KPIにこだわる必要はありません。

　もし企業内で何らかの指標を設けた結果「その数字が一人歩き」して形骸化したり、適切な判断ができない状況になったりする可能性が高い場合は、PRDにて指標を明記することを避けることも視野に入れることが必要かもしれません。理想としては、チームメンバー全員が合意の元に指標の記載をPRDに行うことです。指標の合意形成をチームメンバーで行うためのツールとして、PRDを活用するとよいでしょう。そのためには、PRDは「チームメンバー全員で執筆するものである」として作成に取り組むことが大事となります。

▶「リリーススケジュールおよびマイルストーン」の章

　PRDの「リリーススケジュールおよびマイルストーン」の章では、プロダクトの開発からリリースに至るまでのタイムラインと主要な目標（マイルストーン）が記載されます。この章には、プロダクト開発のスケジュールが含まれ、それには各フェーズ（計画、開発、テスト、デプロイメントなど）の開始日と終了日が明示されます。また、プロジェクトの重要な段階や成果物に関するマイルストーンも設定されます。これには、プロトタイプの完成、アルファ版のリリース、ベー

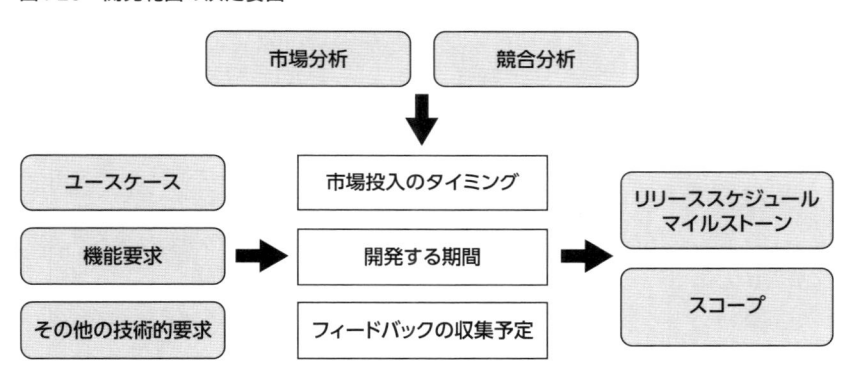

夕版のリリース、最終リリースなどが例として挙げられます。

「何を開発するのか（What）」を記述するPRDにおいて開発スケジュールが含まれることは、プロジェクトマネジメントに近い内容であると感じることもあるかもしれません。しかし、「何を開発するのか」を明確にするためには、外的要因の考慮が必要です。たとえば、特定のプロダクトの市場投入タイミングにおいては、対象ユーザーが新規に購入するであろうデバイスのリリース時期が重要な要因となることがあります。また、競合プロダクトの存在やその市場動向も影響を与える要素です。したがって、プロダクトをいつリリースするかは、ターゲットとなるユーザーに確実に受け入れられるためにも、非常に重要な要素です。

図1-26　開発範囲の決定要因

そのため、PRDの「リリーススケジュールおよびマイルストーン」の章において、具体的な日付を設定する際には、その日付を選んだ理由を明確に記述することが極めて重要です。各日付が特定の市場要因、ユーザーのニーズ、競合状況などに基づいている場合、それを記述することで、プロダクトの意図と目的がより明確に伝わります。さらに、その理由を記載することにより、日付の設定に対する理解と納得度が高まるだけでなく、適切なスコープを決定する上での重要な情報となります。具体的な例は、以下となります。

図1-27　「リリーススケジュールおよびマイルストーン」の章の具体的な例

> プロジェクト開始：2023年1月1日
> 理由：新年の始まりとともに、新しいプロジェクトをスタートさせ、チームのモチベーションを高めるため。
>
> プロトタイプ完成：2023年3月15日
> 理由：最初の3ヶ月間で基本的な機能を実装し、初期のフィードバックを収集するため。

アルファ版リリース：2023年5月30日
理由：春の終わりまでに内部テストを開始し、初夏に向けての改善作業に十分な時間を
確保するため。

ベータ版リリース：2023年8月1日
理由：アルファ版のフィードバックを反映し、夏休み期間中に一般ユーザーによるテス
トを行うため。

最終リリース：2023年12月1日
理由：ベータテストからのフィードバックを反映し、年末商戦に合わせて製品を市場に
投入するため。

　上記の具体例では、プロダクト開発の主要なフェーズ（プロトタイプ完成、ア
ルファ版リリース、ベータ版リリース、最終リリース）に対して具体的な日付が
設定されています。これにより、プロジェクトの進行に明確な期限が与えられま
す。各マイルストーンの日付を決定した理由についても説明されていて、理解し
やすくなっています。

　また、特に最終リリース日の選定は、市場の商戦期とユーザーの購買行動を考
慮しています。これにより、プロダクトの市場投入における戦略的な意思決定が
反映されます。

　市場動向やユーザーのニーズを考慮した日付の設定は、プロダクトの成功に
とって非常に重要です。このような戦略的な観点からのリリース計画は、製品が
市場で成功する可能性を高める助けとなります。

　ただし、設定される日付が「非現実的な日付」であっては、チームメンバー全
員の合意を取ることはできません。メンバーの意向や状況、作業の見通しなど
を踏まえて、あくまで実現可能な日付を設定し、それに対してチームメンバー全
員が合意することが大事なこととなります。また、プロダクト開発は不確実性が
多い作業ですので、状況に応じて日付の再検討と更新についても行っていくこ
とが求められます。

▶「マーケティング計画」の章

　PRDの「マーケティング計画」の章では、プロダクトを市場に投入し、対象ユー
ザーにリーチするための戦略や活動を記述します。これにより、プロダクトが市
場で成功するための重要な要素を明確にし、計画的かつ戦略的に市場を攻略す
るためのガイドラインとします。効果的なマーケティング計画は、プロダクトの
認知度を高め、顧客基盤の拡大に貢献し、最終的には売上と利益の増加につな
がります。

この章では、プロダクトの主要なターゲットオーディエンスを明確にし、その特性（年齢、性別、地理的位置、収入レベル、興味・趣味など）を記述します。そして、プロダクトを市場に投入するための具体的な戦略と戦術を定義します。これにはデジタルマーケティング（ソーシャルメディア、SEO、Eメールマーケティングなど）、イベントマーケティング、PR活動、パートナーシップなどが含まれます。

さらに、マーケティング活動に割り当てられる予算とリソースについても明記します。これには人的リソース、金銭的投資、必要なツールやテクノロジーも含まれます。特定のマーケティングキャンペーンを行った方がよければ、それに関するプランを記載します。これにはキャンペーンの目的、ターゲットオーディエンス、使用するチャネル、予算、期間などが含まれます。具体的な例は、以下となります。

図1-28　「マーケティング計画」の章の具体的な例

マーケティングの目的
　このアプリをリアルタイムコミュニケーションの革新的な手段として市場に導入し、特にテクノロジーに精通した若年層ユーザーにアピールすることを目的とします。

ターゲット市場
　18歳から35歳のスマートフォンユーザーを主なターゲット市場とします。この層は新しいテクノロジーに対する受容度が高く、常時接続されたコミュニケーションツールを積極的に求めています。

マーケティング戦略
- ソーシャルメディアキャンペーン：Instagram、Facebook、X（旧Twitter）での広告キャンペーンを実施し、ユーザーエンゲージメントを高めます。
- インフルエンサーマーケティング：人気のソーシャルメディアインフルエンサーと提携し、製品の露出を増やします。
- 製品ローンチイベント：リリース前にオンラインイベントを開催し、製品の特徴と利点を紹介します。
- プレスリリース：主要テクノロジーメディアに向けたプレスリリースを配信し、製品の認知度を高めます。

予算配分
　初年度のマーケティング予算は合計で1億4千万円とし、主にデジタル広告とインフルエンサーマーケティングに重点を置きます。

この具体例では、アプリをリアルタイムコミュニケーションの革新的な手段として市場に投入する目的が明確に記載されており、特にテクノロジーに精通した若年層ユーザーをターゲットにしている点が強調されています。18歳から35歳のスマートフォンユーザーをターゲット市場とすることが明示されており、この層の特性（新しいテクノロジーへの受容度の高さ、常時接続を求める傾向）が適

切に説明されています。

　具体的な戦略として、ソーシャルメディアキャンペーン、インフルエンサーマーケティング、製品ローンチイベント、プレスリリースという具体的な戦略が挙げられています。これらの戦略は、製品の露出を増やし、ターゲット市場のエンゲージメントを高めるために有効です。また、それらを実施するために、初年度のマーケティング予算が具体的な金額で記載され、デジタル広告とインフルエンサーマーケティングに重点を置く方針が示されています。これは、マーケティング活動の資金計画と優先順位を明確にするのに役立ちます。

　上記の例では予算額のみが記載されていますが、説明責任を果たすために、実際にはROI（投資収益率）の予測も記載することを検討すべきでしょう。これは、事業に関する達成指標との関連を踏まえて書かれることになります。結果として、プロダクトの市場での成功を支える基盤を築き、ターゲットオーディエンスに効果的にアプローチするための重要なガイドラインを提供しています。

1-3　運用時の注意点

　PRDを執筆する過程は、「何を開発するのか（What）」を明確にする作業です。この作業は想像以上に複雑であり、多くの困難が伴います。特に、プロダクト開発に関わる人数が多いほど、PRDに記述される内容の重要性は増していきますが、その分執筆の難易度も高まります。この節では、PRDを適切に作成し、効果的に維持・更新するために留意すべきポイントを紹介します。

PRDの書き進め方

　PRDの作成は、「何を開発するのか（What）」を明確にするために必要なすべての事項を包括するため、かなりの時間を要する作業です。しかし、「一人がPRDを書き上げ、それに基づいてチームが設計や開発に取り組む」と考えられがちですが、この方法ではPRDは十分に効果を発揮しません。

　実際には、PRDは「何を開発するのか」を明確にするための重要な「コミュニケーションツール」として機能します。PRDはプロダクトの開発に関わる全メンバーに読まれ、全員が共通の理解を持つことが目標です。そのためには、PRDに記載されている内容についてチーム間で積極的に議論し、その議論の結果をPRDに反映させていくプロセスが不可欠です。このアプローチにより、PRDは開発プロセスの進行とともに進化し、より効果的なガイドラインへと成長します。

図1-29　PRDを中心とした議論

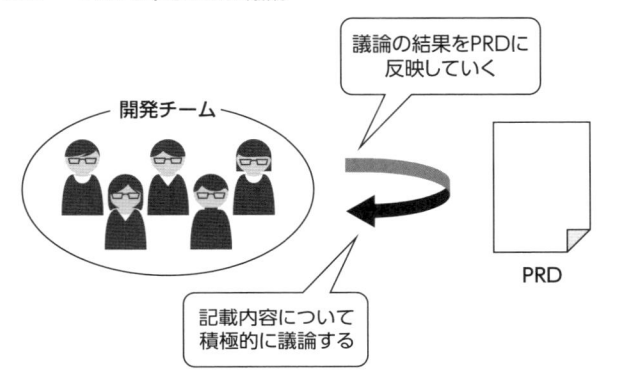

プロダクトの開発プロセスは、一般的に以下のフェーズに分かれます。

1. **企画立案**：初期段階でプロダクトのアイデアやコンセプトを考案します
2. **設計**：プロダクトの仕様やアーキテクチャを詳細に設計します
3. **実装**：設計に基づいて、プロダクトを実際に開発します
4. **QA（品質保証）**：プロダクトのテストを行い、品質を確保します
5. **リリース**：プロダクトを市場に投入します

ウォーターフォール、アジャイル、プロトタイピングなど、多様な開発プロセスが存在しますが、これらのほとんどは最終的に上記のフェーズを繰り返す形となります。つまり、これらの開発プロセスの違いは、フェーズの細分化と実施回数にあると言えます。

このフェーズとPRDの作成および更新の関係について、筆者が考える流れを紹介します。

▶ 企画立案者によるドラフト版の執筆

PRDの執筆は、プロダクトの企画立案者が最初にドラフトを作成することが望ましいと考えられます。その理由は、どのようなユーザーがどのような課題を抱えていて、その課題が解決された際にユーザーがどのような状況になるか、そしてそのために何が欠けているかを明確に説明できる人が、その立案者であるからです。

プロダクトのアイデアが一人の人物からだけではなく、複数メンバーから生まれることもあります。その場合、そこに参加している人々はそのアイデアに賛同

している可能性が高いですが、賛同の度合いには個人差があります。中には「このアイデアは絶対に実現すべきだ！」と強く感じている人もいれば、「なかなか便利そうだ」程度の関心しか持たない人もいるでしょう。

そのため、そのアイデアに最も賛同し、プロダクトの必要性を強く感じている人がPRDの執筆を始めることがよいでしょう。この時点でその人の考えがチーム全体に受け入れられるかどうかは分かりませんが、それは問題ではありません。重要なのは、まずその人の考えをPRDとして表現し、アウトプットすることです。

図1-30　思いの強い人々によるドラフト版の執筆

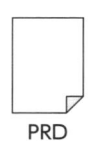

プロダクトの必要性を
強く感じている人々

ドラフト版
執筆

PRD

PRDの初期段階で執筆する範囲は、以下の要素に限定することが適切です。

- 概要：プロダクトの基本的な概念や目的を簡潔に説明します
- 背景：プロダクトを開発する動機や市場でのニーズ、問題点を明らかにします
- 製品原則：プロダクト設計の指針となる基本的な原則を定めます
- 対象ユーザー：プロダクトを使用する主要なユーザーグループを特定します
- ユースケース：プロダクトがどのように使用されるかを示す具体的なシナリオを提供します

通常、PRDの各章は初期の章から徐々に具体的な内容に進んでいきます。企画の立案時点で記述可能なのは「機能要求」の前の章までであり、「機能要求」以降の章は「概要」から「ユースケース」までの記述を基にして詳細化されるため、初期段階ではまだ書くことができない可能性が高いです。

上記の章を記載することで、プロダクトがユーザーのどのような課題をどのように解決するかを説明できるようになります。これにより、企画会議用のプレゼンテーション資料を作成するための十分な情報が得られます。また、エレベーターピッチの作成にも役立ち、プロダクトの概要と主要な利点を簡潔に伝えることが可能になります。この段階では、PRDの内容がプロジェクトの基本的な方向性とビジョンを示すための基盤となります。

この段階は、提案されたプロダクトの企画が妥当かどうか、そして開発に進むべきかを決定するための重要な時期です。このプロセスでは、様々な会議や意

見交換が行われることになります。また、実際に動く簡単なデモを作ってチームメンバーで触ってみたり、ペーパープロトタイプを使って議論したりすることも多いです。この過程で、PRDに記載された内容に対して賛同する声があれば、否定的な意見が寄せられることもあります。それらの意見を適切に議論し、解決すべきユーザーの課題やそれを解決する方法などを検討し調整していきます。これらのプロセスを通じて得られたフィードバックは随時PRDに反映することで、PRDを通してプロダクトの本質を理解できるようになります。

図1-31　PRDを起点とした資料作成やプロトタイピング

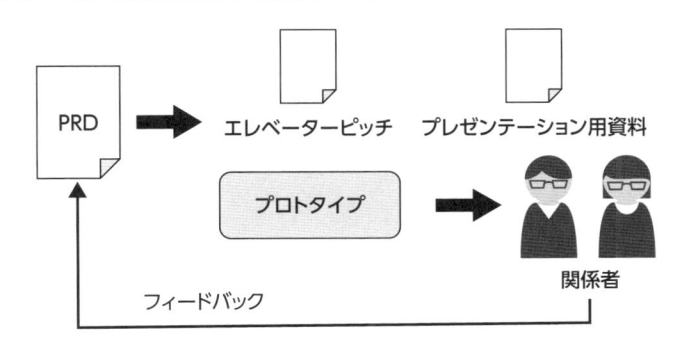

このアプローチにより、PRDはプロジェクトの進行とともに進化し、より包括的で実用的な文書へと成長していきます。このような継続的なフィードバックと更新は、PRDをプロダクト開発の中核的なガイドラインとして機能させ、関係者全員が共通の理解と目標に向かって進めるようになります。

プロダクト開発に参加するメンバーが「何を開発するのか（What）」の本質について共通認識が醸成できたところで、PRDの残りの章についての執筆を進めていきます。ユースケースの章までは、主に一人あるいはごく少数人で執筆されてきたPRDですが、ここからは複数人での執筆が行われることになります。ある程度並行して執筆していくこともできます。

▶ マーケティングに関する執筆

PRDの典型的な章立てには、「なぜ開発するのか（Why）」に関する内容を扱ういくつかの章が含まれています。特に「市場分析」と「競合分析」の章は、企画立案者だけでなく、マーケティング分野を担当するメンバーと共同で執筆されることが一般的です。マーケティング担当者がいない場合は、他のチームメンバーがこの役割を引き受けます。

図1-32 マーケティングに関係する章の執筆

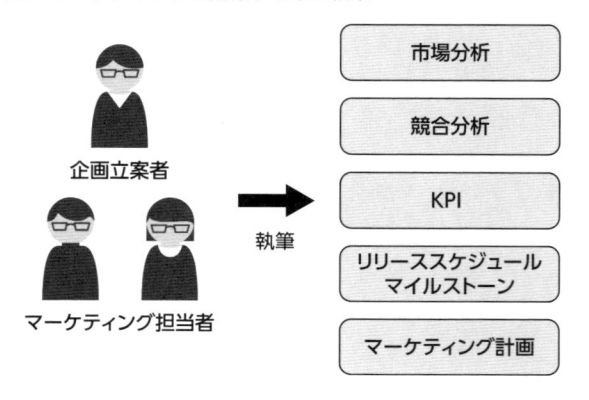

企画立案者

マーケティング担当者

執筆

市場分析

競合分析

KPI

リリーススケジュール
マイルストーン

マーケティング計画

　「市場分析」の章では、プロダクトを市場に投入するための外部環境を理解し、その分析結果を基に戦略を立てるための重要な情報を記載します。具体的には以下の点に焦点を当てます。

- 市場状況、市場の規模、成長性、市場の動向
- プロダクトの主要な顧客層、顧客のニーズと期待、購買行動
- 予測されるトレンド、技術革新、規制変更

　これらの情報を収集するためには、業界レポート、市場調査、統計データ、顧客調査、業界ニュース、ソーシャルメディア分析など、多岐にわたる情報源を利用します。収集した情報は、PRDに反映され、他の章との整合性を確保します。

　市場分析の結果、PRDの他の章との矛盾が明らかになる場合があります。これは、開発中のプロダクトが市場で受け入れられるかどうかに影響を与える可能性があるため、チームで議論し、プロダクトの方向性を適宜調整します。必要な調整が見つかった場合は、PRDを更新し、チームメンバー全員に変更内容を共有します。これにより、共通の理解と一致した見解を持つことができます。

　同様に、「競合分析」や「KPI」、「リリーススケジュールおよびマイルストーン」、「マーケティング計画」の章においても、市場分析と同じ手法で情報収集、分析を行い、PRDの他の章との一貫性を保ちながら、必要に応じてPRDを更新します。これにより、PRD全体が一貫した情報と戦略で構成されるようになります。

　プロダクトが市場に受け入れられるかどうかは、「何を開発するのか (What)」に対して非常に重要な判断基準となります。そのため、PRDのマーケティングに関する記載についてはできるだけ早く着手し、議論を重ねながら、プロダクトの方向性を定めていくことが望ましいでしょう。

図1-33　市場調査の結果を反映

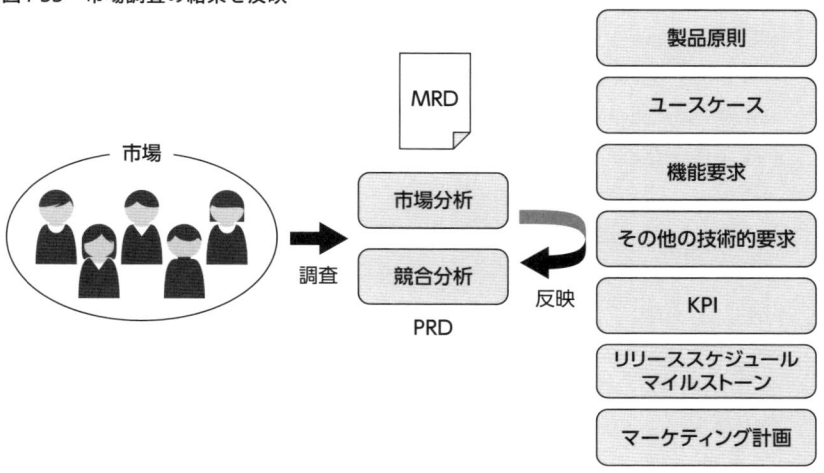

▶ 機能に関する執筆

　PRDの「機能要求」と「その他の技術的要求」の章では、ユーザーに提供すべき体験を具体的に検討し、記載することになります。これらの章は、企画立案者だけでなく、ユーザー体験(UX)を設計する担当者も執筆に参加します。

　機能要求の章では、製品原則の章に記された指針に基づき、ユースケースの章で示された利用シナリオを実現するために必要な機能群を検討します。この過程では、UXデザインの考え方やプロセスが適用されます。

図1-34　PRDとUXデザイン5段階の対応

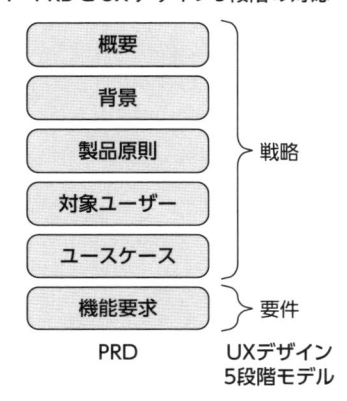

　UXデザインでは、Jesse James Garrett氏による5段階のモデルが有名です。これには以下の段階が含まれます。

- 戦略 (Strategy)：ユーザーニーズとプロダクト目的の設定
- 要件 (Scope)：必要なコンテンツ・機能の設計
- 構造 (Structure)：情報や機能へのアクセスの全体構造設計
- 骨格 (Skeleton)：インターフェース上の情報設計
- 表層 (Surface)：視覚的なデザイン

　戦略から表層へと進むにつれて、内容は具体的になり、逆に表層から戦略へと進むと内容は抽象的になります。通常、抽象的な内容から具体的な内容へと順に検討していきます。具体的な検討の中で、以前の抽象的な内容と矛盾が出てくる場合は、議論を戻して修正します。

　PRDの「概要」から「対象ユーザー」の章では、「戦略」に対応するユーザーニーズやプロダクトの目的が記載されるべきです。もし足りないと感じたら、これらの章の記載が不足していることを意味します。また、「ユースケース」の章では、「要件」に対応するユーザーにとって必要なコンテンツ・機能についての材料が見つかるはずです。見つからない場合は、ユースケースの章での記載が不足していることを意味します。

　PRDの「機能要求」の章では、UXデザインでの「要件」に相当する内容を中心に記載します。プロダクト全体ではなく機能単位でのPRDであれば、ワイヤーフレームなどの具体的な図示を含めることで「骨格」まで記載することが考えられますが、PRDに具体的な内容を過度に記載しすぎることは避けるべきです。特にユーザーインターフェースは開発が進むにつれて変化しやすいため、PRDとプロダクトに乖離が生じるリスクが高まります。

　PRDの「機能要求」の章にUXデザインでの「要件」で求められる範囲での記載がされることにより、PRDの読者は「何を開発するのか (What)」を理解でき、開発者やテスター、マニュアル執筆者など、具体的な開発作業を進めるチームメンバーは機能に対する共通の理解を持つことができます。

　「その他の技術的要求」の章も、ユーザー体験から導き出される内容に基づいて議論し、執筆を進めるとよいでしょう。これにより、PRD全体が一貫したユーザー中心のアプローチで構成されるようになります。また、プロダクトに求められる機能が見えてくると、プロダクトの成功度合いを計測するための指標についても検討することができるようになりますので、「KPI」の章についても執筆を行うとよいでしょう。

▶ 進め方に関する執筆

　PRDの「機能要求」や「その他の技術的要求」の章が充実するにつれて、「何

を開発するのか (What)」について具体的に理解できるようになります。これにより、設計や開発を担う各職種の担当者が、具体的な作業内容を明確に考えられるようになります。この段階では、多様な職種のメンバーがPRDを読み、プロジェクトに関与しています。

PRDの執筆が進行するにつれて、以下のような議論が発生します。

- 初期リリースにおける開発範囲の決定
- 想定期日までに求められる機能を開発できるかの検討
- 市場投入前に必要なフィードバックの量と質

市場投入の可能性が見えると、「どう開発するのか (How)」に関する議論が増加します。また、プロダクトが完成しリリースされる前に、試用を通じたフィードバックを得て改善する計画も立てられるようになります。

プロダクトの開発は多職種によって進められ、PRDの理解とそれに基づく実現可能性の検討が重要になります。検討結果は集約され、「スコープ」や「リリーススケジュールおよびマイルストーン」の章に記載されます。

図1-35　What、How の議論の量と PRD との関係

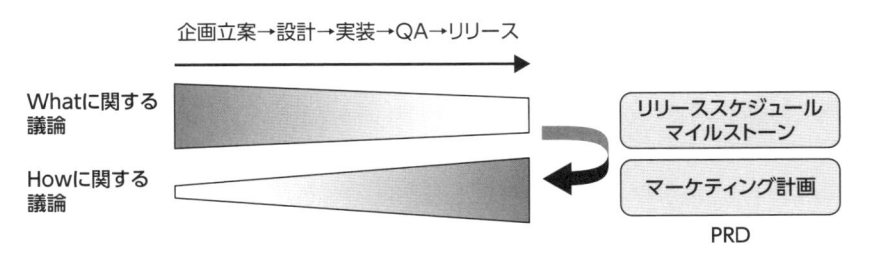

「どう開発するのか (How)」の検討結果が議論に入る際は、PRDの「製品原則」の章から逸脱しないように注意が必要です。製品原則を守りつつ、対象ユーザーのニーズを満たすスコープを設定することが求められます。

PRDを書く単位

PRDは、「何を開発するのか (What)」を明確にするために作成される文書です。PRDの名前からは、プロダクト自体が執筆の対象であると考えられがちですが、PRDの執筆単位には柔軟性があります。

PRDの基本的な目的は、開発したいプロダクトに関して明確な定義を提供す

ることです。既に運用中のプロダクトがある場合、そのプロダクトのPRDを後から作成することで、運用しているプロダクトの本質や解決しているユーザーの課題を再確認することができます。

多くの現代のソフトウェアプロダクトは24時間365日稼働しており、ユーザーはいつでもこれらを利用できます。インターネットの特性を活用して、プロダクトの運営者はいつでも機能の変更や新機能の追加が可能です。これは、ユーザーが利用している間もプロダクトを改善できることを意味します。

したがって、プロダクトは「一度作ったら終わり」というものではなく、初期リリースはスタート地点に過ぎません。実際には、初期リリース後が本格的なプロダクト開発の始まりと言えます。プロダクトは「作る」だけでなく、「作って育てる」ものとして捉えることが重要です。

図1-36　機能の継続的なリリース

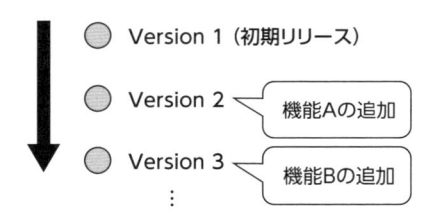

フィードバックを受けてプロダクトは常に「変化」していきます。この変化は、PRDに記載された内容と異なることがしばしばあります。つまり、PRDは「何を開発するのか（What）」を明確にする文書でありながら、開発されたプロダクトが日々変化するため、PRDもこれに追随する必要があります。PRDを更新していくための方式として、2種類が考えられます。

- 既存のPRDを更新する方式
- 新規にPRDを作成する方式

どちらにも利点と欠点がありますが、筆者の考えでは、後者がPRDをうまく運用していくための方法であると考えています。理由は以下となります。

- 1つのドキュメントを常に最新の状態に維持していくことはとても難しい作業であること
- プロダクトをリリースした後は細かな機能追加や変更などが中心的な開発となること

新規にPRDを作成していく方法を採用したときは、以下のような方針でPRDの更新可否を判断していくとよいでしょう。

- PRDに記載した内容とスコープでリリース迎える前→PRDの内容を更新できる
- PRDに記載した内容とスコープでリリース迎えた後→PRDの内容を更新できない

もちろん、上記の理由がすべてのプロダクト開発に当てはまるわけではありません。それぞれの利点と欠点を理解した上で、適していると考えられる方法を採用することが重要です。

▶ 既存のPRDを更新する方式

プロダクトが提供している機能を増やしたり変更したりする際には、PRDにその機能について追記あるいは更新を行うことになります。

図1-37 既存のPRDを更新する方式

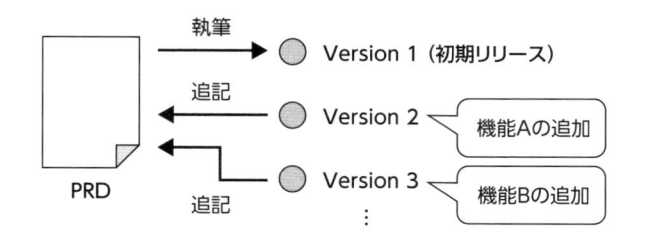

既に書かれたPRDに対して直接それらの追記や更新を反映する方法には、以下のようなメリットとデメリットがあります。

メリットとしては、以下があります。

- 最新の情報を反映
  PRDを定期的に更新することで、プロダクトの最新の状態が反映され、開発チームは常に最新の情報に基づいて作業できます。
- 誤解や混乱の防止
  PRDが最新の情報を反映していれば、古い情報に基づく誤解や混乱を避けることができ、チームの効率を向上させます。

「どのドキュメントに記載されている内容が最新なのか」という課題は、プロ

ダクト開発においてはとても重要な懸念事項です。常にPRDを最新にすることによって、その懸念が払拭されます。

一方で、デメリットとしては以下があります。

- **過去の記載の閲覧可能性**
  PRDを誰がどこをどのように更新したかを管理することが複雑となり、混乱を招きます。
- **肥大化**
  1つの文章に追記をし続けることで、PRDが肥大化し、可読性が損なわれます。
- **編集の困難さ**
  1つの文章を更新していく難易度が向上していきます。

プロダクトを運用しているときに、「あのときのプロダクトの方針って何だったのか？」と振り返りたい場面が出てきます。ある1つのPRDを常に最新にし続けることで、過去に書いてあった内容を振り返ることが困難になります。

▶ 新規にPRDを作成していく方式

プロダクトの機能を増やしたり変更したりする際、既存のPRDを更新する代わりに新規のPRDを作成するというアプローチも存在します。この方法では、プロダクト全体のPRDはそのままに、追加や更新したい特定の機能に対して新たにPRDを執筆します。

図1-38　新規にPRDを作成していく方式

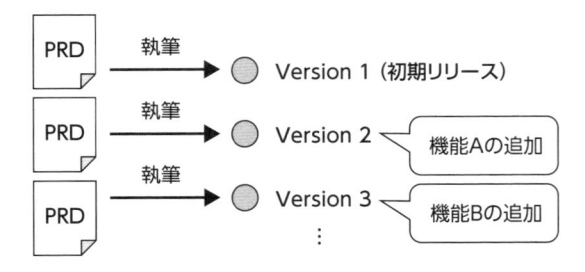

通常、PRDはプロダクト単位で作成されますが、機能単位でPRDを書くことも可能です。この場合、採用する章立ては同じですが、記載内容は「このプロダクトは〜」ではなく「この機能は〜」という形で述べられます。ただし、「市場調査」や「競合調査」のような章は機能単位のPRDで省略されることが多いです。

新規にPRDを作成するアプローチには以下のようなメリットがあります。

- **過去の方針の閲覧しやすさ**
  リリース時のプロダクトや機能に関するPRDがそのまま残るため、過去の方針を確認しやすくなります。
- **書きやすさ**
  既存の記載に依存しないため、文章の執筆がしやすくなります。
- **文章量の適正化**
  文章が分散されるため、PRDが肥大化するのを防ぎ、可読性を高めることができます。

しかし、デメリットも存在します。

- **最新情報の特定が難しい**
  更新された情報が複数の文書にまたがるため、最新の情報がどのPRDにあるかを見つけにくくなります。
- **誤解や混乱の可能性**
  古い情報に基づく誤解や混乱が生じやすくなります。

新規にPRDを作成する方法では、最新情報を追跡することが難しくなるため、関係者がプロダクトの最新の状態について正確に理解するのが困難になります。

1-4 まとめ

この章では、PRDの基本的な考え方、書き方、および運用時の注意点について解説しました。PRDは「何を開発するのか（What）」を明確にするための文書であり、プロダクト開発におけるガイドラインを提供します。これにより、対象ユーザーの課題を適切に解決する実用的なプロダクトの設計と市場投入が可能となります。また、PRDは静的なドキュメントではなく、プロジェクトの進行に合わせて追記や更新を継続する必要があります。

本書で紹介した章立ては、筆者が普段使用している形式ですが、これが唯一の正解というわけではありません。PRDの適切な章立てはプロダクトによって異なり、それぞれのプロダクトに最適な構成を見つけることが大切です。読者のみなさんは、このガイドを参考にしつつ、自身のプロダクトに適合するPRDの形式を取捨選択し、継続して執筆できる構成を検討していただければと思います。

第 2 章

Design Doc

石川宗寿

Design Docとは、新機能の開発やリファクタリングといったタスクに対し「どう実装するか (How)」を明確にするためのドキュメントです。その名の通り、設計の議論において使われるもので、前提知識の共有や問題の洗い出し、アイデアの明確化を実装前に行えます。結果として、後々問題が見つかる可能性やその影響を小さく留め、再検討や再実装などの手戻りのコストを下げることができるでしょう。別の視点から見ると、Design Docは実装中の不安を払拭し、生産性を向上させるためのドキュメントとも言えます。

本章では、筆者がDesign Docに何を書いているかや、どう運用しているかについて解説します。ただし、本章で紹介することはあくまでも1例に過ぎず、解釈や考え方によって様々なスタイルがあることに注意してください。最適なDesign Docの内容や運用方法は、プロダクトやタスクの特性、組織のルールにより変わります。環境の違いに応じて様々な書き方を検討してみてください。

なお、本章で解説する内容は、プレゼンテーション「Design Docの書き方」[注1]を元にしており、このプレゼンテーションはLINEヤフー株式会社 (作成当時、LINE株式会社) のサポートを受けて作成されています。

2-1 Design Docとは

Design Docで扱う主題は「どう実装するか」、つまり「実装したいことを実現するための設計」です。基本的には、実装担当の開発者や開発チームが書き、他の開発者が読んだ上で「その設計が妥当であるか、よりよい設計がないか」について議論します。ただし、そのドキュメントとしての性質は多岐にわたります。

- **下調べの備忘録**
  変更対象のコードの調査で得た情報や、導入の候補となるライブラリの比較、プロトタイピングで得られた知見などを読み返せるようにしておく。
- **開発者の考えを整理するためのノート**
  どのような設計や選択肢が適切だと考えているのかを明確にし、その理由をまとめる。
- **議論のための事前資料や議事録**
  開発者同士の議論に必要な前提知識の共有に使う。さらに、その議論の内容や結果を書き留める。

注1 https://speakerdeck.com/munetoshi/how-to-write-a-design-doc-ja-ver-dot（英語版:https://speakerdeck.com/munetoshi/how-to-write-a-design-doc-en-ver-dot）

- **工数見積もりの参考資料**

  設計や実装の規模感を把握し、開発期間やリソースの見積もりに役立てる。また、工数に見合わない場合は実装しないと判断するための材料にする。

- **承認プロセスの記録**

  「設計について合意を取ってから実装する」という開発プロセスにしている場合に、その合意をとるためのツールや記録として使う。

- **意図を後から知る手がかり**

  コードやコメントを読んでも実装当時の意図が把握できない場合に、歴史的背景を知る手がかりとして使う。

もちろん、1つのDesign Docがこれらのすべての性質を持つとは限りません。議事録の性質が強いものもあれば、承認プロセスの記録としての性質が強いものもあります。何をもってDesign Docと呼ぶかの絶対的な定義はありません。まずは、Design Docに書くべき具体的な内容に踏み込む前に、その特徴を捉えることから始めましょう。その手がかりとして、コードレビューだけでの議論の限界を示すことで、Design Docの一側面を紹介します。

コードレビューの限界

読者の中には「設計の議論をしたいのであれば、ドキュメントを書かずともコードレビューで十分では」と思う方もいるかもしれません。実際のところ、筆者もレビュー上で頻繁に設計の議論をしています。しかし、コードレビューだけでは看過されてしまう問題もあるので、ここではその例を紹介します。

まず前提として、コードレビューの単位（GitHubならプルリクエスト、GitLabならマージリクエスト）は、一般に、小さい方が好ましいです。コードレビューに含まれるコードの変更量が多くなると、問題を見落としやすくなり、かつ、レビューとその反映のイテレーションが長くなりがちです。結果として、開発効率の低下を招くことが多くあります。特に、設計や前提条件などの根本的な問題が後から見つかった場合は、最初からの再実装を余儀なくされるなど、手戻りのコストが甚大になってしまいます。

だからといって、レビューの単位を小さく分割すれば問題が起こらないかというと、そうではありません。レビューが小さく分割されたことで、広い視点で設計を見るのが難しくなることもあります。個々のレビューでは十分によい実装に見えても、それらが積み重なったコードベースが必ずしも理解しやすいものになるとは限りません。特に、ユーティリティやデータモデルなど、「他のコードに

使われるコード」を実装する場合は、その「使われ方」によって設計が大きく変わる可能性があります。しかし、個々のコードをレビューする時点では、広い視点で設計を見ることを忘れがちですし、議論のコストも高いです。

たとえば、コード2-1のようなJavaコードのレビュー依頼を受けたとしましょう。この変更では「色」を示すデータモデルColorModelを追加しています。ColorModelは、識別用の値であるcolorIdと、色の値であるred、green、blueを持ちます。

コード2-1　レビュー依頼された「色」のデータモデルのコード

```
public record ColorModel(
        int colorId,
        byte red,
        byte green,
        byte blue) {}
```

ここで、このcolorIdの存在意義がよく分からないので、作成者に質問したところ、以下のように回答がありました。

> 色は動的に差し替える可能性があり、同じ赤色でも、状況に応じて青色に変わるものと、赤色のままでいるものがあります。このcolorIdはその識別のために使います。

疑問は残るものの、この回答を受けてコードを承認し、マージしました。その後、ColorModelを使うコード2-2をレビューすることになったとします。この変更で新たに定義されたColorStyleは、1つのUI要素の色を示すデータモデルで、背景色やテキストの色などの複数のColorModelから構成されます。

コード2-2　ColorModelを使うコード

```
public record ColorStyle(
        ColorModel foregroundColor,
        ColorModel backgroundColor,
        ColorModel textColor) {}
```

ここで、レビュー者と作成者間の議論で、「ColorStyleが持つColorModelはすべて共通のcolorIdを持つ」という制約が明らかになりました。「色を差し替える」という概念は、より正確には「スタイルを差し替える」というものだったということです。これが真実なら、コード2-3のように、識別子はColorModelではなくColorStyleが持つべきです。

コード2-3　識別子をColorStyleに移動したコード

```
public record ColorModel(
        byte red,
        byte green,
        byte blue) {}

public record ColorStyle(
        int styleId,
        ColorModel foregroundColor,
        ColorModel backgroundColor,
        ColorModel textColor) {}
```

　ですが、実はこのコードも適切でない可能性があります。もしかしたらコード2-4のようにColorStyleとは別のマップ構造として管理すべきかもしれません。これは、今後実装されるコードがどのようにColorStyleを使うかに依存します。しかし、コード2-1のレビュー時にはColorModelのみに焦点を当ててしまったため、このような事態は想定できていませんでした。この例のように、個々のコードレビューでは大局的な視点が得られないため、大きな手戻りを防ぎきれません。

コード2-4　識別子を抽出したコード

```
public class StyleMapper {
    // IDとColorStyleのマップ
    private final Map<Integer, ColorStyle> styleMap = new HashMap<>();
    ...
}

public record ColorStyle(
        ColorModel foregroundColor,
        ColorModel backgroundColor,
        ColorModel textColor) {}
```

　こうした手戻りの問題を避けるためには、実装前に設計について議論することが有効です。その議論を行う手段の1つこそが、Design Docです。今回の場合、Design Docで以下の2点を明らかにしておけば、実装の手戻りを減らせました。

- スタイルを差し替える仕組み
- スタイルと色の関係とデータモデルの設計

　もちろん、Design Docを書く以外にも、設計の議論を行う方法はあります。タスクが十分に小さければ、何も用意せずに直接会話してもよいでしょう。また、コードレビューの単位をうまく切り分けることで、レビューの仕組みで設計の議論を行えます[注2]。どのようなときにDesign Docを書くべきかについては、次の項

注2　コードレビューを使った設計の議論については、節2.3にある「Design Doc以外の選択肢を持つ」で解説します。

で解説します。

書くべきか、書かざるべきか

　Design Docには生産性の向上という利点がある一方で、それを書く作業自体が開発のオーバーヘッドにもなります。30分で終わる作業のために1日かけてDesign Docを書いていたのでは、逆に生産性を下げる結果を招いてしまいます。基本的には、議論するべき点のあるタスクやプロジェクト（以下、単にタスクと言う[注3]）に対して、Design Docを書くとよいでしょう。Design Docを書くべきかどうかを判断することは簡単でなく、ある程度の経験が必要になります。ただし、方針を設けておくことで判断しやすくすることは可能です。以下に注目するべき要素を5つとりあげます。

- **タスクにかかる工数や複雑度**
  工数が大きいか複雑ならば書いた方がよい。
- **コードベースや環境に対する習熟度**
  不慣れなコードベースや環境なら書いた方がよい。
- **ステークホルダーや、関連する要素の数や種類**
  ステークホルダーや関連する要素が多い、もしくは多様なら書いた方がよい。
- **選択肢の多様性**
  実装方法にいくつか選択肢があり、それらの利点や欠点が大きく異なるなら書いた方がよい。
- **セキュリティやプライバシー、法律などとの関連度**
  懸念点があるならば書いた方がよい。

　必要な時間や影響範囲が大きく、不慣れな状況では、タスク完了までの見通しが悪くなりがちです。その場合は、積極的にDesign Docを書くとよいでしょう。これらを踏まえて、Design Docを書いた方が「多くの場合によいタスク」と、「多くの場合に不要なタスク」の例を挙げます。

多くの場合にDesign Docを書くべきタスク
- サードパーティに公開するAPIの追加

注3　通常、数日以上の期間を要するものは「タスク」の代わりに「プロジェクト」と呼ぶことが多いと思うのですが、本章ではすべて「タスク」と呼ぶことにします。これは、「プロダクト」との混同を避けるためです。

- モジュール構造の変更を伴う大規模なリファクタリング
- 大量のデータがある中での、複数のテーブルにまたがるデータベーススキーマの更新
- サービスやアプリケーション全体で使われる、新しいライブラリの導入

多くの場合にDesign Docが不要なタスク
- 単一のUI要素の位置の調整
- 200行程度のクラスに閉じたリファクタリング
- モジュールに閉じたユーティリティ関数に対する引数の追加
- 条件の間違いによって引き起こされたバグの修正

　筆者の目安としては、実装そのものに2週間以上かかりそうだったり、複数リリースにまたがって段階的にロールアウトしたりする場合は書くことにしています。また、チームに参加したばかりの新しいメンバーには、比較的小さなタスクに対してもDesign Docを書いてもらうようにしています。新メンバーはプロダクトのコードベースに慣れていないでしょうし、Design Docを書いた経験もないかもしれません。Design Docを書いてもらうことで、コードベースや開発プロセスに早く慣れてもらえることが期待できます。

　また、一括りに「Design Docを書くべきタスク」と言っても、内容をどの程度詳しく書くべきかは、タスクの性質に依存します。タスクの規模や影響範囲が大きくなったり、実装の選択肢が多くなったりすると、より詳細かつ具体的な記述が必要になるでしょう。ただし、Design Docが重厚長大になってしまうと、内容を書くことやそのレビューに過剰な時間が必要となり、かえって開発の生産性を下げてしまいます。分量としては、多くともA4用紙換算で十数ページ程度に留め、20ページを超えることは避けた方が無難です。書くこと自体に長い時間が必要になる場合は、自明なことまで書いていないかや、そもそもタスクを分割すべきではないかなどを確認してください。

　Design Docに書く内容は、少なければそれに越したことはありません。目的と背景だけについて、それぞれ1段落で説明する文章だったとしても、内容として必要十分なケースもあります。ただし、分量を少なくすること自体を目的にしてはなりません。議論すべき点や見落としがちな点までをも省略しないように注意してください。

書くタイミング

Design Doc は「何をするか」がおおむね決まった後、かつ実装を始める前に書くのが基本です（図2-1）。前章で解説されたPRD（Product Requirements Document）を利用しているならば、そのPRDが固まってきた段階で書き始めるとよいでしょう。「何をするか」が決まっていないと、それをどう実現するかを議論することは難しいからです。

図2-1　Design Docを書くタイミング（単純化した概念）

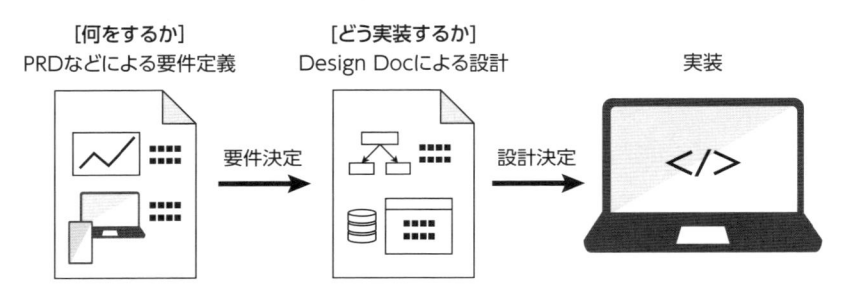

しかし現実には、「何をするか」と「どう実装するか」が密接に依存し合うことも少なくありません。実現可能性や実装のコストに応じて、仕様を変えることもあるでしょう。むしろ開発者としての重要な責任の1つに「より簡単に、同じ価値を提供できる手段があるならば、それを提案する」ことがあります。PRDを書く時点で開発者も議論に参加し、必要に応じてDesign Docも並行して書くことも求められるでしょう。当然ながら、PRDの内容がどの程度変わる可能性があるかに応じて、Design Docの内容の詳細度や具体性も変える必要があります。重要なのは、「何をするか」と「どう実装するか」の議論が密接に関連する場合、そのフィードバックサイクルを短く保つことです。

この「フィードバックサイクルを短くする」という考え方は、Design Docと実装の間にも適用されるべきです。Design Docを書いていると、「残りの要素は自明だろう」と感じるときが来ます。組織やプロダクトでの開発プロセスにも依存はしますが、その時点でDesign Docの作成は完了としてしまい、実装に移っても問題ないでしょう。実装を進めていくうちに新たな問題が発見された場合は、改めてDesign Docに立ち戻り、他の開発者と議論をすることで手戻りを小さく保つことができます。

今、思い描いている設計でうまくいくかどうか確信が持てない場合は、Design

Docの作成とプロトタイプや曳光弾[注4]の実装を並行して行うとよいでしょう。この場合、Design Docの最初の位置づけは、概念実証のプロセス (Proof of Concept、PoC) の記録になります。プロトタイプや曳光弾の実装を通して、設計の問題点を洗い出し、それをもとによりよい設計を導き出すことができます。

つまり、Design Docを書く段階は要件定義や実装と厳密に分かれているわけではなく、図2-2のように検証のために次の段階に移行することや、修正のために前の段階に戻ることが当然起こりえます。

図2-2　Design Docを書くタイミング (現実に起こること)

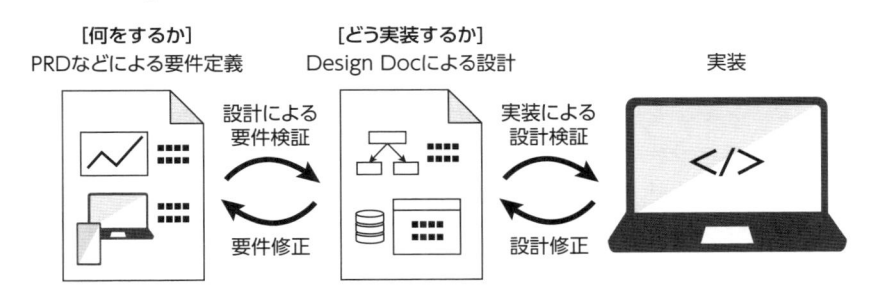

何を使って書くか

ドキュメントを書くことができ、さらにそれを共有できればどんなツールを使っても構いません。ただし現実的には、さらに以下の4つの機能があることが望ましいです。

- **共同で編集できる**
  複数人で分担して実装を行う場合や、開発チームのメンバー構成が月日とともに変わる状況では、各々の開発者が内容を更新できるようにしておくのが好ましいです。さらに、複数人で議論しながらDesign Docを作成する場合は、編集した内容がリアルタイムに反映されるようなツールを選択するとよいでしょう。

- **履歴を管理できる**
  実装を進めている途中や実装完了後に、どのような経緯でどう設計が変化していったのかを調べたくなるときがあります。誰がどの変更を加えたのかを手書きの

ログで管理するのも1つの手段ですが、ツールに履歴の管理を任せる方が簡単
かつ確実です。履歴は、Design Docに不慣れな開発者に書き方を説明する場合
にも有効です。

- **コメントやレビューを残せる**
  一部のレビュー者のタイムゾーンが異なるなど、リアルタイムでの議論が難しい
  状況では、コメントやレビューを残す機能が必須になります。また、リアルタイ
  ムの議論を行う場合でも、事前にコメントを残しておくことでより円滑に議論を
  進められます。

- **集積、検索ができる**
  タスクは一度完了したらすべて解決するとは限りません。機能の拡張や改善といっ
  た、発展的なタスクが追加されることもあります。この場合、完了したタスクの
  Design Docを後から検索できると便利です。また、Design Docを1ヶ所に集
  積し、その一覧を表示することで、過去にどのような議論が行われたかを把握す
  ることができます。不慣れな開発者がDesign Docの書き方の参考にするのに
  も便利ですし、他のタスクに興味を持った開発者が関与しやすくなるという利点
  もあります。

　ツールの具体例としては、Google DocsやMicrosoftのWord for the webな
どのドキュメントエディタ、NotionやDropbox Paperといったオンラインノー
ト、Atlassian Confluenceといったwikiが挙げられます。その他にも、GitHub
やGitLabなどのレポジトリ上で、Markdownファイルとして管理する方法もあ
ります。レポジトリを使って管理する方法をとる場合、レビューやコメントにプ
ルリクエストやマージリクエストを活用するとよいでしょう。

　他にも数多くのツールやサービスがありますが、どれを使うかはプロダクトの
特性に応じて決めてください。オープンソースソフトウェアならば、権限の管理
の容易性から分散レポジトリ上にDesign Docを置くことが選択肢に入ります。
一方で、小さなチームのプロプライエタリソフトウェアならば、共同編集のリア
ルタイム性を重視し、オンラインノートやオンラインドキュメントエディタが有
力な候補になるでしょう。ただし、企業などの特定の組織で利用する場合、その
組織で許可されているツールを選択してください。どのツールを使うかは、組織
やプロダクトのルールとして決められるのが好ましいです。

ウォーターフォール開発の設計書との比較

　ここまでの概要を読んで、「ウォーターフォール開発の設計書とDesign Doc は何が違うの？」という疑問を持った方も多いと思います。実際に、両者はトップダウンなアプローチという点で共通しています。どちらも実装をする前に設計を行い、かつ、その設計についてレビューや議論を行います。

　その相違点は、設計と実装の境界の部分にあります。Design Docの方が設計と実装の境界が曖昧になりがちで、ウォーターフォール開発の設計書の方がより厳密になる傾向があります。Design Docは、多くの場合、実装担当者や実装担当チーム自身によって書かれ、実装の途中であっても頻繁に更新されます。そして、完璧な詳細を書くことを求めず、実装がうまくいきそうだという見通しが立った時点で実装に移行することさえあります。もし、実装中に新たな問題を発見した場合は、その都度Design Docを更新して解決案を議論します。一方で、ウォーターフォール開発の基本的な思想には、一度決めたことに対し、大幅な後戻りの頻度を減らすということがあります。そのため、詳細設計に対する検査や検証をより厳密に行うことも多く、ドキュメントの形式が体系的に整えられていることも重要になってきます。そうすることで、ウォーターフォール開発では、工数がかかるフェーズでより多くの開発者を流動的に投入することができます。単純な比較はできないですが、Design Docはより開発サイクルの短さを重視し、ウォーターフォール開発の設計書ではよりスケーラビリティを重視していると言えるかもしれません。

　これらの違いから、Design Docはアジャイルソフトウェア開発とも親和性が高いというのが、筆者の考えです。アジャイルソフトウェア開発宣言[注5]では、「包括的なドキュメントよりも動くソフトウェアを(中略)左記のことがらに価値があることを認めながらも、私たちは右記のことがらにより価値をおく。」と述べています。アジャイルソフトウェア開発では、より動くソフトウェアに価値をおいていますが、それはドキュメントを軽視しているわけではありません。Design Docを書き、それをもとに議論を活発に行うことで、実装における迷いを払拭し、実装中の手戻りを減らすことができます。結果として、短い開発サイクルを維持できると筆者は考えています。

注5 https://agilemanifesto.org/iso/ja/manifesto.html

2-2　Design Docの構成

　Design Docでは、セクションの構成といった厳密なフォーマットは定めないことが多いです。これは、確認や議論するべき内容がタスクによって異なるため、あらかじめ書くべき内容の一覧を作るのは困難だからでしょう。フォーマットを厳密に定めてしまうと、図2-3のように項目を埋めるだけの作業が常態化し、Design Docを書くことが形骸化しかねません。これを避けるためにも、何を書くべきかはそのタスクごとに改めて考えることが求められます。

図2-3　埋めただけの項目

セキュリティ 検討済み **プライバシー** 検討済み **パフォーマンス** 検討済み **リリースプラン** 検討済み

　その一方で、何の方針もなしにDesign Docを書くことは難しいです。書くべき内容が不足したり、逆に無駄な情報を詰め込みすぎてしまったりすることもあります。そのため、厳密なフォーマットとしてではなく、あくまで自由に追加や削除可能なテンプレートを用意しておくのも1つの選択肢です。ただしその場合は、内容がテンプレートに引っ張られ過ぎないよう注意する必要があります。また、同じ内容を書くにしても、理解や議論がしやすいような構成にする方が好ましいです。

　本節ではDesign Docの構成の基本的な方針と、よく書かれるセクションについて解説します。具体的なイメージを持ちやすいように、メッセージ送受信の機能を持つ架空のアプリケーションに機能を追加する状況を考えます。ここで追加される機能は、メッセージ送信画面のUIスタイル（色やアイコン画像など）を動的に変更する機能です。

構成の基本方針

Design Doc の構成を決めるときは、以下の2点を基本方針としておくとよいでしょう。

- **タスクの目的が明確である**
  Design Doc は「どう実装するか」に焦点を当てたドキュメントなのですが、それ以前に「何を実装するか」を把握していないと内容を理解するのが困難です。最初に「目的」や「ゴール」という独立したセクションを立て、何を実装するかについて簡単に説明するとよいでしょう。

- **トップダウンに理解できる構成になっている**
  トップダウンに理解できる構成とは、まず最初に全体像の把握ができる構成のことです。「どう実装するか」の戦略が複雑になったり、関連する要素が多くなったりすると、一度にすべてを理解することは困難です。そのため、内容をボトムアップではなく、トップダウンに説明するような構成になっていることが重要になります。ボトムアップな説明とは、個々の詳細な要素を説明し、説明済みの要素を使ってより大きな要素を説明する方法です。一方でトップダウンな説明は、全体像を先に説明し、その後に個々の要素の詳細を説明するような構成です。図2-4と図2-5は、実装したい機能の説明をボトムアップとトップダウンのそれぞれの方法で行った例です。

図2-4　ボトムアップの説明

- 色やフォント、画像などの要素を集めたものを「スタイル」と言う
- ボタンやテキストボックス、背景などのUI要素で構成したものを「画面」と言う
- スタイルを変えることで、画面の見た目を動的に変える機能を実装する

図2-5　トップダウンの説明

- スタイルを変えることで、画面の見た目を動的に変える機能を実装する
- スタイルは、色やフォント、画像などの要素で構成される
- 画面は、ボタンやテキストボックス、背景などのUI要素で構成される

ボトムアップの説明は、各々の説明文中に未定義の要素が少なくなる利点があるものの、文脈や背景知識が共有されていないと意図が理解しにくくなります。一方で、トップダウンの説明では、未定義な要素が認知的負荷になりうるものの、基本的には全体像が把握しやすい構成にしやすいです。内容が複雑になればな

るほど、また、説明する要素が多くなればなるほど、この傾向は強くなります。そのため、部分的にはボトムアップな説明を織り交ぜるのも有効ですが、セクションの構造としてはトップダウンを意識するとよいでしょう。

トップダウンの構造になっているかを調べるには、以下のような説明順を満たしているかを確認してください。

- 全体から部分へ
- 抽象から具体へ
- 概念から事例へ
- 事実から理由へ
- 原則から例外へ

注意するべきことは、時系列や因果関係、思考の過程の順番をそのまま使うと、ボトムアップな説明になりがちなことです。たとえば、「原因から結果」や「仮定から結論」を示すことはボトムアップな説明になります。以下は、タスクの目的を明確にしつつ、トップダウンな説明順になるようにDesign Docを構成した例です。

- タイトル
- 目次
- 目的セクション：「何を実装するか」の説明
- 背景セクション：「なぜ実装するか」や前提知識の説明
- 設計の概要セクション：「どう実装するか」の設計の抽象的な説明
- 設計の詳細セクション：「設計の概要セクション」をより詳細かつ具体的にした説明
- 計画セクション：どの順番で実装やリリースをするかの説明
- その他の関心事のセクション：セキュリティやプライバシー、パフォーマンスなどの懸念事項の説明

以降、それぞれの構成要素について説明します。基本的には、タイトルと目的セクションは常に書かれるものです。しかし、それ以外の要素はタスクにより省略することもあります。逆にセクションの内容が多くなった場合は、サブセクションを設けたり、独立した別のセクションとして切り出したりしてもよいです。また、ここに書かれていない構成要素（例：テスト、モニタリングなど）を別途追加することもありえます。取り組むタスクの特性や状況に合わせて、Design Docの構成は柔軟に変える必要があるでしょう。組織やプロダクトによっては、ルール

としてドキュメントのメタデータ（作成者や作成日時、ドキュメントのステータスなど）を書く場合もあります。

タイトル

Design Docのタイトルで、そのタスクで実現することを端的に説明します。タイトルは小洒落たものではなく、タスクの内容が明確に伝わるものにします。よいタイトルになっているかを判断するには、いくつかのDesign Docを集め、そのタイトルを一覧として並べてみて、それぞれ内容を想像できるか確認してみてください。

たとえば、以下のようなタイトルは改善の余地があります。

- UIの改善
- プレミアムアカウント率増加のための施策

「UIの改善」では、どのUIをどう改善するのかが分かりません。また、「プレミアムアカウント率増加のための施策」は、実装によって何を達成したいのかは分かりますが、実装の内容を想像するのは難しいでしょう。

一方で、以下のようなタイトルは、内容が想像できるようになっています。

- メッセージ送信画面のUIスタイルを動的に変更可能にする設計

このタイトルからは、どのコードをどう変更するかが想像できます。このように具体性の高いタイトルを付けることで、以下のように似通った「UIの改善」のDesign Docが並んだとしても、どのドキュメントがどのタスクを扱っているのかが明確になります。

- メッセージ送信画面のUIスタイルを動的に変更可能にする設計
- メッセージ送信中に他のUIをブロックする仕様変更
- メッセージ送信失敗時の自動リトライ機能の新規実装

タイトルを付ける際には、特殊すぎる用語や略語を使わないようにしてください。一般的な用語や、組織内で広く使われている用語ならともかく、特定のモジュール内でしか使わないような用語を使うと、文脈を共有していない開発者にとっては理解が難しくなります。タイトルは多少長くなったとしても、説明的な方が好ましいです。

目次

　Design Doc に書かれる項目が多くなった場合は、目次を設けることで見通しがよくなります（図2-6）。さらに、目次を各セクションへのリンクにすることで、ドキュメント内の移動が容易になります。目次も、ある意味でトップダウンに情報を提供するものと言えます。

図2-6　目次の例

メッセージ送信画面の UI スタイルを動的に変更可能にする設計

- 目的
- 背景
- 設計の概要
  - 基本的なアイデア
  - モジュール構成
- 設計の詳細
  - StyleApplier インターフェース／クラス
  - Style レポジトリ
- 使用例
- リリースプラン

目的

⋮

　ただし、目次は手書きの編集で管理せず、ツールの機能を利用するのが望ましいです。たとえば、Google Docs や Atlassian Confluence では、それぞれ機能やマクロとして目次を自動生成できます。

　また、目次を設けるかどうかは、文書の長さによっても変わります。たとえば、目的と背景、設計の概要をそれぞれ1段落の文章だけで構成しているような Design Doc については、目次を設ける必要はありません。筆者の体感としては、目次を設けるのはA4相当で2ページを超えてからがよいと考えています。

目的セクション

　本文として最初に書くべきことは、タスクの目的やゴール、つまり「何を実装するか」の説明です。そもそも「何を」の部分に誤解があると、本来焦点を当てるべき「どう実装するか」の議論も破綻します。Design Doc では、タスクの内容

に応じてセクションの追加や省略をするのですが、目的の説明はまず必須と考えてよいでしょう。図2-7では目的セクションの例として、「メッセージ送信画面のUIスタイルを動的に変更可能にする設計」の目的を説明しています。

図2-7　目的セクションの例

メッセージ送信画面のUIスタイルを動的に変更可能にする設計

目的

　メッセージ送信画面を開いたときに、ボタンの色や背景画像といったUIスタイルを動的に変更できるようにする。各UIは「UIカテゴリ」(例：primary-button、secondary-button、background、etc.) で分類され、カテゴリごとに決まった色やフォントなどが使われる。つまり、同じカテゴリに属するUIは、色やフォントなども同じになる (PRD：https://documents.example.com/prd/12345)。

　目的セクションは多くとも数段落程度の文章量、可能であれば1段落で説明し切るのが理想です。「何を実装するか」はDesign Docを書く時点ですでにある程度固まっているべきであり、その議論が必要ならばPRD (Product Requirements Document、前章を参照) を利用するべきです。設計に大きく関わる仕様があり、かつ、その説明が大きくなりそうならば、独立したセクションを設けて説明したり、PRDなどの外部のドキュメントのリンクを使ったりすることでこのセクションを簡略化してください。

　また、バリエーションとして図2-8のように、目的を独立したセクションとして設けず、タイトルや目次の直後に本文として直接書くこともあります。そのほかにも、目的を背景と統合して「概要」セクションにする方法もあります。ただし、この場合は目的の説明が目立たなくなってしまうため、筆者は独立したセクションを設ける方が好みです。

図2-8　目的をタイトルの直後に書いた例

メッセージ送信画面のUIスタイルを動的に変更可能にする設計

　メッセージ送信画面を開いたときに、ボタンの色や背景画像といったUIスタイルを動的に変更できるようにする。(省略)

　何を実装するかをより明確にするためには、何を実装しないかを説明することも有効です。たとえば、データスキーマを更新する際に既存のデータを消去してもよいのならば、新しいデータスキーマの設計の自由度も大きくなり、既存のデー

タの移行についても議論しなくてよくなります。このように何をしないかを明示することで、議論が発散することを防げます。目的ではないことを強調するために、「スコープ外 (out of scope)」や「目的外 (non-goals)」というサブセクションを設けるのもよいでしょう。

背景セクション

背景セクションでは、タスクの必要性や前提知識、重視するべき要素といった情報を提供します。

- **タスクの必要性**
  このタスクが実装に足る理由や利点を説明します。これは「目的」と同様、Design Docを書く前に議論されているべきなので、説明は簡単に済ませます。必要ならばPRDなどへのリンクを活用してください。
- **必要な前提知識**
  「どう実装するか」を理解するために必要な知識を提供します。たとえば、コンポーネント固有の用語、コードロケーション (コードがどこにあるか)、現状の設計などが挙げられます。また、既存機能に変更を加えるタスクの場合は、その機能の仕様や課題についても説明するとよいでしょう。
- **重視するべき要素**
  満たすべき内部品質 (例:パフォーマンス、スケーラビリティ、変更容易性、頑健性) や実装時の制約 (例:利用可能なライブラリ、サポートするプラットフォームバージョン) など、設計に影響しうる要素を列挙します。

図2-9では背景セクションの例として、タスクの必要性と制約、コードロケーションについて説明しています。

図2-9　背景セクションの例

背景

　UIスタイルの変更はプレミアムアカウント向けの機能とし、これによりプレミアムアカウントの契約率が1.5ポイント向上することが見込まれる (詳細はhttps://documents.example.com/prd/12345を参照)。

制約

・汎用性
　このタスクでは、メッセージ送信画面に対してのみUIスタイルの動的変更の仕組みを

実装するが、今後は他の画面にも適用する予定である。そのため、動的変更の仕組みは他の画面にも適用できるようにする必要がある。

- 変更タイミング
  UIスタイルは別の設定画面から変更されうる。そのため、画面の表示中に設定が変わった場合に動的に適用する必要がある。

コードロケーション

メッセージ送信画面は、`/src/components/message/SendScreen`に実装されている。

背景セクションで注意するべき点として、目的セクションの後に置くこと、理由は簡潔に説明すること、そして読者の持つ知識を想定することの3点が挙げられます。

- **目的セクションの後に置く**
  タスクの目的が理解できていないと、そのタスクの必要性や前提知識も理解できません。ドキュメントの作者の思考過程をそのまま構成に反映させると、問題提起とそれに対する解決策という順番にしたくなります。しかし、読者がトップダウンに理解できる構成にするためには、先に「何をしたいか」を明確にするのが好ましいです。もし、背景を説明しないと目的も説明しにくいという状況ならば、別途「概要」というセクションを設け、概要→背景→目的という流れで説明するのも1つの手段です。

- **理由は簡潔に説明する**
  どう実装するか以前に、なぜ実装するのかについて議論が必要な場合は、PRDなどの外部のドキュメントを利用するべきです。「なぜ実装するか」は「何を実装するか」と同時に議論するものであり、通常は「どう実装するか」よりも前に議論します。ただし、リファクタリングなどのPRDを書かないタスクについては、このセクションで十分な議論ができるような記述が必要になります。また、実装時の制約や現状の設計など、理由以外の記述が増える場合は、独立したセクションを設けたり、後述する設計の概要や詳細のセクションに移動したりすることも選択肢に入れてください。

- **読者の知識を想定する**
  背景セクションは、読者が持つべき前提知識を想定して書きましょう。同じコンポーネントの開発者が読む想定ならば、そのコンポーネントに関する説明は省略してもよさそうです。一方で、違うコンポーネントの開発者にも読まれる想定なら、コンポーネント自体の説明も必要になるかもしれません。ここで気をつけるべきことは、前提知識は「持っている」と「持っていない」の2段階ではないと

いうことです。「コンポーネントの動作の詳細についても知っている」や「コンポーネントについては知らないけれど、プロダクトそのものについては聞いたことがある」のように、知識の深さや範囲にはいくつもの段階があります。また、前提知識は複数の軸があることにも注意してください。関わっているプロダクトだけでなく、領域職種（フロントエンドやバックエンドなど）やスキルセットに応じて、説明するべき内容は変わります。対象読者が想定できない場合は、前提知識の説明を最低限にしておき、議論の参加者の増加に従って説明を追加するとよいでしょう。

設計の概要セクション

　設計の概要セクションでは、設計の重要な部分について高い抽象度で説明します。高い抽象度を保つためにも、実装の詳細や本質的でない要素はできるだけ省略してください。このセクションの内容は、基本的なアイデアや簡略化した構造、基本的なデータフローといったものになります。ただし、適切な説明の順番はその内容によって変わります。場合によっては、ある基本的なアイデアを説明した後、簡略化したクラス図を置き、さらに別のアイデアについて述べるといった複雑な構成も必要になるかもしれません。どのようにしたらトップダウンな説明ができるか、様々な順序の組み合わせを試してみてください。

▶ 重要な要素：モジュール、データモデル、クラス、APIなど

　設計の概要として、最初に重要なモジュール、データモデル、クラス、APIとその役割を示しておくと、全体像を把握しやすくなります。特に、何を新たに実装するのか、また何に変更を加えるのか、既存の要素で深く関連するのは何かを明示するとよいでしょう。文章で説明するのも1つの手段ですが、リストや表、UML (Unified Modeling Language) や SysML (System Modeling Language) で表現したり、それらを組み合わせたりして最適な表現を探してみてください。たとえば図2-10では、主要なクラスについてリストとクラス図を組み合わせて説明しています。

図2-10　リストとクラス図を組み合わせた例

　スタイルの動的変更機能を提供するAPIと実装モジュールの2つを新規実装し、既存のメッセージ送信画面MessageSendScreenに適用する。

新規作成するモジュール
- dynamic-style-applier-api module：スタイルの動的変更機能の API を提供するモジュール

- StyleUiCategory：UI 要素の「種類」の定義
- ScreenUiCategoryMapping：画面のUIとStyleUiCategoryのマッピング定義
- StyleApplier：ScreenUiCategoryMappingを受け取って、UI にスタイルを適用するAPI

- dynamic-style-applier-impl module：dynamic-style-applier-apiの実装モジュール
  - StyleModel：StyleUiCategoryとスタイル要素（色やフォント、画像など）のマッピング定義
  - StyleApplierImpl：StyleApplier の実装。スタイルの定義や画像をStyle Repositoryから取得し、画面のUIに適用するクラス
  - StyleRepository：スタイルの定義や画像をStyleNetworkClientやStyleDatabase Cacheから取得するためのクラス
  - StyleNetworkClient：スタイルの定義や画像をネットワークから取得するためのクライアント
  - StyleDatabaseCache：スタイルの定義や画像をDBキャッシュから取得するためのクラス

変更を行う既存モジュール
- message-send-ui module：メッセージを送信するUIやプレゼンテーションロジックを持つモジュール
  - MessageSendScreen：送信画面を構成するメインのクラス。ScreenUiCategory Mappingのインスタンスを追加する

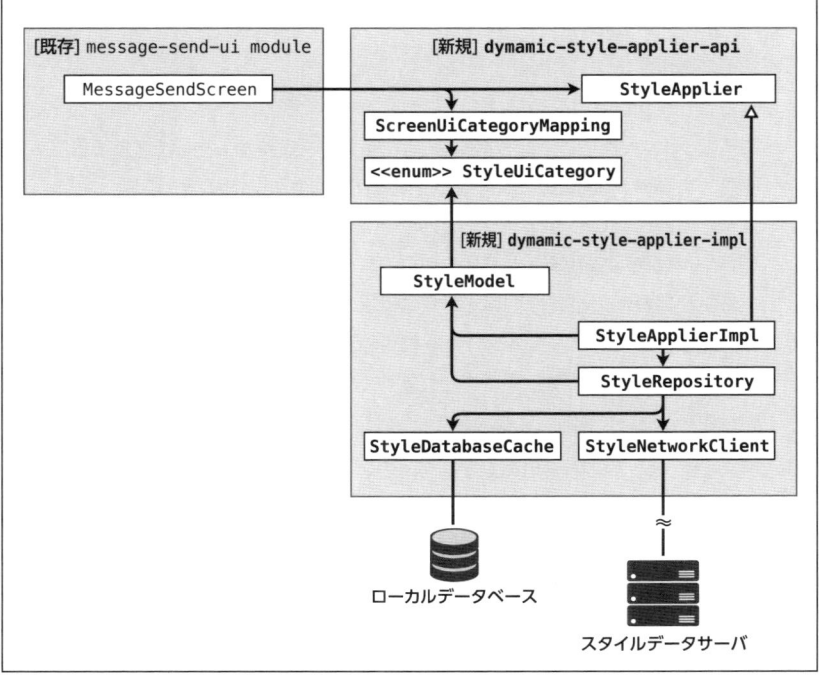

概要の説明に図を使うときは、以下の4点に気をつけてください。

- **要素の説明をする**

  クラス図やコンポーネント図を使って関係を示すときは、それに加えて重要なクラスやコンポーネント自体の説明もしましょう。説明無しに図だけを描いてしまうと、名前や関係性だけから要素の役割を想像しなければなりません。もし図2-10のリストを省略してしまうと、`StyleApplierImpl`がどのようなクラスなのか分かりにくくなってしまいます。もちろん、図のみで十分に説明できる要素については説明を省略してもよいのですが、「初めてそのセクションを読む人」が理解できるようになっているかを確認してください。

- **作図に時間をかけすぎない**

  特にDesign Docを書き始めた段階では、大幅に変更される可能性があるため、作図にかける時間を抑えることが重要です。たとえば、物理的な紙やホワイトボードに描いた図を写真に撮り、ドキュメントに貼り付けても問題ありません。そのまま議論が完了したならば、手描きの図が最後まで残ることも十分にありえます。もし議論の結果、大枠の構成が固まり、今後は細かい変更だけが見込まれるならば、改めて編集可能な図として描き直す選択肢もあります。その場合は、Diagrams.net（drawio-desktop）やLucidchartといったツールを利用するほか、MermaidやPlantUMLなどを使ってテキストベースに記述するのもよいでしょう。

- **詳細に書きすぎない、描きすぎない**

  概要のセクションの説明は、詳細にしすぎたり完全性を求めすぎたりしないように気をつけてください。最も重要なのは、全体像を速やかに把握できることであり、すべての要素が網羅されていることではありません。たとえば図2-11では、タスクと関連の薄いクラスやプライベート関数などの詳細な情報が含まれているため、どれが重要な要素かが分かりづらくなっています。概要で図を用いる場合は、その説明に最低限必要な要素だけを描くようにしましょう。特に、概要でクラスの説明をするときは、各クラスの役割や相互関係を説明することが重要であり、クラスメンバーの一覧を示すことが目的ではありません。もし、すべての要素を盛り込んだリストや図が必要ならば、詳細のセクションに配置するとよいでしょう。

図2-11 詳細な要素を盛り込み過ぎた例

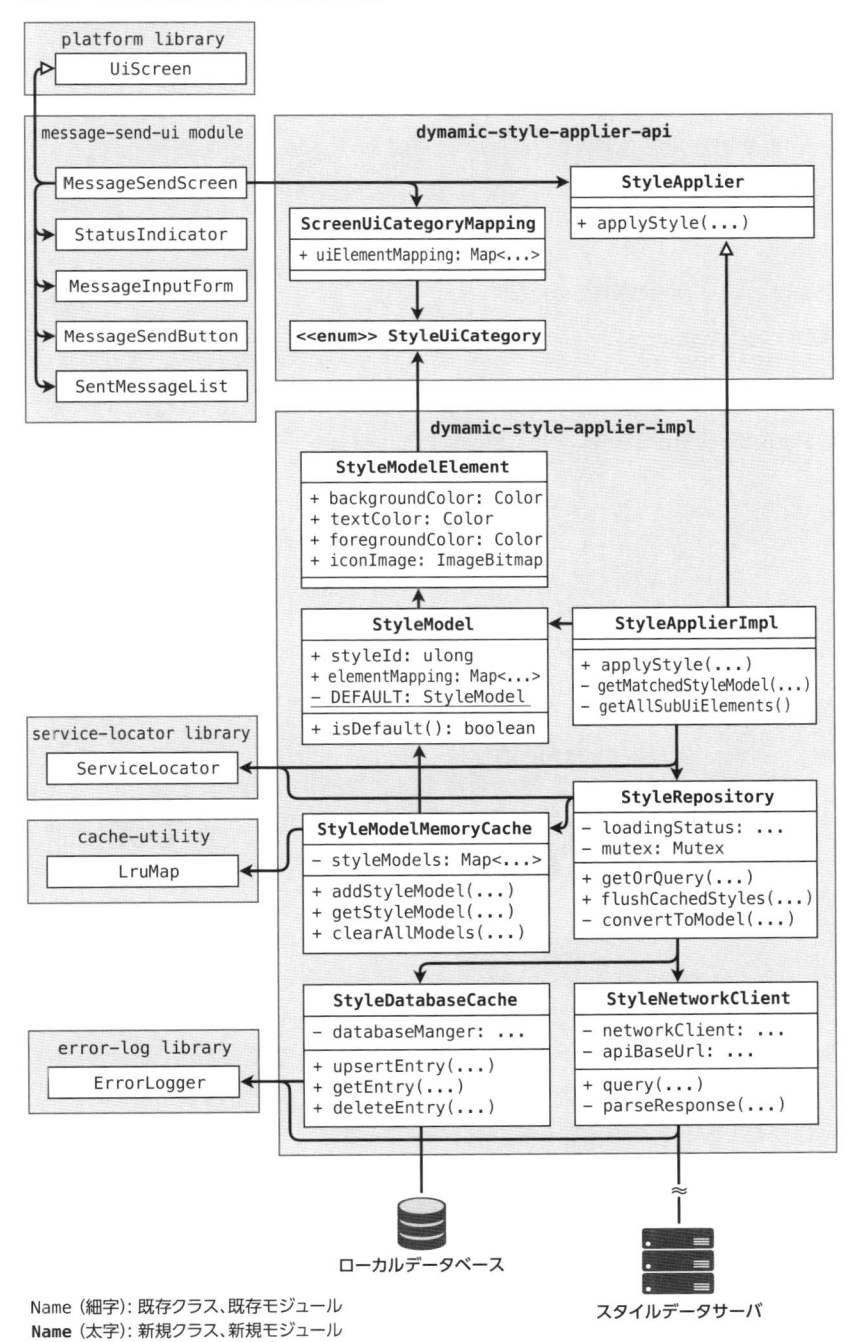

Name（細字）：既存クラス、既存モジュール
Name（太字）：新規クラス、新規モジュール

- **何が変わるかを明確にする**

  何が既存の要素で、何を新規に実装し、何に変更を加えるかを明確にできると、タスクで何をすべきかが想像しやすくなります。図を使う場合は塗りつぶしや線の種類などで、新規・既存の違いを示すのも一つの手段です。構造に大きな変更を加える場合は、現在の状況（current/existing）と提案（proposed/expected）で図表を分けることで、変更点を強調することができます（図2-12）。

図2-12　現在の状況と提案を分けた例

現在のクラス構成

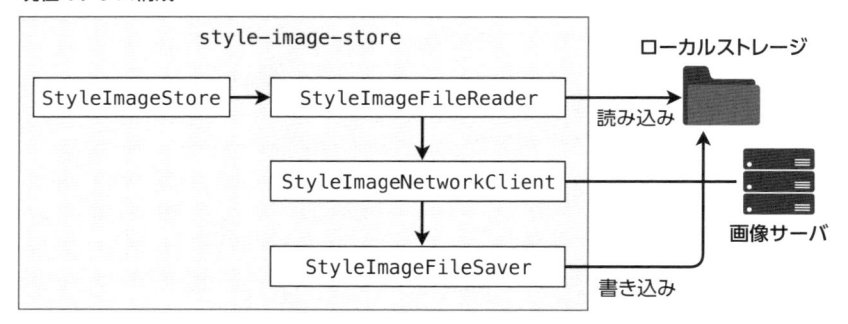

提案のクラス構成

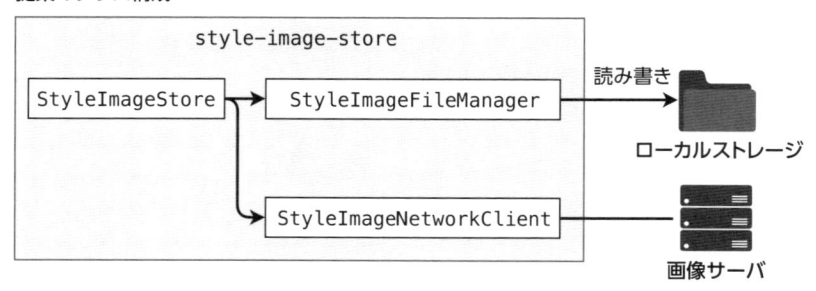

▶ 設計の基本的なアイデア

タスクを遂行する上で実装困難な点や、特に気をつけるべき点がある場合、それらをどのように達成するのかを説明する必要があります。たとえば、同じWeb APIを実装するにしても、単位時間あたりのクエリ数の想定によって、データ永続化の方法やキャッシュ戦略、スケール化などの設計は大きく異なります。他にも、「オペレーション失敗時のエラーハンドリング」といった複雑な問題がある場合は、その解決策の概要を説明します。

また、直感的でない設計を提案するときは、その理由についても説明する必要

があります。たとえば、インターフェースを作ったのにもかかわらず、その実装クラスが1つしかない場合、「インターフェースと実装を分離する必要が本当にあるのか」という疑問を持つ開発者もいるかもしれません。このような疑問に答えるためにも、非直感的な設計について「なぜそうしたのか」を説明する1文を加えるとよいでしょう。実装が1つだけにもかかわらずインターフェースを分ける場合には、以下のような理由が考えられます。

- 後続のタスクで追加の実装クラスが必要となる
- 依存性逆転の法則を適用する（相互依存の解決、依存方向の統一）
- 利用しているフレームワークやライブラリの制約に対応する（テストフレームワークやDIコンテナなど）
- インターフェースと実装でビルド単位を分け、実装の変更によるビルド時間の増加を軽減する
- 他のモジュールやコンポーネントと一貫性を保つ

今回の設計では、どの理由でインターフェースが必要なのかを示すことで、他の開発者は容易に意図を理解できるようになります。理由を説明した例を、図2-13に示します。

図2-13　基本的なアイデアの例

設計の概要

（中略）

StyleApplierインターフェース分割のアイデア

StyleApplierのインターフェースとその実装StyleApplierImplは分けて定義し、それぞれapiモジュールとimplモジュール内に置く。このような構造にする目的は、ビルド時間の増加防止とユニットテスト用のユーティリティを提供するためである。このタスク以降、StyleApplierほぼすべての画面に対して横断的に適用され、さらに実装の変更も予定されている（TASK-12345, TASK-12346 を参照）。このとき、実装の変更を行ったとしても、APIの変更を伴わなければ、すべての画面が再ビルドされるのを防ぐことができる。また、ユニットテスト用のユーティリティ提供についてはTASK-123457を参照。

このような説明があると、本当にインターフェースが必要なのかや、他の代替案がないかなどを検討できるようになります。もし、直感的でない部分はどこかが分からず、何を説明したらよいか検討がつかない場合は、先に他の開発者と議

論したり、レビューを依頼したりするのがよいでしょう。その議論やレビューの中で「なぜそうしたのか」という質問が出たら、まさにその部分が直感的でないと言えます。ある開発者が疑問に思う状況は、他の開発者も同じ疑問を持つかもしれないからです。質問に回答しながら、その回答をドキュメントにも追記することで、より多くの開発者に対して説明することができます。

また、基本的なアイデアに代替案がある場合は、それらの長所と短所を含め、特徴の違いを記述するのもよいでしょう。ただし、設計の概要としては代替案の比較は簡単に済ませ、必要ならば別のセクションを設けて詳細に説明するのが好ましいです。概要のセクションでは、「代替案はすでに考慮済み」であることを明示するだけでも十分でしょう。この内容については、『設計の詳細セクション』の『代替案の比較』で解説します。

▶ 簡略化したシーケンスやデータフロー

サーバ・クライアント間や複数のモジュール間でデータをやり取りする場合は、シーケンス図やデータフロー図を使ってデータの流れを説明するとよいでしょう。図2-14と図2-15は、それぞれシーケンス図とデータフロー図の例です。シーケンス図は、時間軸に沿ってデータの流れを説明する図です。この図は、データの入力元と出力先（エンティティ）の数が限られ、かつ2点間のデータの受け渡し（メッセージ）が多い場合に有効です。そのため、シーケンス図はユーザーとのインタラクションが複雑な場合にも活用できます。一方、データフロー図は、エンティティが多い割に、2点間のメッセージは少ない場合に有効です。特にデータフロー図は、すでに示したコンポーネント図など形式を合わせることで、それぞれのエンティティの役割を想像しやすくなります。

図2-14　シーケンス図の例

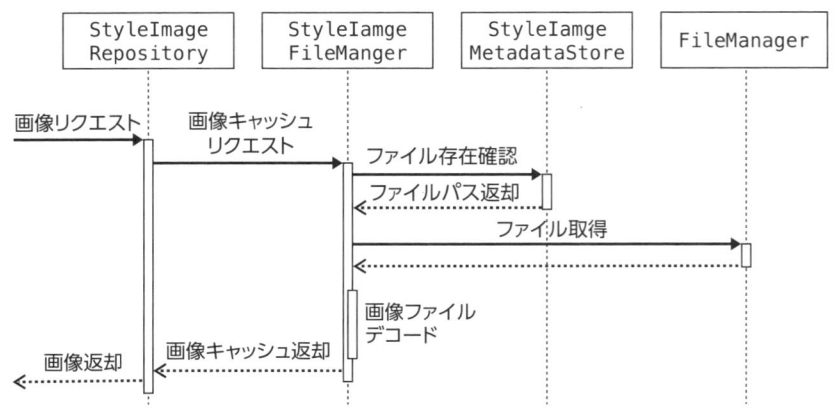

図2-15　データフロー図の例

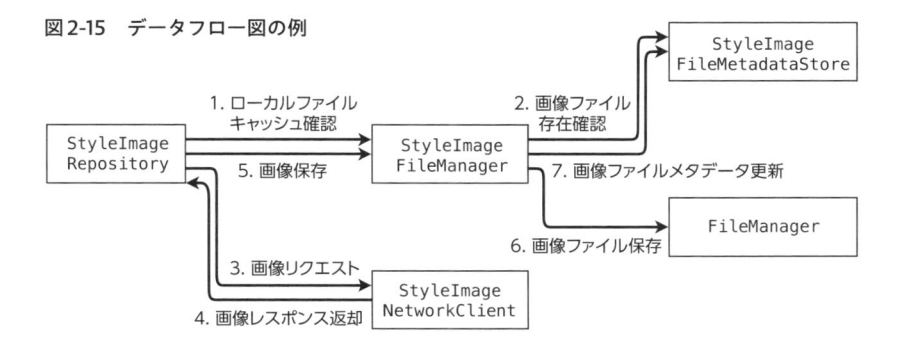

　概要におけるシーケンス図やデータフロー図では、「重要な要素」として説明していないエンティティは省略してください。タスクに深く関連しないエンティティがいくつかある場合、抽象的な一つのエンティティとしてまとめてしまうのもよいでしょう。

設計の詳細セクション

　設計の概要セクションだけでは十分に議論を深めることができず、より詳細な説明が必要なこともあります。その場合は詳細セクションを設け、内容を細分化した上で、より具体的な説明をします。その細分化した項目ごとに、サブセクションを適切に設けましょう。また、概要としては込み入った要素（代替案の詳細な比較、APIなどの一覧、使い方の例示など）についても、ここにサブセクションを設けることがあります。

　ここでは、設計の説明を細分化する方法と、詳細セクション独自の内容について説明します。

▶ 設計の説明の細分化

　概要よりも詳しい説明を行うときは、そのまとまりごとにサブセクションを設け、構造的なドキュメントにすることが重要です。すべての説明を1つのセクションにまとめてしまうと、一覧性が悪くなり、そもそも何を説明しているかが分かりにくくなります。

　詳細のサブセクションの分け方には、以下のようなものがあります。

● 機能の要素ごとに分ける
　　概要セクションで示したクラスやモジュール別に、サブセクションを分ける方法です。各サブセクション内で、そのクラスやモジュールの動作や責任、包含する

関数、取りうる状態、ライフサイクル、依存する別の要素といったより具体的な内容について説明します。特に、モジュールやコンポーネント、パッケージごとにサブセクションを分けた場合は、それぞれのサブセクション内で「概要セクション」よりも詳しいクラス図を使って説明するのもよいでしょう。

- **挙動の違いごとに分ける**

  挙動が何種類かに分類できる場合に、その挙動ごとにサブセクションを分ける方法です。これは特に、「どのAPIが呼ばれたか」や「パラメータが何であるか」などの条件によって、動作するモジュールやデータフローが大きく異なる場合に有効です。各サブセクション内で、シーケンス図やデータフロー図などを使って動作を説明します。このとき、各挙動で違う部分を色を変えて説明するなど、動作のどの部分が違うのかをハイライトするとよいでしょう。

- **動作の段階ごとに分ける**

  動作が複数のステップで構成され、そのステップごとに影響する項目が大きく異なる場合は、それに基づいてサブセクションを分ける方法があります。概要で示したシーケンス図やデータフロー図を拡大し、より詳細に説明することになりますが、各段階で関連するクラスやモジュールが大きく異なる場合は、クラス図やコンポーネント図を使うこともあります。

もちろん、これらのサブセクションの分け方は、複数組み合わせても問題ありません。何に焦点を当てるべきかに応じて、適切に使うようにしてください。

また、各サブセクションを「詳細」としてまとめず、図2-16のように概要と同じレベルに並べる方法もあります。この方法を用いると、特にサブセクションの数が多くない場合に、セクション構成の見通しがよくなります。

図2-16　サブセクションを「詳細」としてまとめない例

設計の概要

（中略）

　ここで、重要な機能は「StyleModelを取得する機能」と「StyleModelをUIに適用する機能」の2つである。以下で、それぞれの機能の設計を説明する。

StyleModel を取得する機能の設計

（中略）

StyleModel を UI に適用する機能の設計

（中略）

また、詳細セクション内では文章や図表だけでなく、擬似コードを書くことも
あります。特に、排他制御といった、複雑かつ気をつけるべき点が多い場合は、
擬似コードが直感的な理解の助けになることもあります。ただし、影響範囲が限
定されるコードの場合は、問題が発生しても実装のフェーズで解決できることが
多いです。そのため、Design Docで擬似コードを書くのではなく、コードレビュー
で実際のコードを検証することも選択肢に入れてください。

▶ 代替案の比較

採用するアーキテクチャやデザインパターン、フレームワークやライブラリな
どに代替案がある場合は、詳細セクションで比較の結果を示すとよいでしょう。
たとえば、「ファイルをネットワーク越しに取得し、保存する」という機能の要求
に対して、ライブラリの導入で解決を試みたとします。候補となるライブラリで
は、ライセンスや開発の頻度、サポートする通信プロトコル、パフォーマンスといっ
た点で異なる特徴を持つかもしれません。これらの特徴の違いとプロダクトの
要求をすり合わせることで、どのライブラリを採用するかを決める必要があります。

図2-17は、ライブラリの選択肢を比較している例です。この図のように、最初
に何が重要な要件であり、選択肢に何があるかを示すとよいでしょう。その後に
詳細な比較を行うことで、意図を理解しやすい構造になります。

図2-17 代替案の比較の例

スタイルデータは画像のURLを含むため、別途画像をネットワーク越しに取得し、ロー
カルに保存する必要がある。今回は、新たにライブラリを導入することで解決する。

本プロダクトにはすでにファイルキャッシュが実装されており、ユーザー設定による
キャッシュクリアなどのロジックを共通化するため、ライブラリが利用する保存先にこ
のファイルキャッシュを指定できるのが好ましい。

ライブラリの候補としてはFooDownloader、BarRemoteRepo、BazFileStoreの3
つを検討し、FooDownloaderを採用することにした。FooDownloaderのファイルキャッ
シュは、モジュールとして差し替え可能になっている。そのため、既存のファイルキャッ
シュとの統合における開発コストを抑えられる。

FooDownloader

ファイルのダウンロードと、ローカルキャッシュの管理の機能のみを持ち、リッチな機
能は持たない。

- Apache 2.0 Licenseのオープンソース
- [重要] ファイルキャッシュがモジュール化されているため、差し替えが容易
- 外部からキャッシュの変更を行った際は、メタデータの更新が必要
- 一部リフレクションを用いているため、難読化をする場合は注意

BarRemoteRepo
　特にファイルバージョンの管理に強い。

- MIT Licenseのオープンソース
- [重要] ファイルキャッシュの差し替えはできるものの、パッチを当てる必要がある
- 外部からキャッシュの変更を行うと自動で検知され、整合性の確認が行われる

BazFileStore
　ファイルタイプによって、デコーダーやマッパーを指定することができる。

- Apache 2.0 Licenseのオープンソース
- [重要] ファイルキャッシュの差し替えはできるものの、パッチを当てる必要がある
- 外部からキャッシュの変更を行った際は、メタデータの更新が必要
- 画像のマッパーを指定することで、ファイルとしてではなく、画像のオブジェクトを扱うことができる

　比較対象が3つ以上の場合は、各選択肢の長所と短所を列挙するのは問題ありません。ただし、比較対象が2つの場合は、一方の長所は他方の短所となることが多いため、長所と短所の両方を説明すると冗長になりがちです。その場合は、以下のような説明の分け方をすることをおすすめします。

- 選択肢1の利点（選択肢2と比べて）
- 選択肢2の利点（選択肢1と比べて）
- どちらでもできること（特に説明する必要がある場合）
- どちらでもできないこと（特に説明する必要がある場合）

　また、効果的な議論を行うためには、単に長所と短所を並べるだけではなく、以下の2点も説明できるとよりよいです。

- **ドキュメント作成者の意見**
  公平な比較が重要なのは当然なのですが、それだけではなく、どの選択肢をなぜ採用すべきかの意見を伝えることも重要です。作成者の考えを書いておくことで、議論の出発点を「どの選択肢がよさそうか」ではなく「その意見が妥当そうか」にすることができ、より具体的な議論から始められます。
- **選択から除外した理由**
  「本来ならば別の案を採用すべきだが、タスクの制約から採用できない」という背景があるときは、単純な比較としてではなく、別途強調して説明するとよいでしょう。こうすることで、一度検証したことを再び議論する事態を避けられます。

比較の議論が完了した後は、比較の詳細をアコーディオン（コンテンツ部分が開閉するUI）を使って隠したり、別のセクションやドキュメントに切り出したりするのもよいでしょう。これらにより、全体の流れの分かりやすさを保ちつつ、必要に応じて詳細を参照することができます。別のセクションやドキュメントに切り出す場合は、代替案が検討済みであることを詳細のセクション中に明記し、切り出した先へのリンクを貼っておくと、経緯をより理解しやすくなります。

▶ APIなどの一覧

　タスクによっては、作ったものを後から削除や変更することが難しい状況もあります。APIやSDKをサードパーティに公開するタスクであったり、マイグレーションの難しいデータスキーマを定義するのが、その典型的な例です。これらについて、セキュリティやパフォーマンスの問題が後から発覚すると、改修のコストが跳ね上がります。事前に問題がないか議論をするためにも、一覧を作成しておくのがよいでしょう。

　ただし、一覧はドキュメントをただ埋めるためだけの存在にならないように注意してください。たとえば、モジュールに閉じたクラスのメソッドなど、後から変更が容易な要素を列挙する必要はありません。一覧を作る場合は、それにより何を議論したいのかについて、特に気を配りながら列挙する要素を検討してください。

▶ 使い方の例示

　ライブラリやユーティリティを作るタスクでは、その使い方を説明することで、設計の意図がより分かりやすくなることがあります。図2-18は、UIスタイルを動的に変更するStyleApplierの使い方を説明しています。このように使う側のコードを示すことで、よりよいインターフェースはないかの議論を行うことができます。

図2-18　使い方の例示

使い方

　適用したい画面にScreenUiCategoryMappingのインスタンスを作成し、そのマッピングとScreenインスタンスをStyleApplier.applyStyleに渡すことで、スタイルを適用できる。

Step 1：StyleApplierのインスタンスをサービスロケータから取得する

```
StyleApplier styleApplier = ServiceLocator<StyleApplier>.get();
```

Step 2：ScreenUiCategoryMapping を実装する

```
ScreenUiCategoryMapping<FooScreen> screenMapping = ScreenUiCategoryMapping.of(
    MappingEntry.of(FooScreen::sendButton, StyleUiCategory.Button.PRIMARY),
    MappingEntry.of(FooScreen::cancelButton, StyleUiCategory.Button.CANCEL),
    MappingEntry.of(FooScreen::textInput, StyleUiCategory.Input.TEXT)
);
```

Step 3：画面表示時に StyleApplier.applyStyle を呼び出す

```
styleApplier.applyStyle(screenMapping, this);
```

　ただし、あくまでもDesign Docとしては、設計の理解に役立つ程度の例示に留めておいてください。実際にこのタスクで作成したライブラリやユーティリティを使う開発者には、別途使用方法を示したドキュメントを作成するのが理想です。このライブラリやユーティリティを実際に使う開発者にとっては、使い方が第一に重要で、設計の理解は必要でないことが多いからです。ただし、設計に興味を持った開発者がこのDesign Docに到達できるよう、使用方法のドキュメントからリンクを貼っておくとよいでしょう。

計画セクション

　計画セクションでは、実装の順番やそのマイルストーン、段階的なリリースの計画を説明します。特に、実装するモジュールやクラスに依存関係がある場合、「どの部分をどの順番で実装するか」の計画について先に合意を取っておくことで、実装を円滑に進めることができます。

　例として、機能追加に伴い、リファクタリングが必要になることを想定しましょう。この実装難易度は、機能追加とリファクタリングのどちらを先に行うかで大きく変わりえます。ここで、いきなり機能追加を行い、そのコードレビューを依頼すると「先にリファクタリングして欲しい」というコメントを受け取ることになるでしょう。もし、リファクタリングはすぐに行う予定で、かつ機能実装を先に行う方が実装が簡単になるのであれば、Design Docを使って予め合意を取ることで、このようなレビューのやり取りを減らすことができます。

　また、目安としてどの実装をいつまで行うのか、段階的にリリースするならばどの順番で行うのかを書いておくことで、このタスクのおおよその規模感を把握できます。もし、このタスクでもたらされる価値が実装のコストに見合わない場合は、PRDに立ち戻り、スコープの縮小を検討しましょう。ただし、Design Docに書くマイルストーンはあくまでも目安に留めておいた方がよいです。実際の進捗の把握については、イシュー管理ツールなどの専用の仕組みを使った方が、

より管理しやくなります。

その他の関心事セクション

　セキュリティやプライバシーといった横断的関心事 (cross-cutting concerns) は、プロダクトや組織の標準として定まっているのが理想です。しかし、そのような横断的関心事について、タスク固有の特別な取り扱いが必要なことがあります。たとえば、ユーザーから新たなデータを取得する場合は、そのデータの取扱について同意を得る UI を新規に実装し、同意を得たかの状態を管理する必要があるかもしれません。このように、他のタスクと異なる点や懸念点がある場合は、それぞれについて個別のセクションを設けるとよいでしょう。たとえば、以下のような項目が挙げられます。もちろん、これらはあくまでも一部の例であり、他にも様々な関心事があります。

- セキュリティ：認証、認可、暗号化、難読化、権限管理、脆弱性の評価
- プライバシー：法や国際規則、ポリシー、ユーザーの同意、データの管理や削除
- 国際化、ローカライゼーション：言語、タイムゾーン、地域固有の機能
- アクセシビリティ：スクリーンリーダ対応、文字や色、入力方法
- パフォーマンス：応答時間、スループット、計算量、メモリ使用量
- データの永続化：ファイルやデータベース、データ量、整合性、バックアップや復旧
- ネットワーク：構成、プロトコル、通信量、信頼性
- スケーラビリティ：自動スケーリング手段、ロードバランスの方法、ボトルネック、コスト
- コード管理：レポジトリ、ブランチ戦略、コードレビュー
- 依存性管理：バージョンの管理と更新、ライセンス
- 動作環境、設定管理：フレームワーク、プラットフォーム、ハードウェア
- テスト：単体・結合テスト、End-to-Endテスト、継続的インテグレーションとの統合
- デプロイ、リリース：自動化ツール、ロールバックの基準と手段、リリースノート
- ロギング、モニタリング、アラート：ログレベル、リアルタイム性、アラート条件
- 将来考えられる変更：機能拡張に伴う設計やAPIの更新、ライブラリやフレームワークの破壊的変更

　また、未解決で重要な問題についても、実装を行う前に議論しておく必要があります。議論によって解決案を発見した場合は、その都度、設計の概要や詳細のセクションに反映してください。

Design Docのメタデータ

　Design Docの形式によっては、以下のようなメタデータを記載することもあります。

- 作成者
- 作成日時
- ドキュメントの状態（例：ドラフト、レビュー中、承認済み）
- 更新者、日時、更新内容
- レビュー者、日時

　「Design Docの構成」としてメタデータを取りあげましたが、筆者はこれをドキュメント中に書くことを推奨しません。特に、このようなメタデータを手書きで管理すると、内容やレビューの状態が変わるたびに更新が必要となり、メタデータと実際の状態とでズレが生じやすくなります。そのため、ツールで管理できるならばそちらを利用し、本文中には直接メタデータを書かないことを推奨します。たとえば、多くのオンラインノートでは作成者や更新日時は自動で記録されますし、ドキュメントの状態についてはイシュー管理ツールの方がより体系的に取り扱えます。ただし、イシュー管理ツールを使う場合は、そのイシューチケットからDesign Docへのリンクを貼るようにしてください。

　もし、メタデータをドキュメント中に記載する場合は、タイトルの直後がよいでしょう。また、Design Docの他の内容とは異なり、メタデータの形式はプロダクト内や組織内で統一されていることが好ましいです。一貫性が保たれるよう、図2-19のようなフォーマットを定めてください。

図2-19　メタデータの例

メッセージ送信画面のUIスタイルを動的に変更可能にする設計
作成者　　　：author@example.com ステータス：チームレビュー中 レビュー者：reviewer1@example.com…
履歴　　　　：2024-01-10, 初版（目的と背景のみ）…

2-3 運用上の注意点

Design Docによって開発の生産性を上げるためには、ただ書けばよいという わけではありません。ここでは、Design Docを有効に利用するために必要な注 意点について説明します。

短いフィードバックサイクルを心がける

最初から完璧なDesign Docを書くことは難しいです。まずは目的や設計の概 要など、必要最低限の内容が書けた時点で議論を始めても問題ありません。極 端な話、何を書くべきか分からない場合は、タイトルだけ書いた空白の状態で議 論を始めるのもよいでしょう。一旦は、設計についての議論の議事録のような形 式で書きはじめ、それを徐々に体系だったドキュメントにしていけば問題ありま せん。

避けるべきことは、最初から完成されたドキュメントを書こうとして、過剰な 時間をかけてしまうことです。前提条件や焦点を当てるべき要素に根本的に間 違いがあった場合、ドキュメントを最初から書き直す必要が出てくるかもしれま せん。他にも、設計の概要に合意が取られていない状態で詳細のセクションを 書いてしまうと、同じような状況が起こりえます。生産性を向上させるツールで あるはずのDesign Docによって、逆に時間を浪費してしまっては本末転倒です。 特にDesign Docを書くことや、長期的なタスクを遂行することに慣れていない 場合は、議論と内容の更新を細かく繰り返し、短いフィードバックサイクルを作 るよう心がけてください。

また、最初の議論に参加する開発者は、最低限の人数に留めるとよいでしょう。 最初はテックリードやそのタスクに詳しい人と1対1の議論からはじめ、関連す る要素が明らかになるに従って、徐々に参加者を増やしていくと円滑に議論を進 められます。最初から多くの開発者を議論に参加させると、ただ参加しているだ けの人がいる状況を招いたり、議論が発散してDesign Docの完成に時間がかかっ たりするかもしれません。

そして、Design Docは一度書いたら終わりというわけではありません。実装 中にも、必要に応じて更新していきましょう。実装中に新たな問題が発見された らそれを追記し、議論を行うことで解決案を素早く見つけることができます。他 にも、実装中によりよい設計が思い浮かぶかもしれません。その場合も、設計の 概要や詳細を更新することで、その設計に問題がないかを確認することができます。

同様に、設計中に「目的自体が間違っていないか」と感じた場合は、Design Doc を書くのを中断し、すぐに PRD の議論に戻るべきです。

タスクごとに使い捨てる

Design Doc は異なるタスクで使い回さず、それぞれのタスクにつき新たなドキュメントを書くのが基本です。つまり、原則として、Design Doc はタスクごとに使い捨てにします。あるタスクが完了し、その機能を拡張する新たなタスクが発生した場合でも、既存のドキュメントを更新するのではなく、別のドキュメントを作成します。たとえ発展的なタスクであっても、その目的や実装開始時の設計は異なるため、それらを混同しないようにするためです。

また、Design Doc をタスクのための議論以外の目的に流用するのは避けた方が無難です。たとえば、新しいチームメンバーに現在のアーキテクチャの説明をするために、Design Doc を流用する場合、以下の2つの問題が発生します。

- **Design Doc の維持コストの増加**
  Design Doc を使ってアーキテクチャの説明をしようとすると、そのアーキテクチャに変更があるたびに、過去のドキュメントも更新する必要があります。特に、歴史が長いプロダクトではドキュメントの総数も多くなるため、その管理をするのは現実的ではないでしょう。
- **読むドキュメント量の増加**
  Design Doc が説明している設計の範囲は、個々のタスクに関連したものまでです。そのため、現在のアーキテクチャの全体を把握するには、数多くのドキュメントを読み、それを統合して理解する必要があります。さらに、個々の Design Doc はタスクの前後で何が変わるかを説明しているため、歴史を遡ることが必要になるかもしれません。

新しいチームメンバーに現在のアーキテクチャを説明するためには、Design Doc を使うのではなく、アーキテクチャの概要を説明したドキュメントを別途作成するのがよいでしょう。このような、オンボーディングのためのドキュメントについては、6章で解説します。

ドキュメントへのリンクを活用する

コードレビューを行う際、すべてのレビュー者がタスクの背景を知っていると

は限りません。レビュー者に背景を共有するためにも、プルリクエストやマージリクエストの説明欄にDesign Docへのリンクを貼るとよいでしょう。また、リンクを貼ることは、将来の開発者がそのコードを読む際にも役立ちます。もし、設計について疑問に感じ、コードコメントだけでは背景を理解できなかった場合は、コミットログからプルリクエストやマージリクエストを辿り、Design Docを参照することができます。

また、過去のDesign Docの一覧を作成しておくのも有効です。Design Docを書くことに慣れていない開発者でも、一覧から過去のドキュメントを参考にすることで、新たなドキュメントを書きやすくなります。可能であれば、ドキュメントの一覧は自動的に管理されるようにしておくべきです。たとえば、特定のwikiページを小さなページとしてまとめたり、共有のディレクトリやレポジトリに保存したりするルールにしておけば、手動で一覧を管理する必要がなくなります。

Design Docの共通認識を持つ

この章の冒頭で説明した通り、Design Docはプロダクトや組織によって内容や運用の方法が異なります。たとえば、PRDのような内容をもって「Design Doc」ということもあれば、仕様書のことを「Design Doc」ということもあるでしょう。また、Design Docを設計に関する議論の議事録という使い方をすることもあれば、承認プロセスの一環としての側面が強いこともあります。Design Docを導入する際は、何をもってDesign Docと呼ぶかや、その目的を明確にした上でチームメンバーと共通認識を持つことが重要です。

共通認識を持つためにも、Design Docの例やテンプレートを作成し、メンバーで共有するのは有効な手段です。例やテンプレートを自分で作るだけでなく、公開されているものを参照するのもよいでしょう。BazelプロジェクトのDesign Docの例[注6]やChromiumプロジェクトのテンプレート[注7]が参考になるかもしれません。これらをそのまま使うだけでなく、プロダクトや組織、および開発プロセスに合わせてカスタマイズすることで、より効率的な運用ができるようになります。

Design Doc以外の選択肢を持つ

Design Doc以外にも、設計に関する議論を行う方法はいくつかあります。た

第2章 Design Doc

注6 https://github.com/bazelbuild/proposals
注7 https://docs.google.com/document/d/14YBYKgk-uSfjfwpKFlp_omgUq5hwMVazy_M965s_1KA/
　　edit#heading=h.7nki9mck5t64

とえば、コードレビューの仕組みを設計の議論に使うこともできます。これは、Design Docを書くほどの複雑さはないが、複数のコードレビューの単位に分ける必要がある程度には大きいタスクに有効です。

　まずは、最初のプルリクエストやマージリクエスト（以下、単にプルリクエスト）のコードには詳しい実装を含めず、大雑把な構造と依存関係だけを示したスケルトンコードを書きます（コード2-5）。そして、プルリクエストの説明欄には設計の解説や図を載せ、レビューを依頼します。そして、このプルリクエストのレビューを通して、設計についての議論を行います。設計について合意が取れたら、その後のプルリクエストで実装を行うことになりますが、そのときに最初のプルリクエストへのリンクを貼るとよいでしょう[注8]。

コード2-5　スケルトンコードの例

```
public interface StyleApplier {
    <T extends Screen> void applyStyle(⏎
            ScreenUiCategoryMapping<T> screenMapping, T screen);
}

public class StyleApplierImpl implements StyleApplier {

    private final StyleRepository styleRepository;

    public StyleApplierImpl(StyleRepository styleRepository) {
        this.styleRepository = styleRepository;
    }

    @Override
    public <T extends Screen> void applyStyle(
            ScreenUiCategoryMapping<T> screenMapping,
            T screen) {
        // styleRepositoryから取得した StyleModelをscreenに適用
    }
}

public class StyleRepository {

    private final StyleDatabaseCache styleDatabaseCache;
    private final StyleNetworkClient styleNetworkClient;

    public StyleRepository(
            StyleDatabaseCache styleDatabaseCache,
            StyleNetworkClient styleNetworkClient) {
        this.styleDatabaseCache = styleDatabaseCache;
        this.styleNetworkClient = styleNetworkClient;
    }

    public StyleModel getStyleModel(StyleUiCategory styleUiCategory) {
```

注8　コードレビューについては、拙著『読みやすいコードのガイドライン──持続可能なソフトウェア開発のために』（技術評論社、2022年）でも解説しています。併せてご参照ください。

```
        // styleDatabaseCacheから取得できればそれを返し、
        // できなければstyleNetworkClientから取得
        // その後、styleDatabaseCacheにキャッシュを保存
        return null;
    }
}
```

　タスクの複雑さや大きさに応じて、適した設計の手段は異なります。Design Docを書くことだけにとらわれず、適切な手段を比較検討してください。

2-4 まとめ

　この章では、Design Docの基本的な考え方と、その書き方、運用時の注意点について解説してきました。Design Docは「どう実装するか」を議論し、決定するためのドキュメントであり、前提知識の共有や問題の洗い出し、アイデアの明確化に役立ちます。内容や運用方法はプロダクトやタスクの特性、組織のルールにより変わる可能性がありますが、典型的には目的、背景、設計の概要や詳細、計画、その他の関心事などのセクションから構成されます。

　運用に際しては、短いフィードバックサイクルを心がけ、タスクごとに使い捨てることが基本です。また、ドキュメントへのリンクを活用し、共通認識を持つことも重要になります。ただし、Design Docは必ずしも唯一の選択肢ではなく、タスクの複雑さや大きさに応じて、他の適した設計の手段を比較検討することを心がけてください。

第 **3** 章

ブランチ・リリース戦略

若狭建

本章では、ソフトウェア開発における統合（インテグレーション）、展開（デプロイメント）、構成管理（コンフィグレーション）が生産性にとってどのような意味を持つのか、なぜ正しい理解と戦略的な投資が必要なのかについて説明します。

ここで、それぞれの用語について本章における定義を簡単に示しておきます。

- **統合（インテグレーション）**
  個々の開発者が作成したソースコードを統合し、ビルド、テストを行うプロセス。
- **展開（デプロイメント）**
  完成したソフトウェアを実際の運用環境に配置し、利用可能な状態にするプロセス。たとえば、バックエンドやWebアプリケーションの場合、コンテナ技術の普及により、その一部としてコンテナイメージの配布も含まれるようになっています。モバイルアプリケーションの場合は、App StoreやGoogle Playなどのアプリストアを通じた配布が中心となります。
- **構成管理（コンフィグレーション）**
  ソフトウェアの構成情報（ソースコード、設定ファイル、ドキュメントなど）を一元的に管理し、変更履歴の追跡や特定バージョンの再現を可能にするプロセス。

これらのプロセスを効果的に実現するためには、開発チームがどのようなブランチ・リリース戦略を採用し、それに応じたポリシーやプラクティスを選択・実施するかが重要になります。また、現代のソフトウェア開発に求められる要件を踏まえることも欠かせません。本章では、そうした観点も踏まえて、筆者の意見を交えながら議論を進めていきます。

なお、ここで誤解を恐れずに言うと、本章で取り上げる「ブランチ・リリース」の領域は、ソフトウェア開発全体の生産性において重要な分野の1つではありますが、最も重要な要素ではない、という点を先に述べておきます。筆者がそのように考える理由は本章で後述します。

ここで少々、前振りとして、筆者自身について簡単に自己紹介をさせていただきます。近年はインターネットサービス事業を推進する企業で仕事をしてきていますが、自分自身のキャリアを振り返ると、Sun Microsystems、ソニー、Apple などハードウェア製品を主たる事業とする企業で働いていた時期もそれなりにあります。

そのため、一言にエンジニアリングといっても、ハードウェア開発とソフトウェア開発における課題や挑戦、それぞれの違いに意識が向くことが多いです。ソフトウェアの可変性・拡張性などの自由さと、それがもたらす可能性や技術進化の速さにより「Software is Eating the World」と評されるように、現代の多く

の産業を支えるまでになったという驚異的な状況があります。その裏返しとして、未成熟で不安定な生産技術や、増え続ける複雑性の制御、チーム開発のための組織文化など、多くの挑戦に向き合うことも合わせてとても興味深いと感じています。

本書の「ソフトウェア開発における生産性」というテーマをどのように解釈し、どの指標を用いて測定すべきかは、非常に振れ幅が大きい論点であり、業界全体を見ても未だに多くの議論が行われています。エンジニアリングだけでなく、経営者や事業責任者を含めたすべてのステークホルダーが同意する指標は、現時点では存在していません。今後、ソフトウェア開発がエンジニアリングとして成熟していく過程で、生産性の包括的な指標・測定手法なども整備されていくことが期待されます。

上記で、あえて「ブランチ・リリース戦略が生産性において最も重要な要素というわけではない」と述べた理由を説明します。ソフトウェア開発で最も時間と労力を要するのは、要件定義を含む課題の定義、課題解決のための具体的なアクションの決定、さらにそれを踏まえて何を構築するのか（および構築しないのか）を決める設計工程など、いわゆる「考える部分」です。本書の他の章でも議論されているように、Design DocやPRDなどの適切な手法を駆使しながら、以下のような点を深く考え、実行することが、「価値創出」の生産性という観点で最も重要な論点となります。

- 何を解決するのか
- どのような価値を誰に提供するのか
- そのために何をどのように作るのか
- どんなメンバーを集めてチームを組成するのか
- どのように開発文化を醸成するのか
- どのように価値創出に繋げるのか

製造業における「製造工程」や「納品工程」に相当するいわゆる「作る部分」が、ソフトウェア開発における統合、展開、構成管理です。近年、ソフトウェア開発ではプロセスやツールの進化により、これらの工程の効率化が大きく進みました。その結果、開発全体の生産性に与える影響度は相対的に下がっています。さらに、今後AIの進化などに伴い、一層効率化が進んでいくことも確実でしょう。

逆説的に、ソフトウェア開発における「統合」と「デリバリー」の効率化・自動化は、もはや当然のことであり、むしろできていないと競合他社に後れを取って

しまうほどに重要な要素となっています。「統合」と「デリバリー」を継続的に効率化することで、本質的に難しい「設計工程」により多くの時間と労力を割くことができるようになります。これこそが、持続的な競争力を担保するために重要な点だと考えます。

筆者の考えるソフトウェア開発における工程の定義は、次の通りです。

- 「設計工程」（考える部分）

  解決すべき課題の選定、構築物の決定、アーキテクチャ設計、モジュール設計、UI設計、ソースコード作成[注1]
- 「製造工程」（作る部分）

  リポジトリ管理、ソースコード管理、ビルド、統合、構成管理、デリバリーなどを確実に行うための工程

表3-1　ソフトウェア開発と製造業における「設計工程」と「製造工程」の位置付け

	ソフトウェア開発	製造業
設計工程	・何を解決するか→PRD ・どんな価値を誰に提供するのか→PRD ・その実現のため、何をどのように作るのか→PRD、Design Doc ・アーキテクチャ、モジュール、UI設計→Design Doc ・メンバー集め、チーム組成 ・価値創出を実現するための組織づくり、開発文化の醸成	
	・ソースコード作成	・設計図作成
製造工程	本章のスコープ ・継続的インテグレーション ・継続的デリバリー ・ブランチ・リポジトリ戦略 ・ソースコード管理 ・ビルド・構成管理 ・QA、テスト文化	・原材料の調達 ・工場の立地、建設 ・工員の確保、教育 ・品質保証 ・納品管理 ・物流管理

現代のソフトウェア開発において、ツールやエコシステムの進化に伴い、「統合」と「デリバリー」は以前に比べて「付随的」な位置付けになってきていると言えます。しかし、これはそれらが重要でないということを意味するわけではありません。むしろ、開発プロセス全体の効率性と品質を大きく左右する重要な要素であり続けています。ただし、その全体像や位置付けの変化を正しく認識せず、必要以上に重視したり、あるいは軽視したりする事例も散見されます。

注1　ここでは、ソースコードを設計図として位置付けています。ソースコードは単に仕様書を実装に落としただけの存在ではなく、設計を具現化したものであるべきだと考えます。一方で、AIの進化などにより、将来的にはソースコード作成のためのコーディングも製造工程的な位置付けに近づいていく領域であるとも言えます。

本章では、統合、展開、構成管理のためのよいプラクティスについて、CI/CD、ブランチ戦略、リリースサイクル戦略、リポジトリ戦略、フィーチャーフラグなどの観点から議論していきます。ただし、特定のツールや手段、方法論には深入りせず、その背景にある考え方や論点を中心に示していきたいと思います。

これらの議論を通じて、読者のみなさんが「ブランチ・リリース戦略」に対する適切な視点を持ち、生産性向上につながるアクションを考えるためのヒントを提供できれば幸いです。

3-1 現代のソフトウェア開発におけるブランチ・リリース戦略の重要性

ブランチ・リリース戦略について考え、意思決定をすることがなぜソフトウェアの開発生産性を左右するのでしょうか？

現代のソフトウェア開発では、自社の他のチームや部署が開発したモジュールに加え、OSSなどの外部ライブラリやフレームワークを積極的に活用することが一般的です。これらのモジュールは、ソフトウェア開発における重要なサプライチェーンの一部を構成しています。サプライチェーンを効果的に活用することで、開発の効率化と品質向上を図ることができます。しかし、その一方で、これらのモジュールの更新サイクルや互換性に合わせて、自社のソフトウェアを適切に管理・更新していく必要があります。

特に、自社の他のチームや部署が開発したモジュールについては、社内の連携や調整が重要になります。各チームや部署の開発サイクルや優先順位が異なる中で、モジュールの整合性を保ちながら、効率的に統合していくためには、適切な構成管理が不可欠です。

さらに、ソフトウェア開発では、複雑かつ変わり続ける要求仕様を満たしながら、複数の開発者やチームが並行して作業を進めることが一般的です。このような条件下では、効率的に統合、展開、構成管理ができることが、デリバリーの効率を高める上で極めて重要です。

ブランチ管理ポリシー、リリースポリシー、フィーチャーフラグ運用ポリシー、リポジトリ運用ポリシーなどは、サプライチェーン全体の管理や並行開発の調整を適切に行うための重要な要素となります。これらの戦略を適切に設計・運用することで、開発の効率化と品質向上を実現できます。

1. ブランチ管理ポリシー

ブランチ管理ポリシーは、複数の開発者が同時に作業を進める際に、コードの整

合性を維持するためのルールを定義します。具体的には、ブランチの作成・マージ・削除のタイミングや方法、ブランチ名の付け方などを規定します。 ブランチ管理ポリシーを設定することで、複数の開発者が効率的に協力し、コードの衝突や競合を最小限に抑えながら開発とデリバリーを進めることができます。これにより、迅速な統合サイクルを実現し、開発の生産性を向上させます。

2. リリースポリシー

リリースポリシーは、新しい機能や修正をプロダクション環境に展開するプロセスを定義します。具体的には、リリースの頻度、タイミング、手順、品質基準などを規定します。 明確なリリースポリシーを設定することで、継続的かつ頻繁に製品のアップデートをデリバリーし、ユーザーの要求に迅速に対応することが可能となります。また、リリースプロセスの標準化により、品質の維持と向上を図ることができます。

3. フィーチャーフラグ運用ポリシー

フィーチャーフラグは、新機能やシステム変更を条件付きで有効化または無効化する仕組みです。フィーチャーフラグ運用ポリシーは、このフィーチャーフラグの管理方法を定義します。具体的には、フィーチャーフラグの作成・更新・削除の手順、権限、モニタリング方法などを規定します。 フィーチャーフラグ運用ポリシーを設定することで、新機能やシステム変更の展開を制御し、効果を最大化し、かつリスクを軽減することができます。これにより、変更や新機能を段階的にリリースし、指標の動きやユーザーの反応を見ながら調整することなども可能となります。

4. リポジトリ運用ポリシー

リポジトリ運用ポリシーは、ソースコードやその他の開発生成物を管理するためのルールを定義します。具体的には、リポジトリの構成、アクセス制御などを規定します。 リポジトリ運用ポリシーを設定することで、ソースコード管理を整理し、複数の開発者やチームが協力して作業するための基盤を提供することができます。これにより、プロジェクトの進行状況を追跡しやすくなり、より効果的かつスケーラブルなコラボレーションが可能となります。

これらのポリシーは、現代のソフトウェア開発の生産性を高め、複雑な要求に効率的に対応するための基盤を提供します。それぞれのポリシーが適切に設定されることで、開発プロセスはよりスムーズに進行し、高品質なソフトウェアを

迅速に市場にデリバリーすることが可能となります。

3-2 CI/CD（継続的インテグレーション、継続的デリバリー）

本節では、ブランチ・リリース戦略の大前提となるCI/CDについて簡単に触れます。CI/CDがどのようなものであり、なぜ生産性向上とデリバリー効率向上のために重要なのかを説明します。ただし、CI/CD自体の詳細な解説は本章の主目的ではないため、ここでは概要の理解に留めることとします。

CI/CDとは

「CI/CD」とは、ソフトウェア開発におけるビルドやテスト・デリバリー・デプロイメントを自動化し継続的に行うアプローチを指す名称です。「CI」と「CD」はそれぞれ「Continuous Integration（継続的インテグレーション）」と「Continuous Delivery（継続的デリバリー）」の略で、この2つを組み合わせた開発手法を「CI/CD」と呼んでいます。

継続的インテグレーションでは、開発者が頻繁にコードを開発のメインとなるブランチにマージし、自動化されたビルドとテストを通じて、継続的な統合を実現します。継続的デリバリーは、継続的インテグレーションの延長線上にあり、リリース可能な状態を維持し、可能な限り頻繁に成果物をリリースすることを目的とします。

CI/CDを導入することで、開発者はより短いサイクルでコードの統合とテストを行うことができ、バグの早期発見と修正が可能になります。また、リリースプロセスの自動化により、人的エラーを減らし、デリバリーの効率を高めることができます。

ただし、CI/CDを外形的に導入するだけでは、真の意味での継続的な統合とデリバリーを実現することはできません。ソースコードの管理方法や、構成管理のあり方など、開発プロセスやポリシー全体を見直し、継続的に統合、リリースできる状態を作り上げる必要があります。このためには、適切なブランチ・リリース戦略の策定が不可欠なのです。

▶ DevOpsとの関係

最近すっかり一般的になったDevOpsは、開発担当と運用担当が緊密に連携して、柔軟かつスピーディーに開発とデリバリーを進める手法で、リリースサイ

クルを短縮することを目的としています。CI/CDはこのDevOpsの目的を達成するための具体的な手段の一つです。CI/CDにより、テストやビルドの作業から人的ミスをできるだけ排除し、作業効率を上げることが可能となります。さらに、CI/CDはアジャイル開発の課題解決のためのアプローチでもあります。

CI/CDの採用は、顧客満足度の高いサービスを迅速かつ継続的に提供するために不可欠です。しかし、単に手法を導入するだけでなく、自動化を前提とした開発手法の刷新や、場合によっては企業・組織文化そのものを変えることも必要です。このようにCI/CDはDevOpsを実現するための重要な要素であり、現代のソフトウェア開発において不可欠な役割を果たしています。

▶ 代表的なCIの選択肢

CI（継続的インテグレーション）に関しては、多くの選択肢が存在します。Jenkins、Circle CI、GitHub Actionsはその代表的な例です。これらのツールは排他的ではなく、プロジェクトのニーズに応じて組み合わせて使用することも可能です。

Jenkinsは、オープンソースのCIツールの先駆けであり、長年にわたって広く使われてきました。高い柔軟性と拡張性を持ち、プラグインを使って様々な機能を追加できます。Jenkinsは、自前のサーバーにインストールして使用するセルフホスティングが一般的ですが、様々なクラウドプロバイダやサードパーティのサービスを通じてホスティングオプションも提供されています。セルフホスティングでは、カスタマイズの自由度が高い一方で、運用や保守にはある程度の手間がかかります。一方、ホスティングサービスを利用することで、インフラ管理の負担を軽減できます。

Circle CIは、その高度なカスタマイズ性と拡張性により人気があります。ユーザーは、独自のビルドプロセスを設計し、Dockerコンテナやマシン上で実行することができます。また、Circle CIは、パイプラインのパフォーマンスを向上させるためにキャッシングや並列実行などの機能を提供しています。

GitHub Actionsは、ソースコード管理を行っているGitHubとの統合が最大の特徴です。GitHubリポジトリ内で直接CIワークフローを設定し、プッシュやプルリクエストのたびに自動でビルドやテストが実行されます。GitHub Actionsは、その使いやすさと統合度の高さから、特に小規模なプロジェクトやスタートアップ企業において広く採用されています。

これらのCIツールを組み合わせることで、それぞれの長所を活かしながら、プロジェクトに最適なCI環境を構築することができます。組み合わせ方は、プロジェクトの規模、構成、要件などによって様々です。

これらのツールは、コードの統合とテストを自動化し、開発プロセスの高速化と品質向上に大きく貢献します。CIツールの選定においては、プロジェクトの規模、技術スタック、チームのスキルセット、予算などを考慮することが重要です。

▶ 代表的なCDの選択肢

　CD（継続的デリバリー）に関しても、様々な選択肢があります。SpinnakerやArgo CDは、その中でも最近特に注目されているツールです。ただし、CDツールの選択は開発するプロダクトの種類によって大きく異なります。たとえば、Webアプリケーション（フロントエンドおよびバックエンド）とモバイルアプリケーションでは、デリバリーの方法が大きく異なります。

　Webアプリケーションの場合、SpinnakerやArgo CDのようなツールが適しています。Spinnakerは、Netflixによって開発されたオープンソースのマルチクラウドCDプラットフォームです。クラウドネイティブなアプリケーションのデプロイメントに特化しており、AWS、Google Cloud、Azureなど、複数のクラウドプロバイダーに対応しています。可視性と監査のための詳細なロギング、ロールベースのアクセス制御など、エンタープライズレベルの機能も備えています。

　Argo CDは、Kubernetesをターゲットとした宣言的なGitOpsコンテナデプロイメントツールです。アプリケーションの定義、設定、環境をGitリポジトリで管理することにより、デプロイメントプロセスの透明性と自動化が向上します。Argo CDは、特にKubernetesエコシステム内でのCDにおいて高い人気を誇っています。

　一方、モバイルアプリケーションのCDでは、App Store (iOS) やGoogle Play Store (Android) へのアプリのパブリッシュが中心となります。このプロセスは、FastlaneやGitHub Actionsなどのツールを使って自動化することができます。これらのツールは、アプリのビルド、テスト、証明書の管理、ストアへのサブミットなどの一連の作業を自動化し、リリースプロセスを大幅に簡素化します。

　CDツールの選定は、デプロイメントの頻度、対象となるインフラストラクチャ、チームの知識レベル、セキュリティ要件などに加え、開発するプロダクトの種類を考慮して行うべきです。適切なツールを選択することで、迅速かつ確実なソフトウェアデリバリーを実現することができます。

▶ デプロイ環境

　CDを導入する際に、見落とすことができない点がデプロイ環境の整備です。プロダクトのフェーズや開発チームの規模により、適切な環境の数やバリエーショ

ンは変わりますが、一般的にはデベロップメント（開発）環境、テスト環境、ステージング（検証）環境、プロダクション（本番）環境の4つに分けられます。それぞれの環境は次の役割を持ち、連携して機能します。

- **デベロップメント環境**

  この環境は開発者がコードの変更や新機能の開発を行う場所です。ローカルマシンやクラウド、仮想環境で構築され、開発者は自由に試行錯誤を行い、新しいアイデアを実験できます。不安定であり、バグや問題が発生しやすいですが、同時に学習とイノベーションのための実験場として重要な役割を果たします。

- **テスト環境**

  開発された機能やアプリケーションの機能と性能を評価するための環境です。ここでのテストは、システムの様々な側面（機能性、信頼性、パフォーマンスなど）を評価し、バグや問題点を特定します。テスト環境は、デベロップメント環境とプロダクション環境の間のブリッジとして機能し、品質保証のための重要なステップです。

- **ステージング環境**

  ほぼプロダクション環境と同一の環境で、ステージング用のデータを使い、リリース前にソフトウェアやアプリケーションが正しく動作するかを検証するために使われます。プロダクション環境に近い条件でのシステム統合テスト、品質保証、セキュリティテストなどが実施されます。ステージング環境は、実際のプロダクション環境へのリリース前の最終チェックポイントとして機能し、問題があれば修正を行います。

- **プロダクション環境**

  実際のエンドユーザーにサービスを提供する環境です。セキュリティ、パフォーマンス、安定性が最優先事項とされます。当然ながら、プロダクション環境での問題は直接的にユーザー体験やビジネスに影響を及ぼします。リリースは厳密なテストと検証を経て行われ、エンドユーザーに対して最高の品質とパフォーマンスを提供することが期待されます。

　これらの環境を使い分けることで、開発からリリースに至るまでのプロセスにおいて、効率的な開発、品質の確保、バグの早期発見、リリースサイクルの短縮に大きく貢献します。CI/CDパイプラインとの統合により、デリバリープロセス全体の効率化と品質の向上が期待できます。

CI/CD実践のための考え方

CI/CDとデプロイ環境のポリシーを効果的に実践するためには、エンジニアがこれらを容易に理解でき、使いやすいことが不可欠です。重要なのは、複雑な要件への対応よりも、以下の点を優先することです。

- 開発環境とテスト環境の構築がスムーズに行えること
- CIが軽量であり、問題発生時のフィードバックが迅速であること
- CDのためのオペレーションが簡便で、できるだけ属人性が排除されていること
- 各デプロイ環境の役割が明確に定義され、不安定な環境と安定した環境が分離されていること

以下の節では、これらの要素を統合し、実現可能なブランチ戦略とリリース戦略について考察していきます。これにより、CI/CDの効果を最大限に引き出し、より効率的なDevOpsおよび開発プロセスを構築することが可能になります。

3-3 ブランチ戦略

本節では、ソースコードバージョン管理ツールとしてGitを前提としたブランチモデルに関する記述を行います。他のバージョン管理ツールでも同様の概念が適用可能です。

ブランチの種類と役割の定義

ブランチモデルを説明する前に、一般的なブランチの種類とその役割について定義しておきます。これらのブランチは、各ブランチモデルにおいて異なる使われ方をしますが、基本的な概念は共通しています。

▶ mainブランチ

mainブランチは、製品の現在のリリース状態を表すブランチです。常に安定しており、いつでもリリース可能な状態が維持されます。多くの場合、このブランチへの直接的な変更は禁止され、他のブランチからの統合によってのみ更新されます。

▶ **develop ブランチ**

develop ブランチは、次のリリースに向けた開発作業が行われるブランチです。新機能の統合やバグ修正などが行われ、リリース準備が整った段階で main ブランチにマージされます。ただし、後述する Trunk Based Development (TBD) などのシンプルなブランチモデルでは、develop ブランチを設けず、main ブランチが開発とリリースの両方の役割を兼ねることがあります。

▶ **feature ブランチ**

feature ブランチは、新機能の開発やバグ修正などの個別の作業を行うためのブランチです。各開発者が独自の feature ブランチを作成し、作業を進めます。作業が完了したら、通常は develop ブランチや main ブランチにマージされます。トピックブランチと呼ばれることもあります。

▶ **release ブランチ**

release ブランチ（ブランチモデルによっては production ブランチとも呼ばれます）は、リリース準備のためのブランチです。develop ブランチもしくは main ブランチから分岐し、リリース候補版に対するテストやバグ修正などが行われます。リリース準備が整った段階で、release ブランチは main ブランチにマージされ、タグ付けされます。ただし、TBD などのシンプルなブランチモデルでは、release ブランチを設けず、main ブランチから直接リリースすることも一般的です。

これらのブランチは、各ブランチモデルにおいて異なる役割を持ちますが、基本的な概念は共通しています。次項以降で説明する各ブランチモデルでは、これらのブランチがどのように用いられているか、あるいは省略されているかを具体的に見ていきます。

代表的なブランチモデルの特徴と比較

ソフトウェア開発におけるブランチ戦略は、プロジェクトの効率や開発者体験に直結する重要な要素です。代表的なブランチモデルには、GitFlow、GitHub Flow、GitLab Flow などがあります。これらのモデルは、複数の長期的なブランチを使用し、プロジェクトの規模やリリースサイクルに応じて適用されてきました。

一方、近年では Trunk Based Development や Stacked Diffs といったアプローチが注目を集めています。本章では、特に Trunk Based Development を推奨しますが、その理由を他のブランチ戦略との比較を交えながら解説します。

GitFlow は、複数の長期的なブランチを使用し、リリースサイクルが複雑なプ

ロジェクトに適しています。しかし、ブランチ管理が煩雑になりがちで、CI/CDとの相性があまりよくありません。

GitLab FlowとGitHub Flowは、GitFlowよりもシンプルで、継続的デリバリーに適しています。ただし、フィーチャーブランチの存在により、統合の頻度が下がる可能性があります。

Trunk Based Developmentは、すべての変更を単一のブランチ（通常はmainブランチまたはtrunkブランチ）に対して行うシンプルな方法論です。これにより、統合の頻度が高くなり、CI/CDとの親和性が高まります。プロダクトの規模が大きくなり、関係者の数が増え、機能が複雑化するにつれて、CI/CDの重要性が増すため、Trunk Based Developmentの優位性が高まります。

Stacked Diffsは、Trunk Based Developmentに加えて、変更を小さなパッチに分割し、段階的にマージしていくアプローチです。これにより、レビューが容易になり、リスクが軽減されます。

それぞれのブランチモデルには長所と短所があります。開発チームとして何が課題であり、何を重視するかを決めた上で、プロジェクトのニーズに最適なブランチ戦略を選択することが重要です。また、開発チームの状況やフェーズの変化に応じて、柔軟に選択肢を変更していくことも大切です。ただし、本章ではCI/CDとの親和性の高さから、特にTrunk Based Developmentを推奨しています。

▶ GitFlow

表3-2　GitFlowの特徴とメリット、デメリット

項目	説明
特徴	• Vincent Driessen氏によって提唱されたブランチ管理モデル •「mainブランチ」と「developブランチ」を中心に、「featureブランチ」、「releaseブランチ」、「hotfixブランチ」を使い分ける •「developブランチ」が開発の主軸を担い、「mainブランチ」はリリースに使用される •「featureブランチ」は新機能の開発、「releaseブランチ」はリリース前の最終調整、「hotfixブランチ」は緊急のバグ修正に利用される
メリット	• 複雑なリリースサイクルや多様な開発ラインを持つプロジェクトに適している • バージョン管理が明確で、大規模なチームにおいても混乱を避けやすい • 役割に応じた数多くのブランチを使い分けることで、開発プロセスを明確にできる

デメリット	• ブランチの管理が複雑で、小規模なプロジェクトやシンプルな開発には手間がかかりオーバーヘッドが大きい • 統合が後回しになりがちなので、複数の変更をマージする際のコンフリクトが発生しやすく、その解決に手間がかかる • 最終的にすべての変更を統合した上での検証が遅れがちで、統合テストが重くなる傾向がある • 継続的デリバリーを行うアプリケーションやモジュールの開発には向いておらず、CI/CD との親和性が低い

図3-1　Git Flow におけるブランチと統合・リリースフロー

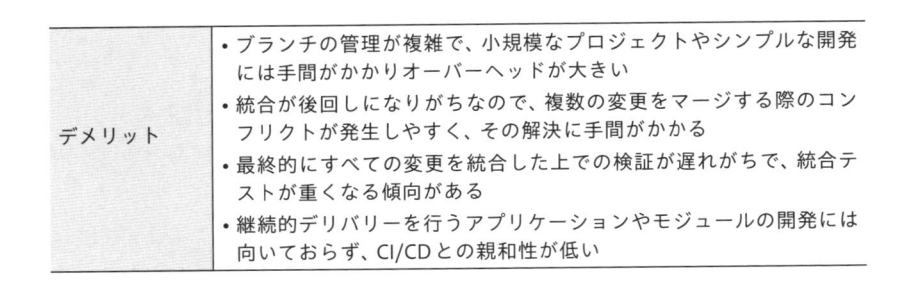
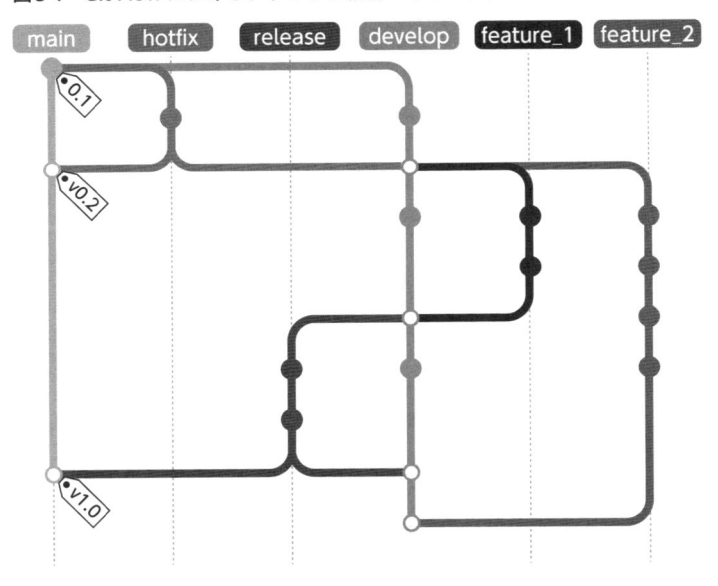

▶ GitLab Flow

表3-3　GitLab Flow の特徴とメリット、デメリット

項目	説明
特徴	• GitFlow と GitHub Flow の中間的なモデル • 環境ごとのブランチ（たとえば「production」や「staging」など）を設ける • 各環境ブランチへのマージをトリガーとして、自動的にデプロイが行われる
メリット	• 環境ごとのデプロイ管理が容易で、各環境での動作確認がスムーズ • 品質保証のプロセスを組み込みやすい（例：staging ブランチでの QA テスト） • 中規模から大規模なプロジェクトに適したワークフローの柔軟性

デメリット	・複数のリリースを同時管理するなどの理由でブランチが増えると、管理が複雑化する可能性がある ・環境ブランチの運用ルールを厳密に定義し、チーム全体で共有する必要がある

図3-2　GitLab Flowにおけるブランチと統合・リリースフロー

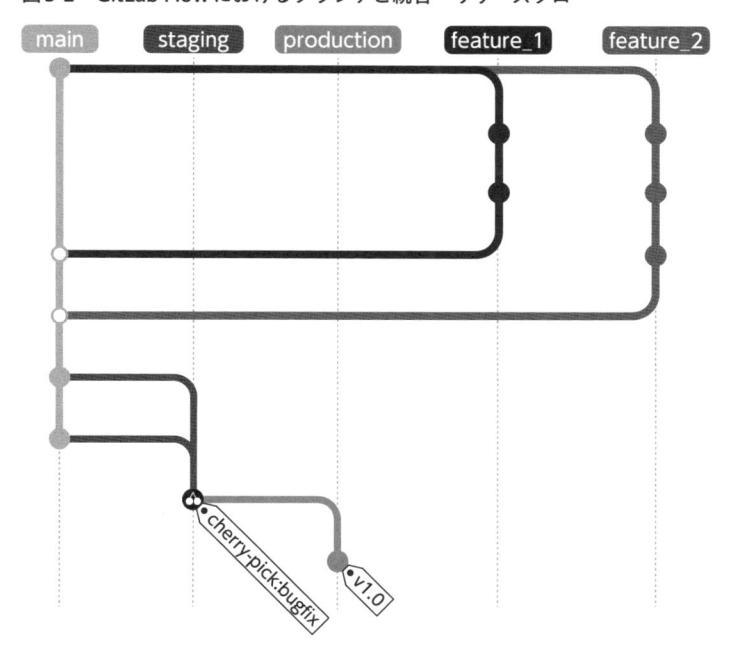

▶ GitHub Flow

表3-4　GitHub Flowの特徴とメリット、デメリット

項目	説明
特徴	・「mainブランチ」を中心に、シンプルなワークフローを採用 ・新機能や修正は「featureブランチ」で開発し、プルリクエストを通じて「mainブランチ」に統合される ・「mainブランチ」は常にデプロイ可能な状態に保たれる
メリット	・ワークフローがシンプルで理解しやすく、学習コストが低い ・小規模なチームや迅速な開発に適している ・継続的デリバリーを実現しやすく、迅速なリリースサイクルをサポート
デメリット	・複雑なリリースプロセスや、多様な開発ラインを持つ大規模なプロジェクトには対応しづらい ・「mainブランチ」の変更が頻繁に発生するため、安定性の維持に注意が必要

図3-3　GitHub Flowにおけるブランチと統合・リリースフロー

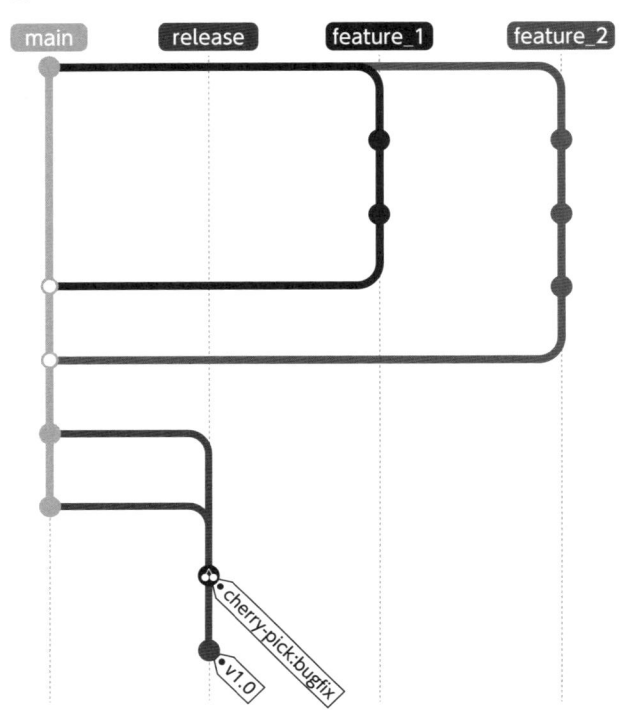

▶ Trunk Based Development

表3-5　Trunk Based Developmentの特徴とメリット、デメリット

項目	説明
特徴	・1つの「trunk（主軸/main）ブランチ」を中心に開発を行う ・多数の短期間の作業・開発のためのfeatureブランチを利用し、頻繁に「trunkブランチ」へマージする ・小さな変更を継続的にデプロイすることを重視する ・GitHub Flowに類似しているが、より短寿命の作業・開発ブランチを用いる
メリット	・高いレベルでの継続的インテグレーションを実現できる ・ブランチ管理がシンプルになり、迅速な開発サイクルを実現できる ・小規模なチームでも効率的に開発を進められる ・コードレビューが容易になり、コードの品質向上が期待できる
デメリット	・大規模な機能追加や破壊的な変更には適用しづらい ・厳密なコーディング規約とテスト自動化が必要不可欠 ・チームメンバー全員が高いレベルでのコラボレーションスキルを持つ必要がある

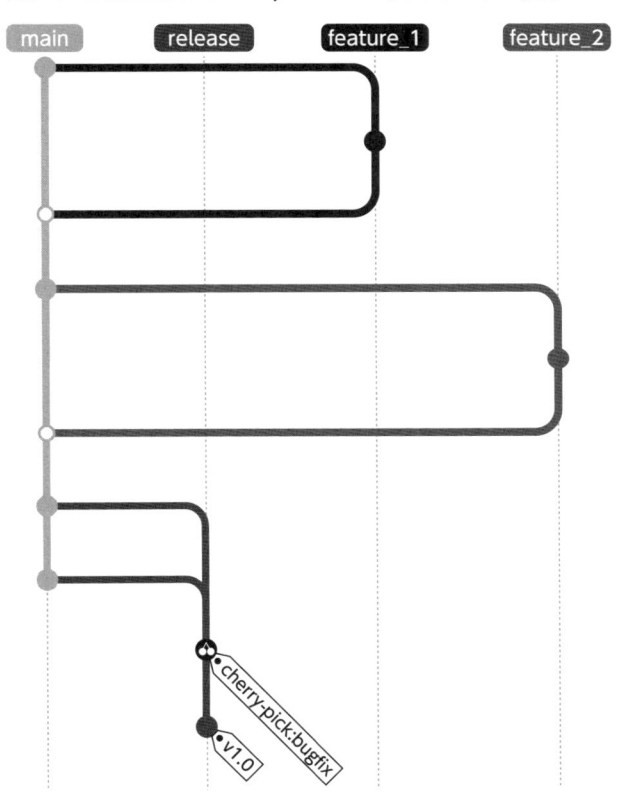

図3-4　Trunk Based Developmentにおけるブランチと統合・リリースフロー

　以上、代表的なブランチモデルの特徴とメリット・デメリットを比較しました。一般論としては、プロジェクトの要件やチームの状況に応じて最適なモデルを選択し、効率的な開発プロセスを構築することが重要です。しかし、本章の「統合」と「デリバリー」の効率化を重視する観点からは、Trunk Based Development (TBD) が最も有効性が高いと筆者は考えています。

　TBDは、迅速な統合とリリースを実現するブランチモデルであり、特にCI/CDの観点からみて効果的です。開発者が頻繁に「trunk」(主軸/main) ブランチにコードをマージし続けることで、長期間にわたるブランチ分割のメンテナンスに伴う複雑さを軽減し、マージコンフリクトを最小化します。その結果、コードの統合とテストが継続的かつ頻繁に行われ、エラーや問題点の早期検出に繋がります。

　たとえば、featureブランチの数が多く、かつ長い生存期間を持つ場合、コンフリクトが多発する可能性が高まります。複数の開発者が同じコードベースに対

して同時に変更を加えることで、マージ時に多くの競合が発生し、解決に時間と労力を要することになります。また、広範囲にまたがるリファクタリングや、破壊的な影響がある API／プラットフォーム／ライブラリのアップデートを行う際にも、長期間存在するブランチが障壁となり、作業が困難になる可能性があります。

TBDでは、これらの問題を軽減できます。すべての変更が「trunk」ブランチに対して頻繁に統合されるため、コンフリクトが発生しにくく、発生しても早期に発見・解決できます。また、現在実装中の変更や行われている変更 (リファクタリングなど) が「trunk」ブランチ上で可視化されるため、問題のある機能やコードの早期発見にもつながります。

以上のように、TBDは、CI/CDと親和性が高く、統合とデリバリーの効率化に大きく貢献するブランチモデルだと言えます。ただし、TBDを成功させるためには、適切なコーディング規約の設定、自動化されたテスト、高度なコラボレーションスキルを持ったチームメンバーが必要不可欠です。

特に、高度なコラボレーションスキルは、TBDの効果的な運用に欠かせません。具体的には、以下のようなスキルが求められます。

1. コードレビュー

開発者は、互いのコードを頻繁にレビューし、品質の向上とナレッジシェアを図る必要があります。建設的なフィードバックを与え、受け入れる姿勢が重要です。

2. コミュニケーション

TBDでは、開発者間の密接なコミュニケーションが不可欠です。変更内容や進捗状況を明確に伝え、問題が発生した際には速やかに報告・相談できる環境が必要です。

3. 自動化への理解

TBDを支えるのは、自動化されたテストとデプロイメントです。開発者は、自動化の仕組みを理解し、適切にテストを記述・メンテナンスできる能力が求められます。

4. 責任感

TBDでは、すべての変更が「trunk」ブランチに直接影響を与えます。開発者一人一人が、自身の変更に責任を持ち、品質を維持する意識を持つ必要があります。

これらのスキルを持ったチームメンバーが協力して開発を進めることで、

TBDの真価を発揮できるのです。

▶ Stacked Diffs

ブランチモデルに分類されるものではないですが、チーム開発において開発とコードレビューを効率化する手段として用いられるStacked Diffs（またはStacked Pull Requests）と呼ばれる手法を紹介します。

Stacked Diffsでは、大きな変更を小さな単位（diffs）に分割します。ここで1つのdiffは1つのプルリクエストと考えて構いません。すべてをmainブランチからのdiffとするのではなく、diffをdiffに積み重ねる形で分割します。それぞれのdiffについて1つ1つマージされることを待つことなく並行的にレビューし、順番にマージしていきます。この方法は、特に大規模なチームで効率的にレビューするのに効果的です。

PR単位での開発作業フローでは、1つのPRごとに1つの作業用の開発ブランチを作成し、コーディング、PR作成、コードレビュー、マージを進めます。PR間に依存関係が無い場合はこれで特に問題ありません。

図3-5　PR単位のコーディングとコードレビューの作業フロー

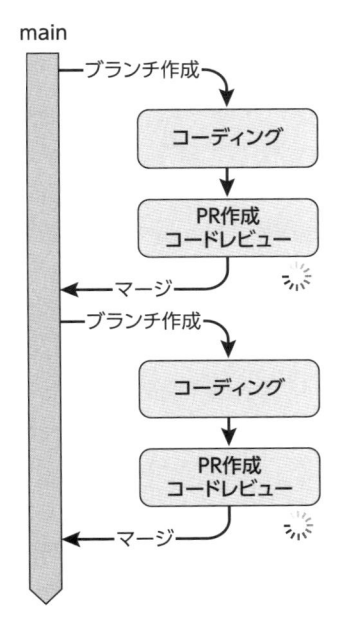

一方、Stacked Diffsを活用した開発作業フローでは、PR単位で開発ブランチを作成するのではなく、意図的に小さめのPRにそれに依存する小さめのPRを

重ねるように作成し、コーディングとコードレビューが時間軸的には並行する形で開発作業を進めます。

図3-6　Stacked Diffsを活用したコーディングとコードレビューの作業フロー

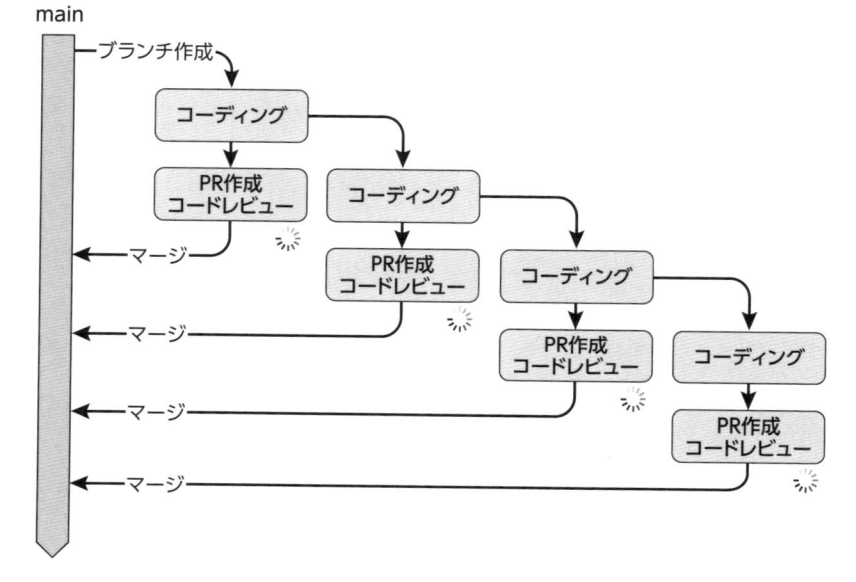

　Stacked DiffsはTrunk Based Development (TBD) の考え方と相容れないものではなく、むしろ大規模チームでTBDを運用する際に効果的な手法であると筆者は考えています。Stacked Diffsは、開発とコードレビューを並行して行い、各PRからmainブランチに対する頻繁なrebaseもしくはmergeを組み合わせることで、開発者の待ち時間を最小化できます。これにより、複数の開発者が同時に異なる機能や修正に取り組むことが可能となり、チーム全体の作業効率が向上します。

　また、Stacked Diffsの手法を取り入れることで、大規模な変更が必要な場合でも、各変更をより管理しやすい小さな単位に分割でき、各変更の影響を正確に理解しつつ、できるだけ早いタイミングでmainブランチにマージすることができます。結果として、頻繁な統合が推進されます。

　Stacked Diffsの手法を反映させたツールの例としては、Google社内のコードレビューツールであるMondrian、それをGitに対応させたオープンソース実装のGerritなどがあります。また、専用ツールを使わなくても、GitHubやGitLabのような標準的なSCMでも、プルリクエストのマージ先ブランチを適切に指定する運用を行うことで、Stacked Diffsと同等のことが実現可能です。

Stacked Diffsは、特に大規模なプロジェクトやチームにおいて、Trunk Based Developmentの効果を最大化し、より迅速かつ効率的な開発プロセスを実現する強力な手法であると言えます。

CI/CDとの関係

統合およびデリバリー効率に大きな影響を及ぼすCI/CDとブランチモデルの関係について整理します。各ブランチモデルはCI/CDプロセスと密接に関連しており、選択するモデルによってCI/CDの実装方法が異なります。プロジェクトの要件やチームの状況に応じて、最適なモデルとCI/CD戦略を選択することが重要になります。

▶ GitFlow

GitFlowでは、様々な役割を持つ多くのブランチが存在するため、CIパイプラインを各ブランチに適用し定期的に実行します。「featureブランチ」での開発完了後、CIを通じてテストが実行され、「developブランチ」へのマージ前にも品質を確保します。また、「releaseブランチ」でのリリース前テストもCIプロセスで行われ、ステージング環境やプロダクション環境向けに準備されます。

▶ GitLab Flow

GitLab Flowでは、環境別ブランチの運用を通じて、CIパイプラインを各環境に適用します。ステージング環境やプロダクション環境へのデプロイ前に、CIを用いてテストと検証が行われます。

▶ GitHub Flow

GitHub FlowはCIプロセスをシンプルにし、「mainブランチ」への変更に対して自動的にテストと検証を行います。比較的小さな変更が頻繁にマージされるため、継続的なCIプロセスの実行による頻繁なフィードバックが可能です。また、各デプロイ環境には、既にCIプロセスで確認済みのものを迅速に展開できます。

▶ Trunk Based Development

Trunk Based Developmentでは、CIプロセスがさらに頻繁に実行され、小さな変更が継続的にテストされます。「trunk」つまり「mainブランチ」に対する短期間のマージサイクルにより、複数の変更が統合済みのコードに対する迅速なフィードバックが可能です。また、各デプロイ環境には、既にCIプロセスで確

認済みのものを迅速に展開できます。

featureブランチの扱い

　いくつかのブランチモデルを説明してきましたが、開発生産性という観点からは、実際の開発の大部分が行われるfeatureブランチをどのように位置付けるかが、重要な論点であると考えています。筆者はこれまで、ある程度大規模なソフトウェア開発プロジェクトに関わってきました。これまでの経験を踏まえて（小規模プロジェクトでない限りは）以下のような意見を持っています。

　featureブランチは可能な限り短寿命であるべきであり、長寿命のfeatureブランチが有効なのは非常に例外的な場合に限られます。この考えは、Trunk Based Development (TBD) の原則とも合致しています。

　可能な限り短寿命であるべき、と考える主な理由は、マージコンフリクトの対応やミス、意図しないロジック破壊などを含めたコストです。せっかくGitのような高度なバージョン管理システムを使っているにも関わらず、マージコンフリクトの解決は結局人間によるマニュアル作業になります。人間はミスをするのでバグの温床になります。また、コードレベルでの自動マージにより意図せずロジックが壊れることもあります。これらは開発に関わるエンジニアが増えれば増えるほど、またソースコードのマージや統合が先延ばしになればなるほど発生しやすくなります。

　できるだけマニュアルオペレーション、属人性を排し、自動化を進め、開発効率性を高めたいという目標を踏まえると、長寿命のfeatureブランチは百害あって一利無しとすら考えています。これは、CI/CDの実践とも密接に関連しています。短寿命のfeatureブランチを用いることで、頻繁な統合とテストが可能となり、CI/CDのメリットを最大限に活用できます。

　例外的に、長寿命のfeatureブランチが有効な事例としては、独立したチームが複雑なサブシステムを書き換える場合などが挙げられます。それらは多くの場合、非機能要件であり、システム全体の挙動や機能が変わらない、また独立したチームが定期的にmainブランチからfeatureブランチへのrebaseもしくはmergeを行うことでmainブランチとの同期を取りつつ、CIやQAなども専属の担当が行うことが必要でしょう。

　featureブランチをある程度長い期間維持する場合でも、実装の目処が立ち次第、可能な限り速やかにそのfeatureブランチを終了させることを推奨します。全体像から始め詳細の実装に移行する形でプルリクエストを分割する、フィーチャーフラグを活用する、などの手法により、実装が完了していない状態でもmainブ

ランチへの反映を開始することができます。

また、Stacked Diffsの手法を用いることで、大きな変更を小さなパッチに分割し、段階的にマージしていくことができます。これにより、featureブランチをより小さく保ちつつ、レビューを容易にし、リスクを軽減することができます。結果として、featureブランチの短寿命化に貢献し、TBDの実践をサポートします。

releaseブランチの扱い

releaseブランチもfeatureブランチと同様に、できるだけ短寿命に保ち、変更は最小限に留めるべきです。バグ修正などをreleaseブランチに反映させる方法として、大きく2つのアプローチがあります。

1. mainブランチで行われた変更を、releaseブランチに対してチェリーピック（特定の変更のみを取り込む）する方法
2. releaseブランチに対して直接変更を加え、それらの変更をmainブランチにマージバックする方法

図3-7　推奨 - mainブランチから必要な修正をチェリーピックしreleaseブランチに取り込む

図3-8　非推奨 - releaseブランチに直接修正を加え、mainブランチにマージバックする

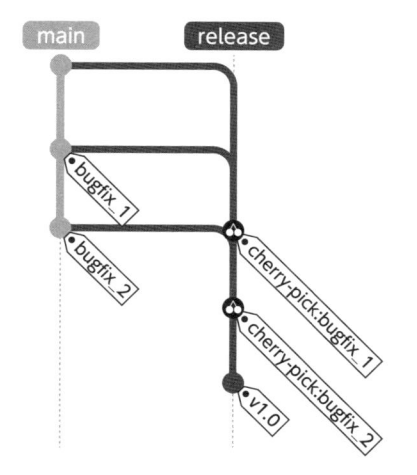

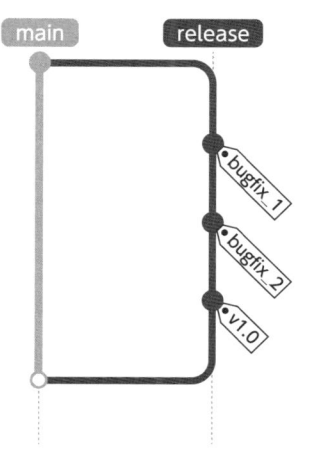

筆者は、1つ目のアプローチ、つまりmainブランチからreleaseブランチへ特定の変更のみをチェリーピックすることを強く推奨します。これにより、releaseブランチに対する変更の敷居を上げ、かつmainブランチにはすべての変更が漏

れなく含まれていることを担保できます。

　一方、2つ目のアプローチ、つまりreleaseブランチに対して直接変更を加えることを許可し、それらの変更をmainブランチにマージバックするという手法は、次善の策と位置付けられます。この方法では、変更をmainブランチに取り込み忘れるというミスを誘発しやすいため、推奨できません。ただし、mainブランチとreleaseブランチの運用の成熟度が上がるまでの暫定的な手法としては許容される場合もあります。

　releaseブランチに対する変更を最小化する、またreleaseブランチの寿命を短くするためにも、releaseブランチはできるだけリリースタイミングの直前に作成することが望ましいです。さらに、hotfixのような緊急リリースにおいても、できるだけタグを活用するなどの手段により、ブランチ作成そのものを減らすことを目指しましょう。なお、releaseブランチは常に必須なものではなく、リリースサイクルやリリース運用ポリシーによってはタグなどで代替可能であることにも留意してください。

ケーススタディ：モバイルアプリのブランチ間オートマージ

　前項で説明した通り、本章ではあくまでもmainブランチからreleaseブランチへの変更の取り込みはチェリーピックベースで行うことを推奨しています。本項で示すケーススタディは、releaseブランチへの直接変更を許可することによって発生する困難を示すものとも言え、そのような運用が望ましくない理由を説明するための1つの事例です。

　本項では、GitLab Flowに近いブランチモデルで運用されていたモバイルアプリの開発現場での事例を説明します。releaseブランチを分けることで管理が複雑になってしまい、いろいろと面倒な対応が必要であることを示す事例でもあります。

　複数のリリース作業が並行して行われる環境下では、複数のreleaseブランチが作成されることがあります。この状況で、どのリリースまで特定の修正をチェリーピックすべきかが分かりにくくなり、チェリーピックのミスが発生しやすくなります。そのため、releaseブランチに直接修正を加え、後でmainブランチにマージバックする方針を取りたくなる場合があります。しかし、これはreleaseブランチが長寿命になることを助長し、さらなる問題を引き起こす可能性があります。

　複数のリリース作業が並行して行われるケースの一例として、モバイルアプリの開発が挙げられます。モバイルアプリのリリースプロセスでは、プラットフォーマーの審査プロセスが入るため、デリバリーのタイミングを自由にコントロール

できないという制約があります。そのため、mainブランチでの開発を妨げずに、リリース候補のバイナリを作成し、必要に応じて修正するため、毎回のリリースごとにreleaseブランチを用いることがほぼ必須となります。

前述の通り、本来はmainブランチからreleaseブランチに対する特定の変更の取り込み（チェリーピック）を行う手法が望ましいのですが、該当プロジェクトでは、少なくともその時期にはreleaseブランチに対して直接変更を行うことが許可されており、releaseブランチとmainブランチが乖離していくという事態が頻発していました。

ここで留意しなければならないことは、releaseブランチ作成後にreleaseブランチに対して行われた変更は、極めて例外的なものを除き、すべて漏れなくmainブランチに取り込まれなければならないということです。当初はリリース完了後にreleaseブランチをmainブランチにマージするという運用でした。releaseブランチの寿命も比較的長く1週間から2週間程度だったため、リリース完了後のマージ（いわゆるbig bangマージ）ではコンフリクトが大量に発生し、その解決のために多くのマニュアルオペレーションが発生し、かつヒューマンエラーに起因するバグも多発していました。

リリーススケジュール、リリースの進捗状況やreleaseブランチ作成タイミングによっては、複数のreleaseブランチが同時進行しているということさえよくありました。

この状況を少しでも打開するために、releaseブランチからmainブランチへのオートマージャー（auto merger）をシェルスクリプトで実装しました。どのようなものだったかを以下に記載します。

- ブランチ間のマージフローを定義：たとえば release_1.2 → release_1.3 → main など
- マージのためのプルリクエストを作成
- マージコンフリクトが無い場合は、プルリクエストのCIが成功したら、そのままマージ
- マージコンフリクトが有る場合は、（がんばって）マニュアルでコンフリクトを解決しマージ
- Git submodules にも対応し、submoduleのリポジトリを再帰的に辿ってオートマージを実行
- オートマージャーをCIのタスクとして登録し、定期的に実行

オートマージャーを運用することで、releaseブランチとmainブランチが乖離

していくことを無くすことができ、リリースごとのbig bangマージも廃止できました。releaseブランチの運用に関する開発者の認知的負荷と、マージコンフリクト解消作業のヒューマンエラーを大幅に削減できました。

その一方、どうしても回避できないコンフリクトは発生するので、マニュアルオペレーションを完全に無くすことはできず、定期的に誰かがボランティアとしてコンフリクトの解消に当たる必要がありました。特にGit submoduleとして参照されていたリポジトリの再帰的なマージが非常にトリッキーで、実運用上の課題として残りました。頻繁な統合のためには、後述するMonorepoが適していることも実感しました。

また、releaseブランチに対して直接変更をすることを禁止し、mainブランチからreleaseブランチへの変更取り込みのみを許可するポリシーを運用すれば、そもそもオートマージの必要性も無くなります。

これらを踏まえ、ツールでできることには限界があること、それよりも適切なブランチモデルを選択し、チーム全体にブランチ戦略を適用し、適切なプラクティスを浸透させることの重要性を再確認しました。

このケーススタディで示したような問題を解決する上で、「リリーストレイン」の導入も検討に値します。リリーストレインは、予測可能なリリーススケジュールを提供し、開発チームがそれに合わせて機能を開発・改善することを促進できるため、このような状況での問題解決に役立つ可能性があります。リリーストレインについては、後述の『リリースサイクル戦略』の節で説明します。

ブランチ戦略とリリースサイクル戦略は密接に関連しており、両者を適切に組み合わせることで、効率的で安定したソフトウェア開発・リリースプロセスを実現できます。本項のケーススタディで示した課題は、まさにこの両者の交点に位置する問題であり、それぞれの戦略を見直し、最適化していくことが求められます。

3-4 リリースサイクル戦略

本節ではリリースサイクル、手順のための戦略について考えます。

技術ドメインごとのリリースサイクル戦略

ソフトウェアのデリバリーの歴史を振り返ると、パッケージソフトウェアや組み込みソフトウェアにはいつでもリリースできるという自由はありませんでした。

当時は配布コストが高すぎたため、CD（継続的デリバリー）は現実的には不可能であり、数ヶ月や数年に一度リリースされる形態が一般的でした。

今ではパッケージソフトウェアもインターネット経由でアップデートが配布されるなど、リリースに関してはハイブリッドな形態が増えてきており隔世の感があります。

インターネットサービスのメリットとしてバックエンド、Webベースのフロントエンドはいつでもリリースできます。したがって、最もシンプルかつパワフルなやり方は、特にリリースサイクルは定めず任意のタイミングでリリースするという手法です。

モバイルアプリは少々特殊な状況にあり、新しいアプリケーション、コンポーネント、モジュールを常に展開できるように進化してきたインターネットサービスの世界において、リリースの自由度については退化しているとも言えます。いわゆる昔のPC向けのアプリケーションのように端末に1つ1つインストールするという明示的なオペレーションが発生すること自体、ソフトウェア技術の進化の方向とは逆行するものです。当然、それはパフォーマンスの限界、セキュリティやプライバシーの担保など、スマートフォンという新たなアプリケーション実行環境における制約や課題があってのことですが、それらも過渡期の課題であると認識すべきと筆者は考えています。自動アップデートなどによりできるだけシームレスなユーザー体験を提供する努力はなされていますが、結局のところ、特にソフトウェアのデリバリーの観点からは以前のPC時代の形態に先祖返りしています。

▶ バックエンドのリリース

バックエンドは頻繁なリリースや定期的なリリースなど選択肢の自由度が高いですが、リリースサイクルを定めず、任意のタイミングでのリリースが一般的です。この柔軟性を実現するためには、CI/CDおよび自動化されたQAが必要不可欠です。コードの変更がすぐにテストされ、問題がなければ自動的に本番環境にデプロイされることで、迅速なフィードバックと改善が可能になります。

▶ Webフロントエンドのリリース

Webフロントエンドのリリースも、バックエンドと同様に、リリースサイクルを定めず任意のタイミングでのリリースが可能です。これを支えるのは、CI/CDと自動化されたQAの導入です。ただし、ユーザーがブラウザタブを開きっぱなしでリロードしない場合、最新の状態にならないという課題があります。

この課題に対処するには、Webアプリ側でユーザーに対して通知したり、アプ

リ自身がリロードを行ったりするなどの工夫が必要です。特にセキュリティの問題がある場合は、速やかな更新が求められます。また、リロードの際は情報が消失しないようにする配慮や、キャッシュの管理なども必要になるため、一定の複雑さが伴います。

これらの点を考慮すると、Webフロントエンドのリリースは、バックエンドとモバイルアプリの中間的な位置付けになっていると言えるでしょう。

▶ モバイルアプリのリリース

モバイルアプリのリリースは、アプリストアを通じた配布プロセスにより、他のプラットフォームとは異なる制約があります。アップデートの承認プロセスや、一部のユーザーにおける手動アップデートの必要性により、リリースサイクルが長くなりがちです。

ただし、自動アップデート機能を活用することで、多くのユーザーに対して効率的にアップデートを提供できます。また、段階的なロールアウトを行うことで、リリースに伴うリスクを軽減しつつ、プロセスの効率化とユーザー体験の改善を図ることができます。

モバイルアプリのリリースは、アプリストアを介することによる制約はあるものの、自動アップデートや段階的なロールアウトなどの手法により、ユーザー体験とプロセス効率の継続的な改善が可能です。

最近のリリース戦略の傾向

▶ 任意のタイミングでの頻繁なリリース

上記にまとめたように、ソフトウェア開発におけるリリース戦略は、技術の進化と共に変化してきました。かつて配布コストの高さが障壁だった時代から、今日ではインターネットを通じたアップデートにより柔軟なリリースが可能になっています。特にバックエンドとWebフロントエンドでは、CI/CDおよび自動化されたQAを用いて、リリースサイクルを定めずに任意のタイミングで頻繁にリリースする手法も一般的です。これにより、迅速なフィードバックと改善が実現できます。

▶ 定期的なリリースサイクル

一方、近年主流になっているアジャイル開発手法における開発サイクルを踏まえると、任意のタイミングでリリースできるにも関わらず、あえて定期的なリリーススケジュールを設定することも一つの有効な戦略です。これにより、開発プロ

セスやスケジュールの透明性、予測可能性が向上し、QA、カスタマーサポート、マーケティングなども含め、組織全体にとって対応しやすい体制構築を実現できます。

　定期的なリリースサイクルを実現するための手段の1つに、「リリーストレイン」というアプローチがあります。「リリーストレイン」では、電車が時刻表に従って定期的に発車するのと同様に、1つ1つのリリースを「トレイン」に見立てて、発車のタイミングまでに準備ができた新しい機能や改善をトレインに載せる形で順次リリースすると考えます。一旦トレインが発車した後は変更を追加せず、次のトレインを待ちます。

図3-9　定期的なスケジュールにしたがって発車するリリーストレイン

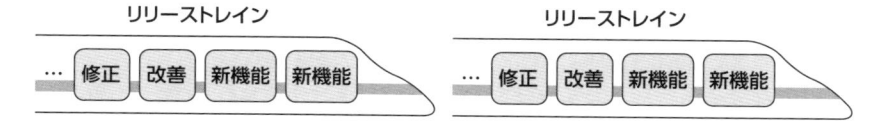

　「リリーストレイン」は、新しい機能や改善の開発状況を見ながらその都度リリーススケジュールを決めるのではなく、予測可能なリリーススケジュールを提供します。これにより、開発チームがスプリントサイクルに合わせて機能を開発・改善することを促せるため、アジャイル開発手法に適しています。ただし、「リリーストレイン」は定期的なリリースサイクルを実現するための選択肢の1つであり、必須というわけではありません。

　また、『ブランチ戦略』の節で触れた「release ブランチ」も、定期的なリリーススケジュールへの対応に適しています。ただし、release ブランチが作成され、トレインが出発してから実際にリリースされるまでの期間を極力短くすることが肝要です。長寿命の release ブランチを避けるべき理由については『ブランチ戦略』の節を参照してください。

　筆者としては、「統合」と「デリバリー」の効率化を重視する観点から、リリース戦略としては、「予測可能なスケジュールで」かつ「可能な限り頻繁に」リリースを行うアプローチを推奨します。どのような場合にも適用できるリリース戦略というものは存在しないため、多くの場合はトレードオフを考慮しつつ、複数の考え方や方針を組み合わせた戦略を策定する必要があります。本節で説明した論点を踏まえ、すべてのステークホルダーとコミュニケーションを取りながら、読者のみなさんの組織に適した戦略を目指してください。

　プロダクトのフェーズ、チームの規模、さらに技術の進展に合わせて、リリース戦略を定期的に見直し、柔軟に変えていくことも重要です。新しい技術やツールの導入によりリリースプロセスがさらに効率化され、開発と品質向上の迅速化

が可能になります。将来的な技術の進化に適応し、継続的な改善を行うことで、より高い生産性と競争力を維持できるでしょう。

ケーススタディ：モバイルアプリのリリースサイクルアップデート

メルカリのエンジニアリングブログ[注2]で紹介された事例になりますが、メルカリモバイルアプリのリリース間隔を2週間サイクルから1週間サイクルに短縮するために行った取り組みを紹介します。主な内容は以下の通りです。

- 既存のリリースプロセスの作業工程を整理し、改善点を検討
- releaseブランチ作成タイミングの前倒し、作業チケットの各リリースへの紐付け作業の簡略化、リリース判定テストの短縮化などを実施
- リリースポリシーのアップデートと明文化、不具合発生時のプロセスの明確化、フィーチャーフラグの利用徹底によるhotfixなどのイレギュラー対応の削減
- 新しいリリースサイクルへの移行のためのトライアル期間の確保と課題の洗い出し・解決
- 移行後のステークホルダーへのサーベイとフィードバック収集による継続的な改善

まず、既存のリリースプロセスで行われている作業工程を精査し、改善点を1つずつ検討・実行していきました。具体的には、releaseブランチの作成タイミングの前倒し、作業チケットの各リリースへの紐付け作業の簡略化、自動テストおよびマニュアルテストを含むリリース判定テストの短縮化などが含まれます。

また、リリースポリシーのアップデートと明文化も重要なステップでした。特に、事業上の要件などのためスキップすることができない重要なリリースについて、不具合発生時のプロセスを明確化することでコミュニケーションコストの低減を図りました。さらに、フィーチャーフラグの利用を徹底することで、hotfixなどのイレギュラーな対応を極力無くすことも目指しています。

新しいリリースサイクルへの移行のためには、数週間のトライアル期間を確保し、現場レベルでの課題の洗い出しと解決を行いました。移行後もエンジニアリング、QA、プロダクトマネジメント、プログラムマネジメントのステークホルダーにサーベイを行い、フィードバックを集めることで継続的な見直しと改善のためのアクションを継続しています。

注2　https://engineering.mercari.com/blog/entry/20211210-b5d0a7dc9c/

任意のタイミングでの頻繁なリリースが技術的に困難なモバイルアプリですが、このリリースサイクルアップデートにより、事業的な優先順位やスケジュール要件にも柔軟に対応でき、かつ開発現場にとっても無理な計画が組まれにくくなるなどのポジティブな結果が得られました。

　引き続き、モバイルアプリリリース支援ツールRunwayの導入なども積極的に推進し、アプリストアへのアップロード、アプリレビューへの対応、リリース後のモニタリングなどを含め、包括的な観点からリリース作業のできる限りの自動化を進め、さらなるリリースサイクルの最適化を目指しています。

　繰り返し作業を如何に整理し自動化していくかという観点で、1つ1つの作業工程をゼロベースで見直していくことがリリース戦略において肝要であることが理解できます。

　詳細に興味がある読者のみなさんはぜひ該当のブログ記事を参照してみてください。

3-5　リポジトリ戦略

　本節では、ソースコードバージョン管理ツールとしてGitを前提としたリポジトリ戦略に関する記述を行います。他のバージョン管理ツールでも同様の概念は適用可能です。

　リポジトリ戦略とは、ソフトウェア開発におけるソースコードやその他の関連リソースの管理方法を定義するものです。具体的には、プロジェクトやモジュールをどのようにリポジトリに分割するか、それらのリポジトリ間の関係性をどのように管理するかなどを決定します。リポジトリ戦略は、開発チームの規模、プロジェクトの複雑性、組織の構造などに応じて選択されます。

　ここでは大まかに、PolyrepoモデルとMonorepoモデルの2つに分類して説明しますが、これらはリポジトリ戦略の代表的な例であり、実際にはこれらを組み合わせるなどの中間的な選択肢も存在します。

Polyrepo

　Polyrepoは、ソフトウェア開発において、各プロジェクトやコンポーネント、モジュールなどの単位でそれぞれを独立したリポジトリに格納する方法です。Multirepoと呼ばれることもあります。このアプローチは、プロジェクト間の高い独立性を保つことを目的としています。具体的には、各担当チームが自分たち

のリポジトリを持ち、そのリポジトリに対する完全なコントロールを保持します。

図3-10　Polyrepoのリポジトリ構成図

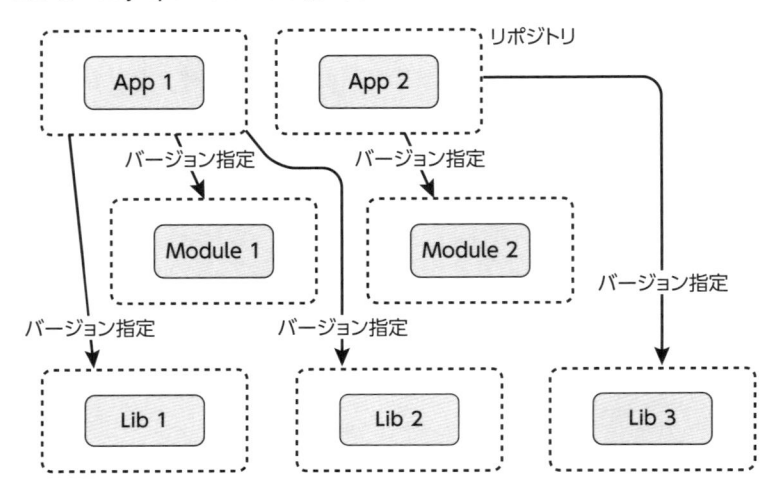

主な利点は、次の通りです。

- **高い柔軟性と自由度**
  各プロジェクトは独自の技術やツールを自由に選択できる。
- **独立した管理**
  各プロジェクトが独自のリポジトリを持つことにより、プロジェクトごとに専用の管理ポリシーを設定できる。
- **依存関係の単純化**
  異なるプロジェクト間の直接的な依存関係がないため、それぞれが独立して進行できる。

主な欠点は、次の通りです。

- **コード共有の難しさ**
  異なるリポジトリを跨ぐ形でのコードの再利用や共有が困難。
- **依存関係の管理**
  リポジトリ間の依存関係の管理は複雑であり、モジュール間で使用するバージョン管理やインターフェースの更新など、チーム間の協力が必須となる変更が増える。

- 統合のオーバーヘッド

  ビルドやテストのために複数のリポジトリのコードを統合する際に、多くの手間や調整が必要。

Polyrepoは、各プロジェクトの独立性を最大限に保ちたい場合や、異なるプログラミング言語や技術スタック、開発手法を採用する複数の小規模チームが存在する場合に適しています。各チームは、自分たちのプロジェクトに最適な開発環境を構築できるため、チームごとの開発の柔軟性が向上します。その一方、プロジェクト間でのコードの共有や依存するバージョンなどのリポジトリ間の依存関係にコンフリクトがある場合の調整が複雑になるため、全体的な統合や協力が必要な場合には注意が必要です。開発組織として、複数のリポジトリを管理することは、追加のオーバーヘッドやコミュニケーションのコストを伴うため、トレードオフを慎重に検討すべきです。

Monorepo

Monorepoは、開発組織内のすべてのソフトウェアプロジェクトやコードを1つのリポジトリで管理するアプローチです。Monorepoモデルでは、アプリケーション、フレームワーク、ライブラリ、ツールなどがすべて1つのリポジトリ内に集約されます。多くの場合、それぞれのプロジェクトはディレクトリ単位で管理されます。これによりコードの一貫性と再利用性が向上します。さらに、全プロジェクト間の依存関係を効率的に管理し、統一されたビルドやテストプロセスを導入することができます。

図3-11　Monorepoのリポジトリ構成図

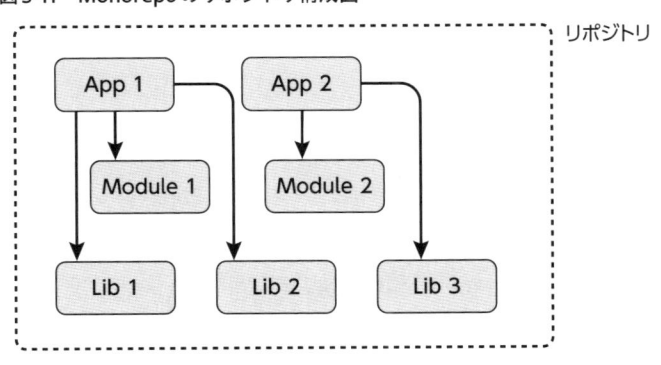

主な利点は、次の通りです。

- **依存関係の一元管理**

  1つのリポジトリにすべてのコードがあるため、全プロジェクト間の依存関係を単一の場所、共通のバージョンで管理できる。

- **コード共有の促進**

  異なるプロジェクト間のコード共有が容易であり、再利用が促進される。

- **コラボレーション促進**

  同じリポジトリ内での作業により、異なるチーム間のコミュニケーションやチームの垣根を越えたコード変更などが促進され、プロジェクト全体の理解も深まることで責任感も醸成されやすい。

主な欠点は、次の通りです。

- **スケールの課題**

  コードベースが巨大になると、管理・運用コストが増加し、認知的負荷のみならず、リソース負荷も高まる。

- **セキュリティとアクセス制御**

  1つのリポジトリに多くのセンシティブな情報が集中するため、セキュリティリスクの制御に注意が必要。

- **単一障害点のリスク**

  依存関係が集中するような中心となるモジュールに問題が生じると、リポジトリ内のすべてのプロジェクトに直ちに影響が出る可能性がある。

　Monorepoは、大規模な開発プロジェクトや多数のチームが密接に協業する環境で特に有効で、複数のプロジェクト間で共通のコードベースやライブラリを共有しやすくします。一元化されたリポジトリはコードの一貫性を保ちやすく、全体的な品質管理を容易にします。たとえば1つのプルリクエストに複数モジュールにまたがる変更を含めることができます。一方、スケールの難しさやリソース負荷、セキュリティなど考慮すべき欠点も存在します。

　Monorepoを採用する際には、これらの利点と欠点を考慮し、組織の特定のニーズに合わせた戦略を慎重に立てることが重要です。特に、大規模なコードベースの効率的な管理やビルドプロセスの最適化、セキュリティとリスク管理の面で、適切なツールとプラクティスの導入が求められます。Monorepoモデルは、組織全体でのコラボレーションと透明性を強化する一方で、適切な管理体制とインフラが不可欠です。

選択にあたっての論点

リポジトリモデルの選択において、筆者が最もポイントになると考えるのは、分散管理と集中管理のどちらを選択するか、モジュール・コンポーネント間の依存関係をどのように管理するか、という観点です。

リポジトリモデルに関わらず、規模が大きくなるにつれて、モジュール間の依存関係、管理の複雑さ、運用コストが増すことには違いはありません。

▶ 分散管理と集中管理

繰り返しになりますが、本章では「統合」と「デリバリー」の効率化を重視する立場を取っています。その観点からは、全体が見渡しやすいこと、部分最適ではなく全体最適を促進することを優先すべきで、Monorepoに近い形を目指すべきと考えています。上記に示したMonorepoの欠点についてはGoogleやMetaなどの非常に大きな開発組織ではツールに大きな投資をすることで解決しています。BazelやBuckに代表されるように多くのツールがオープンソース化されており、読者のみなさんの開発環境でも活用できるようになっています。

責任を分散させることで開発組織をスケールさせるというPolyrepoの利点にも素晴らしいものがあります。それを天秤にかけても「独立性による分散」と「協業促進による統合」のバランスを追求しやすいのはMonorepoであると考えています。Monorepoでは、ディレクトリ単位の管理により一定の独立性を担保しつつ、コラボレーションも促進できます。

Monorepoで問題になりがちな「スケール」についてはツールによる解決手段が存在します。一方、Polyrepoで問題になりがちな「依存関係の解決」や「統合のオーバーヘッド」は、Polyrepoが分散管理のアプローチである以上、仕組みやツールで解決することは本質的に難しく、エンジニアのマインドや開発組織の文化面にまで踏み込む必要があります。これらを踏まえると、Polyrepoでは「統合」の効率化を実現する難易度が高いと考えています。

▶ 依存関係の解決

依存関係の観点からMonorepoとPolyrepoを比較してみます。

依存関係には自分たちが作成しているモジュール間の依存関係だけでなく、OSSを含めサードパーティーのモジュールとの依存関係も含みます。ここで、依存関係にあるモジュールをアップデートする際のバージョンのズレへの対応について考えると、Monorepoはその仕組み上、バージョンのズレを、アトミックに即時解決することを強制します。これにより、一貫性と整合性を保ちやすく

なる一方で、依存関係にあるすべてのモジュールやコンポーネントの更新が同時に行われる必要があります。対照的に、Polyrepoはバージョンのズレの解決に時間差を許容します。これにより、各リポジトリは独立して更新でき、特定のモジュールに対する変更が直接他のモジュールに影響を与えることを避けることができます。

しかし、依存しているモジュールにバージョンの齟齬がある状態は、後方互換性が保証されている場合を除き、基本的にはできるだけ速やかに解決されるべきものです。つまり、これも「統合」を重視する観点からは、解決を先延ばしにしていると表現できるもので、Monorepoの即時解決を強制する思想の方が適切であると考えます。

本章の根底に流れる大きなテーマとして、ソフトウェアの「統合」と「デリバリー」において中央集権的なガバナンスを効かせるべきか、それとも地方分権的に権限を分散させるべきか、という点があり、「依存関係」の齟齬を如何に整理しコントロールできるかが判断ポイントであると考えています。多くの場合、ソフトウェアにおける「依存関係」は複雑になりすぎるため、齟齬の解決は人力に頼るのではなく、ツールやポリシーにより強制的に解決すべきというのが筆者の立場です。

▶ アクセス制御とセキュリティ対策

MonorepoとPolyrepoにおけるアクセス制御とセキュリティ対策を比較します。

Monorepoではすべてのコードが1つのリポジトリに集約されるため、全体に対して一貫したセキュリティポリシーを適用しやすいです。しかし、権限の範囲が広くなるため、特に機密性の高いコードやデータへのアクセスを適切に管理するため、厳格なアクセス制御、セキュリティ監査の実施、そして変更履歴の追跡が必要になります。

一方、Polyrepoでは個別のリポジトリごとにアクセス制御を設定できるため、より細かいセキュリティ管理が可能です。特定のプロジェクトやチームに対する限定的なアクセス制御が可能になり、全体のセキュリティリスクを分散できます。ただし、多数のリポジトリを個別に管理する必要があるため、一貫性の維持が課題となります。各リポジトリのセキュリティ状況を個別に監視し、必要に応じて個々のセキュリティ対策を講じることが求められます。

開発組織全体に対して一斉にセキュリティやプライバシー対応を講じる必要がある場合、Polyrepoモデルでは、対応すべきリポジトリの数が多いことをはじめ、各リポジトリのオーナーが異動・退職していたり、もしくはリポジトリ自体が既に使われていなかったりするといった場面への対応で非常にコストがかかることがあります。

Polyrepoを採用する場合は、リポジトリ作成ルール、オーナー管理、アーカイブ・削除のポリシーを定め、それに沿った運用を行うことがMonorepo以上に重要になります。

ケーススタディ：Monorepoベースの開発体験

こちらもメルカリのエンジニアリングブログ[注3]で紹介されたものになりますが、メルカリ Shops の開発において Monorepo を採用した事例です。この事例では、以下のような点が重要な学びとして挙げられています。

- Monorepoによるプロジェクト全体の理解の深まりと開発の柔軟性、コードの可視性の向上
- Monorepoにマッチした開発文化の重要性
- 複数のモジュールにまたがる影響範囲の大きな設計変更や修正における利点
- オーナーシップの曖昧さや、設計方針に沿わない修正・変更のリスクなどの留意点

メルカリ Shops の開発では、プロジェクト開始当初から Monorepo が選択されました。すべてのエンジニアが、プロジェクトに関するすべてのコード、プルリクエストによる変更を自然に把握することができ、プロジェクト全体の理解が深まるとともに、開発の柔軟性やコードの可視性のメリットを享受することができました。また、エンジニアが特定のプログラミング言語やバックエンドやフロントエンドなどの技術ドメインに制限されず、開発を進めることができました。

Monorepoにマッチした開発文化を持つことの重要性も大きな学びの1つでした。メルカリ Shops とは異なり、メルカリのフリマサービスの開発では、特にバックエンドでは Polyrepo を採用しており、チームごとの役割と責任範囲が明確になるというメリットがある一方、自分たちのチームの担当範囲を超えた部分に対する直接的な関与や貢献はどうしても敷居が高いものとなりがちでした。メルカリ Shops の開発では、エンジニアが境界を定めずに問題解決をするスタイルを推奨してきましたが、Monorepoがその開発文化の醸成に大きく寄与しました。また、フロントエンド、BFF、バックエンドなどにまたがる影響範囲の大きな設計変更や修正においても、複数のモジュールの一括変更が可能であるというMonorepoの大きな利点の1つを享受することができました。

注3 https://engineering.mercari.com/blog/entry/20210817-8f561697cc/

Monorepoでの開発の留意点もいくつかあります。すべてのエンジニアがすべてのモジュールを触りやすいという利点の裏返しでもありますが、オーナーシップが曖昧になることがあり他人任せになりえるのでバランスを取る必要がある点や、設計方針に沿わなかったり、同意が取れていなかったりする修正や変更が加えられるリスクもあります。また、Monorepoでアトミックに依存関係が解決されていたとしても、デプロイ時には依存関係が破綻しないよう、Polyrepoでも同様ですが、注意を払う必要があります。

詳細に興味がある読者のみなさんはぜひ該当のブログ記事を参照してみてください。

3-6 フィーチャーフラグの活用

頻繁なリリースを支える重要な手法の1つにフィーチャーフラグ（Feature Flags）があります。フィーチャートグル（Feature Toggle）とも呼ばれることがあります。フィーチャーフラグとは、アプリケーションやサービスの特定の機能を動的に有効化または無効化するための仕組みです。この仕組みを利用することで、開発者は新しい機能やコードの変更をリリース前に安全にテストし、必要に応じて機能の有効化や無効化を制御することができます。

図3-12 フィーチャーフラグによる機能の有効化と無効化

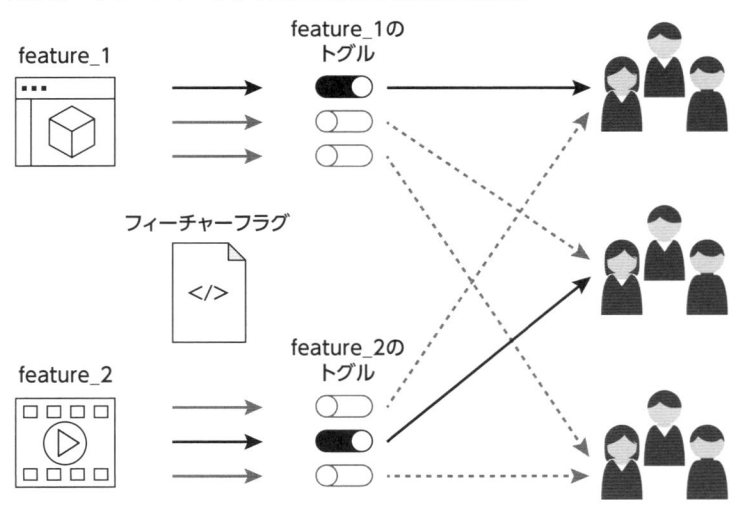

フィーチャーフラグは、アプリケーションやサービスの機能をコントロールす

るための手段として歴史的にも長い間利用されているものです。たとえば、コマンドラインインターフェースアプリケーション（CLI）のコマンドラインオプションにより、そのコマンドの特定の機能を有効または無効にするという手法があります。これはフィーチャーフラグのシンプルな形態でもあります。

図3-13　コマンドラインオプションによる機能の有効化と無効化

```
$ app1 --enable_feature_a
[app1] feature_aが有効化されました
 :
$ app1 --disable_feature_a
[app1] feature_aが無効化されました
 :

$ app2 --feature_x=true
[app2] feature_xが有効化されました
 :
$ app2 --feature_x=false
[app2] feature_xが無効化されました
 :
```

　本節ではフィーチャーフラグについて、ブランチ・リリース戦略との関連を踏まえつつ説明します。

フィーチャーフラグの実装

▶ 静的または動的なフィーチャーフラグ

　フィーチャーフラグの実装について考える際に、フィーチャーフラグには大まかに分けると静的なものと動的なものがあることに留意してください。これらは明確な線引きができるものではないですが、指定のタイミングや指定する場所などで、傾向と特徴があります。

　静的なフィーチャーフラグは、コードの定数値として指定する、ビルドオプションで指定する、起動オプションで指定するなどの方法で設定することができます。これらの方法では、フラグの値を変更するためには、アプリケーションの再デプロイや再起動が必要になります。静的なフィーチャーフラグは、比較的シンプルに実装できる一方で、フラグの値を変更するためのオーバーヘッドが大きく、柔軟性が低いというデメリットがあります。

　一方、動的なフィーチャーフラグは、実行中にフラグの値を読み取り、変更することができます。フラグの値は、設定ファイル、データベース、あるいは専用

のフィーチャーフラグサーバーなどから取得します。動的なフィーチャーフラグは、アプリケーションの再デプロイや再起動なしにフラグの値を変更できるため、より柔軟性が高くなります。ただし、実装や運用の複雑さが増すというデメリットがあります。

フラグ指定のタイミングという観点では、コードの定数値として指定し、ビルド時にフラグの値を確定させる方法が最も静的寄りで、実行中に読み取る方法が最も動的寄りです。ビルドオプションや起動オプションで指定する方法は、その中間に位置します。また、フラグを指定する場所という観点では、コード内で直接指定する方法が最も静的寄りで、フラグの値を提供するサーバーを利用する方法が最も動的寄りと言えます。設定ファイルやデータベースを利用する方法は、その中間に位置します。

フィーチャーフラグの実装には、自前でシステムを構築する方法とサードパーティのシステムを利用する方法があり、それぞれにメリットとデメリットが存在します。

▶ 自前のフィーチャーフラグシステム

自前でフィーチャーフラグシステムを構築する場合、静的寄りから動的寄りまでのあらゆる方法を選択して実装することができます。静的寄りの方法は、コード内で直接管理することができます。動的寄りの方法を実装する場合は、設定ファイル、データベース、専用のフラグサーバーなどを利用して、フラグの値を管理するシステムを構築する必要があります。

自前での構築の主な利点は、独自のビジネスロジックやシステムアーキテクチャに合わせた細かなカスタマイズが可能であることです。しかし、開発とメンテナンスの両方において追加のリソースと時間が必要となり、特に小規模なチームや限られたリソースを持つ組織にとっては負担になるでしょう。

▶ サードパーティのフィーチャーフラグシステム

サードパーティのフィーチャーフラグシステムを利用する場合、主に動的寄りのフラグ管理に特化したサービスを利用することになります。LaunchDarklyやFirebase Remote Configに代表されるサードパーティツールは、使いやすいインターフェース、高度なセグメンテーション機能、詳細な分析ツールなどを提供しており、これらは自前でシステムを構築する場合に比べて迅速に実装できます。また、これらのサービスは多くの場合、スケーラビリティやセキュリティに強みがあり、それらの継続的なサポートを提供します。

サードパーティのシステムを利用する主な利点は、迅速な導入と低いメンテ

ナンスコストです。ただし、カスタマイズの自由度は限られることがあり、特定のサードパーティサービスの制限に準拠する必要があります。また、ユーザー数が多い場合には、利用料金のコストも大きな負担になります。

　総合的に考えると、フィーチャーフラグの実装方法は、組織のニーズ、リソース、技術的な能力によって異なります。静的寄りから動的寄りまでのどの方法を選択するか、そして自前での実装とサードパーティのシステム利用のどちらを選択するかは、それぞれの利点と欠点を考慮して決定する必要があります。

▶ フィーチャーフラグのクリーンアップ

　フィーチャーフラグを用いた実装では、その性質上、必然的に条件分岐が用いられることが多く、放置すると負債になりがちです。フィーチャーフラグの使用は、可能な限りエントリーポイントに限定し、コード内の条件分岐の数を最小限に抑えることが重要です。これにより、コードの複雑性を低く保ち、保守性を高めることができます。

　フィーチャーフラグには技術的負債としての側面もあり、フィーチャーフラグを適切に管理し、完了したものは積極的に削除することをプロセスに組み込んでおくことも重要です。

　フィーチャーフラグ管理のプロセスは定義されていることが望ましいです。新規フラグの導入時には、その目的と使用期間を明確に設定し、モニタリングを通じてその効果を評価します。

　フラグの役割が終了した際には、迅速な削除が求められます。フラグ削除を漏れなく計画的に行うために、専用のチケットを作成することをプロセスに含めることなども一案です。また、リリース後に「x日以降y日までに削除」といったルールを設定しておくことで、フラグ削除の期限を明確にし、技術的負債の蓄積を防ぐことができます。

　フィーチャーフラグのライフサイクルをルールに沿って管理することを徹底することで、コードベースの整理と技術的負債の軽減が図れます。この過程では合わせてドキュメントの更新とチーム内のコミュニケーションも重要です。

フィーチャーフラグの用途

　フィーチャーフラグは、ソフトウェア開発の現代的なアプローチにおいて、多様な用途で利用される重要なツールです。フィーチャーフラグの主要な用途を以下にまとめます。

▶ 実装中の機能のガード

開発中で未完成な機能をフィーチャーフラグでガードすることで、その機能が誤ってリリースされることを防ぐことができます。これにより、開発者は安全に新機能の実装を進め、未完成の機能や実験的な変更をmainブランチにマージすることができます。機能が完成した時点でフラグを切り替えることで、スムーズにリリースすることが可能になります。

▶ A/Bテスト

フィーチャーフラグは、異なるユーザーグループに対して2つ以上の異なるバージョンの機能をテストする際に使用されます。これにより、どのバージョンの機能がよりよい効果やパフォーマンスを発揮するかを評価し、結果に基づいて調整や判断を行うことができます。たとえば、Eコマース企業がチェックアウトプロセスの異なるバージョンをA/Bテストすることなどが挙げられます。

▶ キルスイッチ

フィーチャーフラグは、運用中のシステムで致命的なバグが検出された場合に、特定の機能を迅速に無効化するために使用することができます。これにより、新しいリリースをhotfixのような形で再デプロイすることなく、問題のある機能を瞬時にオフにすることが可能です。

▶ 特定のユーザーグループに向けた機能のロールアウト

プロダクトやビジネス戦略の観点から、新機能を特定の属性を持つユーザーや顧客に展開する際にもフィーチャーフラグが利用されます。開発者は、新機能を特定の条件を満たすユーザーグループのみに対してリリースし、その効果や全体システムへの影響を評価した後、機能の範囲を拡大しながらより広範なユーザーベースに向けたリリースを進めることができます。

▶ パーセンテージベースのロールアウト

フィーチャーフラグを使用すると、新しい機能やデザインを一定の割合のユーザーに対してテストすることが可能です。ユーザーの反応を観察し、安定性やポジティブなフィードバックに基づいて、展開の割合を増減させることができます。

▶ ベータリリース

フィーチャーフラグを使って、新機能を特定のユーザーサブグループにデリバリーし、そのパフォーマンスを評価し、そのコホートからのフィードバックを

収集することができます。たとえば、開発者やテスター、チームメンバーのみに新機能を公開したり、社内の従業員に対してドッグフーディング（自社製品を社内で使用してテストすること）を行ったりすることが可能です。良好な結果が得られた場合、より広範なユーザーにロールアウトすることができます。

　これらの用途を組み合わせて用いることにより、フィーチャーフラグが開発プロセスをより柔軟かつ効率的にすることを実現します。新機能の安全なデリバリー、ユーザー体験の向上、開発プロセスの効率化、プロダクトに関する決定、ひいてはデータドリブンな経営判断に至るまで、プロダクト開発、リリース、改善に大きく貢献します。

ブランチ戦略との関連性

　フィーチャーフラグは、Trunk Based Development (TBD) を含む様々なソフトウェア開発手法において新機能や変更を管理し、効率的にリリースする強力なツールです。これらのフラグは、新しい機能や変更をすべてのユーザーにリリースする前に、プロダクション環境で実際のユーザーによるテストを行うことを可能にします。これにより、開発チームはアプリケーションのUIや機能の異なる側面を制御し、ユーザーのニーズや市場の動向に応じて柔軟に対応できます。

　フィーチャーフラグの粒度は、大きなUIコンポーネントから、ユーザーの国や地域に基づく温度単位の表示まで、非常に細かく設定することが可能です。実装方法も多岐にわたり、最も原始的な起動場所でフラグに基づいて条件分岐を行う方法から、より高度な依存性注入を通じて実現する方法まであります。

　TBDでは、main (trunk) ブランチへの頻繁なコミットとマージを奨励しますが、フィーチャーフラグは、未完成の機能や実験的な変更をmainブランチにマージするリスクを軽減しつつ、継続的な統合とデプロイメントを実現するための補完的な手段として機能します。フィーチャーフラグは、上記の通り、A/Bテスト、キルスイッチ、段階的なロールアウトなど、多様な用途で活用できます。そのため、開発チームはそれらの用途のために数多くのブランチに頼ることなく、新しい機能の影響を細かく制御し、ソフトウェアの品質や機能性を向上させることができます。

　フィーチャーフラグは、TBDに限定された手法ではありません。それ以外のブランチモデルにおいても、新しい機能や改善を素早くかつ安全にリリースするための強力なツールとして機能します。フィーチャーフラグの適切な使用は、開発プロセスをより効率的かつ効果的にするための重要な鍵となります。

　CIパイプラインでは、フラグの異なる組み合わせに対するテストを実施し、各

フラグの設定がアプリケーションやサービスに与える影響を評価することが重要です。フラグは実行時に切り替えできるので、リリース後の環境変化に柔軟に対応することも可能になります。

3-7 まとめ

本章では「ソフトウェア開発の生産性」を高めるために必須となっているCI/CD（継続的インテグレーション、継続的デリバリー）の効率化を実現するという観点から、ブランチ・リリース戦略において筆者が重要であると考えるいくつかの論点について述べました。

ソフトウェアの開発においては、価値創出を目指し、課題の定義とその解決のために何をどのように作るのかを決める「設計工程」が最重要であること、その一方、製造業における「製造工程」や「納品工程」に相当する部分は、ソフトウェアではCI/CDプロセスやツールの進化により自動化が進んでおり、それにキャッチアップしていくことが必須であることを説明しました。

それを踏まえ、「統合（インテグレーション）」と「デリバリー」の効率化を重視する観点から、ブランチ戦略としては、Trunk Based Developmentに代表される可能な限りマージ（統合）を早めるアプローチを、リリース戦略としては、予測可能なスケジュールで可能な限り頻繁にリリースを行うアプローチを推奨する立場を取りました。

ブランチ・リリース戦略を考える上で合わせて検討しなければならないリポジトリ戦略、フィーチャーフラグの活用についても触れました。ここでも優先すべきは「統合」を後回しにしないという観点だと考えています。

現代のソフトウェア開発は、自社開発のモジュールだけでなく、サードパーティやOSSのライブラリやフレームワークなど、多くのモジュールを組み合わせることで実現されています。これらの複雑に絡み合った「依存関係」の齟齬のコントロールが非常に重要であり、できるだけ早くかつ強制的に齟齬を解決することを推奨する立場を取っています。

この章の内容が、読者のみなさんのチーム開発現場における「統合」と「デリバリー」の自動化と最適化を推進し、ひいてはソフトウェアの「製造工程」にかかる時間やコストの削減により、価値創造のための投資を最大化するヒントになれば幸いです。

- A Successful Git branching model

  https://nvie.com/posts/a-successful-git-branching-model/

- GitHub flow

  https://docs.github.com/en/get-started/using-github/github-flow

- Combine GitLab Flow and GitLab Duo for a workflow powerhouse

  https://about.gitlab.com/blog/2023/07/27/gitlab-flow-duo/

- Trunk Based Development

  https://trunkbaseddevelopment.com/

- Stacked Diffs (and why you should know about them)

  https://newsletter.pragmaticengineer.com/p/stacked-diffs

- Gerrit's History

  https://www.gerritcodereview.com/about.html

- メルカリ・メルペイで行ったリリースサイクルのアップデート

  https://engineering.mercari.com/blog/entry/20211210-b5d0a7dc9c/

- メルカリ Shops での monorepo 開発体験記

  https://engineering.mercari.com/blog/entry/20210817-8f561697cc/

- [DevDojo] Experiments and Feature Flags

  https://speakerdeck.com/mercari/devdojo-experiments-and-feature-flags

リアーキテクトにおける
テスト戦略

田中優之

　本章では、リアーキテクト（既存システムやソフトウェアの再設計や再構築）におけるテスト戦略を筆者の所属組織における事例を踏まえて示します。

　リアーキテクトは、技術負債の返却や既存アーキテクチャでは対応できない要求（ステークホルダーから求められたこと、期待）に対処する際のアプローチの一つです。たとえば、長きにわたり多くのユーザーに利用されるサービスを考えます。サービス運営は現在のところ問題なくできています。しかし、ライブラリのバージョンアップ作業の先送りが日々起きています。今後のサービスの成長は現在のアーキテクチャで支援できるでしょうか。リアーキテクトは、こういったケースに対応する方法の一つです。しかし、その実践は容易ではありません。

　リアーキテクトを行うプロジェクトでは、システムやソフトウェアの再設計や再構築を行うので、テスト工程は重要となります。リアーキテクトにおけるテスト工程では、以前と同じ要件（要求を満たすために定義されたソフトウェアの振る舞い、仕様）を満たすかの検証と、要求を満たすかの妥当性確認、すなわちステークホルダーからの期待に沿うかの確認が重要です。

　仕様書のメンテナンス不足や限られた開発期間におけるテストは、リアーキテクトを難しくする要因となります。現在のソフトウェアは、多数の機能を持ち、継続的な機能追加とその運用が必要とされます。限られた時間の中ですべての機能をテストすることは簡単ではありません。さらに、ソフトウェアの仕様をドキュメントに反映し続けることも容易ではありません。仕様書のメンテナンス不足は、リアーキテクトにおける要件の確認、すなわち何が正しい仕様であるかの確認を困難にします。

　このように、リアーキテクトにおけるテストではその実践時には様々な課題が発生します。筆者は、少なくない読者のみなさんがリアーキテクトにおけるテストを経験すると考えます。そして、前述したような困難に向き合うこととなり、その際に重要となることが本章で述べるテスト戦略（テストの準備から終了までの一連の作業に関する方針や考え方）です。

　本章では、以下のような順でリアーキテクトにおけるテスト戦略とその実践事例を示します。1節では、リアーキテクトにおけるテストの困難さが何であるかを具体的に示します。2節では、筆者が所属する組織で実施したモバイルアプリケーションのリアーキテクトにおけるテスト戦略例を示します。3節では、2節で示したテスト戦略を実践した結果を示します。4節では、本章のまとめを述べます。

4-1 リアーキテクトにおけるテスト

　本節では、リアーキテクトにおけるテストに関して、品質保証と時間の活用の観点からその難しさや対応方法のアイデアを述べます。

検証と妥当性確認

▶ 仕様の把握およびその背景に対する理解を深める

　リアーキテクトは、既存システムやソフトウェアを再設計および再構築することを示し、技術負債の返却や既存アーキテクチャでは対応できない要求に対応する際のアプローチの一つです。リアーキテクトという言葉は、クラウド環境への移行に関する文書でよく用いられます。本章では、クラウド環境への移行に限らず、既存システムやソフトウェアを再設計および再構築することをリアーキテクトと指すこととします。

　リアーキテクトによって再設計、再構築されたシステムは、以前と同じ振る舞いをすることが要求されます。ソフトウェアの仕様書、ソースコード、ユニットテスト、E2Eテスト（End-to-Endテスト）、テスターが参照するテストケースなどは正しい振る舞いを確認できるドキュメントです。

　問題は、ドキュメントがメンテナンスされているかどうかです。現在のソフトウェアは、日々新しい機能が追加され、機能変更が行われます。その都度、仕様書を更新し、E2Eテストを修正し続けることは難しいことがあるでしょう。リアーキテクトを行うプロジェクトに参加するメンバーは、何が正しい振る舞いか、なぜその仕様として実装されているのか等を日々確認することになります。

▶ 要件を満たしているか、ステークホルダーの期待に沿うか

　リアーキテクトによって再設計、再構築されたシステムの振る舞いを確認する工程として、テスト工程は重要です。リアーキテクトにおけるテストを難しくする要因の一つは、既存システムやソフトウェアに対する要件が不明確であることです。要件が不明確である場合は、既存システムの振る舞いを実際に確認することがよいでしょう。ドメインエキスパートに確認する方法もよさそうです。

　問題は、誰も知らない要件の存在です。International Software Testing Qualifications Board（以降、ISTQB）が示すソフトウェアテストの7原則（参考文献1）では、「テストは欠陥があることは示せるが、欠陥がないことは示せない」とあります。要件を知らないのですから、テストもできず、不具合を見つけるこ

とはできません。すべてを知るドメインエキスパートがいる場合は問題ありませんが、往々にしてそういったケースは稀です。熟練のテスト作業者による経験ベースのテスト技法、たとえば探索的テストの実施は、この課題へのアプローチとなるでしょう。

　リアーキテクトによって再設計、再構築されたシステムが、ステークホルダーの期待に沿うプロダクトであるか、の確認も重要です。たとえば、リアーキテクトしたことで、UXが変わることもあります。ユーザー視点で、その変更は問題がないのか、の議論をプロジェクト関係者やステークホルダーと行い、合意をする必要があるでしょう。UXに関係する要求は、非機能要求であることが多く、それはアーキテクチャに大きな影響があることがあります。気づいたタイミングでプロダクトの責任者と相談することを筆者はおすすめします。プロジェクト終盤において、ステークホルダーの期待に沿っていないことが判明すると大変です。

　このように、リアーキテクトによって再設計、再構築されたシステムは、既存システムに対する要件を満たしているか、ステークホルダーの期待に沿うかの確認、すなわち Verification & Validation（検証と妥当性確認、以降V&V）（参考文献2）の観点からの品質評価が重要です。テストは、ソフトウェアやシステムが期待された動作をするか確認することです。リアーキテクトによって再設計、再構築されたシステムは、多数の機能を持つシステムでしょう。ドメインエキスパートが不在で、今いるプロジェクト関係者でリアーキテクトを行うチームも少なくないでしょう。まずは、V&Vの観点から、リアーキテクトにおけるテストの難しさとその重要さをプロジェクト関係者で議論することが重要だと筆者は考えます。

限られた開発期間におけるテスト

　ISTQBが示すソフトウェアテストの7原則では、「全数テストは不可能」とあります（参考文献1）。リアーキテクトをしたので、考えられるすべてのパターンでテストをする必要がある、と考える方もいるでしょう。しかし、「全数テストは不可能」ということがソフトウェアテスト分野において広く認識されている考え方です。時間や人が不足するので、全数テストは難しい、ということです。そこで、リアーキテクトされたシステムやソフトウェアの性質、その用途などを考慮し、限られたリソースを有効に活用したテストが必要となります。以降では、リソースを有効に活用するためのアイデアを2つご紹介します。

▶ 選択的テスト手法による開発期間の有効活用

　現在のソフトウェアは、リリース後も継続してアップデートされ、多数の機能を持つので、すべての機能をテストで確認することは簡単ではありません。前述した通り、「全数テストは不可能」です。そのため、テスト条件 (何をテストするか) の確認やそのテスト設計 (どうテストするか) などが課題となります (参考文献3)。

　このような課題に対するアプローチとして、不具合を検出する可能性の高いテストを選りすぐり、効率良くテストを行う手法 (選択的テスト手法) が提案されています (参考文献3)。提案方法は、テスト対象が持つ機能の優先度決定、テスト仕様書の作成、テスト計画の作成の合計3つのフェーズで構成されます。優先度に従い、テスト仕様書の質や量を変化させることで、開発期間を有効に活用するテスト計画を作成することを目指します。選択的テスト手法は、定められた期間内に信頼できるテストを完了させる1つのアプローチです。

▶ リグレッションテストの活用

　リグレッションテストがある場合、それを活用することもリアーキテクトにおけるテストで役に立つでしょう。リグレッションテストは、たとえばソフトウェアが動作するOS環境が変更された際に実行されます (参考文献1)。これまで何度も実行してきたテストが実行されるので、リグレッションテストは変更による不具合を発見します。仮にリグレッションテストとして一連のテストスイートがまとまっていないとしても、既存システムのリリース前に実行されたテストケースやその後の改修で実施されたテストケースが存在するでしょう。これらは、リアーキテクトされたシステムやソフトウェアに対するテストにおいて流用可能な資産です。

　現在のリグレッションテストが十分であるか、不足している項目は何かを確認し、必要に応じて更新することはリアーキテクトにおけるテストで重要となります。すなわち、ISTQBがシラバス (参考文献1) で示すテスト活動の一つである「テスト分析」の活動が重要です。テスト分析では仕様書や設計書をはじめ、あらゆるドキュメントを参照することでテスト対象に対する機能要件や非機能要件を把握します。前述したように、メンテナンス不足のドキュメントが多く、このテスト分析に苦労することがあるでしょう。しかし、テスト分析を十分に行うことは、質の高いテストに繋がります。筆者は、プロジェクト関係者やステークホルダーへのヒアリング、過去障害の分析など、可能な限り情報を集め、整理することをおすすめします。

4-2 リアーキテクトにおけるテスト戦略例

　本節では、筆者が所属する組織にて実施したモバイルアプリケーションのリアーキテクトプロジェクト（以降、出前館アプリリアーキテクトPJ）で実践したテスト戦略と各工程の詳細を示します。

　テスト戦略とは、プロダクトや組織レベルで定義するテストの準備から完了まで（以降、テストプロセス）に一貫する考え方です（参考文献1）。テスト戦略はテストプロセスの影響を受けます。テスト戦略の種類は複数あり、テスト対象に対する要件やリスク分析結果に基づく分析的戦略はその一つです。より詳細を確認したい読者のみなさんは、ISTQBが提供する「テスト技術者資格制度 Foundation Level シラバス」をご参照ください。Japan Software Testing Qualifications Board (JSTQB) による翻訳版も公開されています（参考文献1）。

　それでは次項から出前館アプリリアーキテクトPJにて実施したテスト戦略例について述べます。

リアーキテクトにおけるテスト戦略

図4-1　一般的なテストのプロセス

　図4-1は、通常のテストのプロセスを示します。テスト計画、テスト分析をしたのちにテスト設計を行い、テスト実装、テスト実行を行います。各工程の詳細は、ISTQBが提供するシラバス（参考文献1）を参照ください。

　次に、リアーキテクトにおけるテスト戦略のプロセスの全体像を示します。図4-1で示した一般的なテストのプロセスと比較してご覧ください。

　図4-2は、本項で紹介するテストプロセス全体像です。図4-2は、出前館アプリリアーキテクトPJで実践されたプロセスであり、それを一般化したプロセスとなります。図4-1で示した一般的なテストのプロセスと比較してみましょう。このプロセスは、2つの特徴を持ちます。1つ目は、テスト分析工程と並行する機能ごとの優先度算出工程です。2つ目は、決定した優先度に基づくテスト分析作業の繰り返し工程です。以降で順を追って詳細を述べます。

図4-2　リアーキテクトにおけるテストプロセス全体像

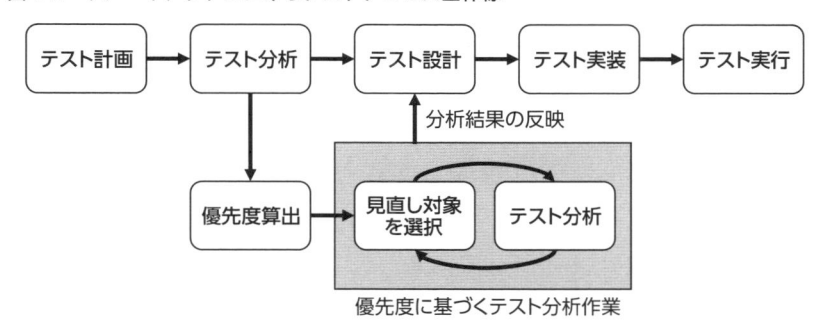

優先度に基づくテスト分析作業

　1つ目の特徴であるテスト分析工程と並行する機能ごとの優先度算出に関してです。表4-1は、この工程における成果物例を示し、機能ごとの優先度が示されます。障害発生の可能性、ソフトウェアとしての複雑さ、利用頻度の程度を数値化し、それらの値へ重みづけをして合計した結果が優先度となります。優先度の値が大きい機能は、プロダクトにとって重要な機能となります。

表4-1　優先度の算出結果例

機能	障害発生の可能性	複雑さ	利用頻度	優先度
店舗情報表示	1	2	2	1.6
商品情報表示	2	2	2	2.0
・・・	・・・	・・・	・・・	・・・

　2つ目の特徴である決定した優先度に基づくテスト分析作業の繰り返し工程に関してです。前工程において、機能ごとの優先度が明らかになりました。そこで、この工程では、その優先度に応じたテスト分析作業の繰り返し作業が実施されます。このプロセスの意図は、限られた時間の中で優先度の高い機能のテスト分析を繰り返すことで、テストの質を向上させることにあります。

　このように、機能ごとの優先度を算出しつつ、その優先度に基づいてテスト分析作業を繰り返すことで、限られた時間を有効活用し、テストの質を向上させる方針を取りました。これが出前館アプリリアーキテクトPJにおけるテストプロセス全体に一貫する考え方であり、テスト戦略です。次項では各工程での作業詳細を示します。

各工程詳細

図4-3　各工程の解説

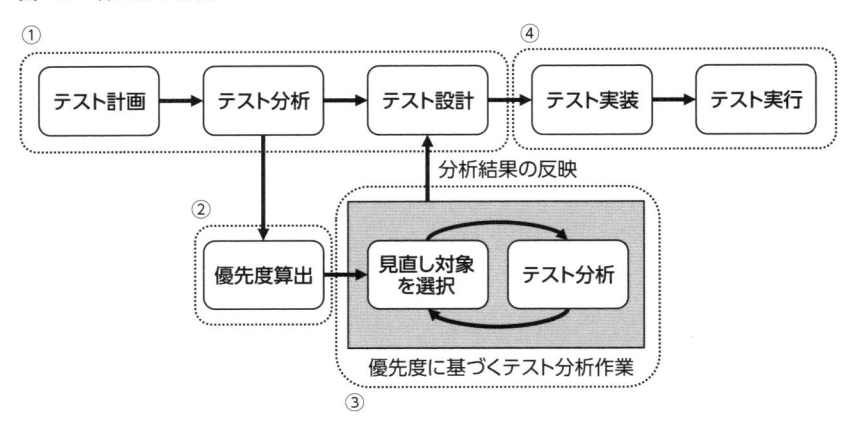

　本項では、各工程の詳細に関して述べます。図4-3は、各工程と「テスト計画〜テスト設計」、「機能ごとの優先度算出」、「優先度に基づくテスト分析の繰り返しとテスト設計への反映」、「テスト実装〜テスト実行」の対応関係を示します。

▶ テスト計画〜テスト設計

　テスト計画、テスト分析、テスト設計の工程（図4-3の①）で実施する作業に関して述べます。テスト計画工程では、テストのスケジュールやコストなどを計画します。テスト分析工程では、仕様書や設計に関するドキュメント、ソースコードなど（以降、テストベース）（参考文献1）を参照し何をテストするか決定します。リアーキテクトを行うプロジェクトでは、これまで作成してきたテストケースも利用可能なテストベースになるでしょう。特に、これまで実施してきたリグレッションテストが存在する場合は、それらは非常に有用なテストベースの一つとなります。そして、テスト設計工程では、テスト対象をどうテストするか決定します。たとえば、入力値やその組み合わせが非常に多いテスト対象を考えます。そのテスト対象をどこまでテストすれば問題ないか、という議論はこの工程で行います。ユニットテストやE2Eテストを利用したテストの自動化の議論もこの工程で行います。議論の結果、具体的な数値の記載はありませんが、テストの方法が分かるテストケースが作成されます。小規模なプロジェクトであればテスト設計は不要なことも多いでしょう。しかし、リアーキテクトのような大規模プロジェクトでは、テスト設計をプロジェクト関係者と行うことで、後工程における関係者間のコミュニケーションが円滑になります（参考文献9）。

リアーキテクトを行うプロジェクトにおいて、テストベースを参照しテスト分析をする時間は重要ですが、時間は限られています。1節において、リアーキテクトにおけるテストの難しさを述べました。テストベースを参照し、何をテストするかを決定することは重要な作業ですが、すべてのテストベースを参照し、必要に応じてプロジェクト関係者やステークホルダーにヒアリングをすることは難しいでしょう。重要ではない、と判断できる事柄は、無視することが妥当だと筆者は考えます。他方、リアーキテクトというプロジェクトの性質を考えると、可能な限り対策はするべきでしょう。この課題に対するアプローチとして、機能ごとの優先度の算出とそれに基づくテスト分析の繰り返し工程があります。

▶ 機能ごとの優先度算出

　優先度の算出工程（図4-3の②）では、定義した指標を用いて各機能の優先度を算出します。テスト対象の機能ごとの障害発生の可能性、ソフトウェアとしての複雑さ、利用頻度の程度を数値化することで、各機能の見直し優先度を数値化しました。優先度の算出は、選択的テスト手法におけるテスト優先度決定手法を参考に構築しました（参考文献3）。表4-2は、ログインページにおける各指標の値とそれらを用いて算出された優先度を示します。以降では、各指標の算出方法と、算出された各指標の値を用いた優先度の算出方法を示します。

表4-2　ログイン機能の見直し優先度算出例

機能	障害発生の可能性	複雑さ	利用頻度	優先度
ログインページ	3	2	3	2.7
・・・	・・・	・・・	・・・	・・・

　障害発生の可能性は、障害報告書やそれに類するドキュメントを参照し、障害と関係する機能とその障害が発生した場合の作業優先度を3段階で評価することで数値化します。たとえば、出前館アプリが起動できない不具合報告書を参照した場合を考えます。関係する機能は、ログイン機能であり、即日修正リリースが必要なケースです。評価値は、1、2、3の3段階とし、評価値1は時間がある際の修正または修正不要な不具合、評価値2は次回以降のリリースで修正が必要な不具合、評価値3は即日修正が必要な不具合とします。すなわち、値が大きいほど即時対応が必要な不具合となります。このとき、ログイン機能は3段階のうち最も高い数値である3として評価されます（表4-3を参照）。

表4-3　ログインページの障害発生の可能性評価作業

機能	障害発生の可能性	複雑さ	利用頻度	優先度
ログインページ	3	-	-	-
・・・	・・・	・・・	・・・	・・・

　ソフトウェアとしての複雑さは、たとえば、ソースコードを参照し、各機能が持つ状態の多寡を相対的に評価することで数値化することができます。出前館アプリのログインページのソースコードを参照し、数値化することを例として考えます。評価基準とする機能として、店舗ページを採用し、複雑さを2と設定します。ログインページが扱う状態は、店舗ページと同程度だったとします。このとき、ログインページの評価値は2となります（表4-4参照）。なお、出前館アプリリアーキテクトPJにおいては、ソースコードからクラス図を自動生成するツールを用い、各機能やページにおける状態の多寡を確認しました。ソフトウェアとしての複雑さの数値化は、ソフトウェアの性質に合わせた算出方法を用いることが必要です。

表4-4　ログインページのソフトウェアとしての複雑さ評価作業

機能	障害発生の可能性	複雑さ	利用頻度	優先度
ログインページ	3	2	-	-
・・・	・・・	・・・	・・・	・・・

　利用頻度は、テスト対象の主なユースケースそれぞれに対して重要度を設定したのちに、相対的に各機能を評価することで数値化します。たとえば、出前館アプリを利用するユーザーがアプリにログインして、店舗一覧ページを参照するユースケースを考えます。このユースケースで利用する機能またはページは、ログインページと店舗一覧ページです（他にも存在しますが簡略のため割愛します）。評価値は1、2、3とし、1が重要度が低く、3が重要度が高い値とします。このとき、このユースケースはプロダクトにとって非常に重要ですので、重要度は最大の3となります（表4-5を参照）。他のユースケースについても同様に重要度を設定したのち、機能ごとにユースケースに出現する回数と重要度を集計します。評価基準とする機能として、クーポンページを評価値2として採用すると、ログインページは利用頻度と重要度も高いと判断できるので評価値は3となります（表4-6を参照）。

表4-5　ユースケースのリストアップ作業

ユースケース	重要度	機能またはページ
ログインから店舗一覧画面遷移	3	ログインページ／店舗一覧ページ
・・・	・・・	・・・

表4-6　ログインページの利用頻度評価作業

機能	障害発生の可能性	複雑さ	利用頻度	優先度
ログインページ	3	2	3	-
・・・	・・・	・・・	・・・	・・・

　最後に、算出された各指標の値を用いて優先度を算出します。たとえば、ログインページの場合は、障害発生の可能性は3、複雑さは2、利用頻度は3という結果になりました。このとき、各指標に重みづけをして優先度を算出します。障害発生の可能性の重みを0.4、残り二つの指標の重みは0.3としましょう。この場合、優先度は $3 \times 0.4 + 2 \times 0.3 + 3 \times 0.3 = 2.7$ となります（表4-7参照）。

表4-7　ログインページの優先度

機能	障害発生の可能性	複雑さ	利用頻度	優先度
ログインページ	3	2	3	2.7
・・・	・・・	・・・	・・・	・・・

　このように各機能の優先度を数値化することで、どの機能がプロダクトにとって重要なのかが整理されます。次の工程では、算出された優先度に従って順次テスト分析を繰り返します。

▶ 優先度に基づくテスト分析の繰り返しとテスト設計への反映

　この工程では、前工程で算出された優先度を参照し、優先度が高い機能から順次テスト分析を行い、テスト設計へ反映することを目的とします（図4-3の③）。限られた時間の中でテストベースを参照し、テスト設計、テスト実装を行うことは簡単ではありません。確認しきれなかったテストベースはこの工程で確認するとよいでしょう。確認をした結果、テスト設計に反映するべき事柄があれば、それらはテスト設計に反映します。特に反映すべき事柄がない場合は、次に優先度が高い機能のテスト分析をはじめます。

　この工程は、テスト設計と並行し、時間がある限り繰り返します。優先度を算出したことで、機能ごとにテスト分析を繰り返すことができるようになりました。すなわち、作業の粒度が小さくなりました。これにより、他の作業と並行して進

捗させることや、作業途中で中断をすることが容易になりました。作業を柔軟に進められる準備ができたことになります。出前館アプリリアーキテクト PJ において、どのようにこの時間を活用したかは後ほどご紹介します。

　優先度に基づき、テスト分析を繰り返し、その結果をテスト設計へ反映するプロセスが今回のテスト戦略の肝となります。優先度の算出は、選択的テスト手法におけるテスト優先度決定手法を参考に構築しました。選択的テスト手法は、定められた期間に質の高いテストを実施することを重視する手法です。これは開発プロセスやテスト対象のプロダクトの特性を踏まえてのことでしょう。本章で示したテスト戦略は、テスト計画は重視しつつも、状況の変化に柔軟に対応できることを重視しています。いずれかの方法が優れている、ということではなく、開発プロセスやテスト対象のプロダクトの特性に合うテスト戦略を用意した、ということにご注意ください。

▶ テスト実装～テスト実行

　この工程では、テスト設計を受けて実際にテストを実装し、それらを実行します（図4-3の④）。テスト実装工程では、テストが実行可能なように成果物を作成します。テスト手順や利用するデータ、テストスクリプト、テスト環境などが成果物の例です。テスト実行方法が手動か自動かは問わず、必要な成果物を用意することがこの工程の目的です。そして、テスト実行工程ではそれらを用いてテストを実施します。

　なお、テストのモニタリングとコントロールも重要な活動ですが、本章の範囲を超える内容となりますので詳細は割愛します。

リアーキテクトにおけるテストの課題への対応

　本項では、リアーキテクトにおけるテストの課題例と、それらに対するアプローチを述べます。リアーキテクトにおけるテストの課題例を以下に示します。

- 課題1：限られた時間またはリソース不足
- 課題2：システムやソフトウェアに対する要件が不明確または不明（把握していない要件の存在）
- 課題3：ステークホルダーの期待に沿うプロダクトかの確認（妥当性確認）

　課題1に対するアプローチは、機能ごとの優先度算出とそれに基づくテスト分析の繰り返しです。多数の機能を持つテスト対象に対し、限られた時間やリソー

スをやりくりしてテストを行うことは、容易ではありません。十分な時間を可能な限り確保することが重要ですが、時間やリソースを確保できないこともあります。テスト対象の各機能に対し、様々な指標を用いて優先度付けを行い、その優先度に従い作業を実施することは、限られた時間やリソースを効率良く活用する方法の一つです。優先度の算出方法はいくつかあるでしょう。これまでの障害報告書やプロダクトのユースケース、そしてソフトウェアの複雑さを数値化することで各機能に対し優先度を算出する方法は、その一例です。優先度の算出方法は、ソフトウェアの性質に合わせて検討する必要があります。算出した優先度に従いテスト設計、テスト実装を繰り返すことで、時間を有効に活用することができ、質のよいテストが可能となります。

　課題2に対するアプローチは、優先度に基づくテスト分析の繰り返しと、熟練のテスト作業者による探索的テストを実施することです。現在のソフトウェアは、日々機能追加や修正が実施されます。その状況において、ソフトウェアの仕様書のメンテナンスを継続することは難しいことがあるでしょう。そこで、関係者が集まり、優先度の高い機能から順にテスト分析を繰り返します。関係者とは、エンジニア、企画者、QA担当などのプロジェクトに関わるメンバーを指します。現在の仕様書やテストケース等を読み合わせながら、テスト観点の漏れがないか、考慮漏れがないか確認を行います。把握していない要件に関しては、テスト対象を熟知するテスト作業者による探索的テストが有効です。探索的テストと並行し、本番リリース後の障害対応手順の整備や障害を最小限に抑える準備も行います。すなわち、探索的テストのような方法を用いることで不具合発生の可能性を可能な限り抑えるとともに、本番リリース後に不具合が発生した際の対応準備を行うことが、把握していない要件に対するアプローチです。出前館アプリリアーキテクトPJにおいて、実際にどのようにこの課題へアプローチしたかは後述します。

　課題3に対するアプローチは、プロダクトマネージャーとの密な連携と社内関係者によるテスト（以降、クローズドベータテスト）を実施することです。リアーキテクトによって新たに構築されたシステムやソフトウェアがステークホルダーの期待通りのプロダクトであるかを確認することは重要です。議論することは大小さまざまな問題が発生しますが、問題を確認したタイミングで都度プロダクトマネージャーと相談をすることがよいでしょう。さらに、クローズドベータテストが可能であれば実施をするべきです。クローズドベータテストを通して、ステークホルダーの期待通りのプロダクトであるかを確認しましょう。出前館アプリリアーキテクトPJにおけるクローズドベータテストの実践例は後述します。

4-3 ケーススタディ：出前館アプリ リアーキテクトにおけるテスト

本節では、前述したテスト戦略を用いた出前館アプリリアーキテクトPJにおけるテストの事例をご紹介します。出前館におけるプロダクトマネジメントや開発プロセスをご紹介した後に、実際にどのようなスケジュールで出前館アプリリアーキテクトPJが進行し、テストが実施されたかを示します。

出前館におけるソフトウェア開発プロセスを示す理由は、テスト戦略がソフトウェア開発プロセスの影響を受けることによります。テストプロセスは、ソフトウェア開発のプロセスの影響を受ける（参考文献1）ので、テストプロセスの方針や考え方を示したテスト戦略もソフトウェア開発プロセスの影響を受けます。出前館におけるソフトウェア開発プロセスがテスト戦略に影響を与えていることにご留意ください。

出前館におけるソフトウェア開発

本項では、出前館におけるソフトウェア開発に関して述べます。前述したように、テスト戦略はソフトウェア開発プロセスの影響を受けます。そこで、本項では出前館におけるプロダクトマネジメントと開発プロセスがどのように進むかを示します。

▶ プロダクトマネジメント
図4-4　プロダクトマネジメント活動

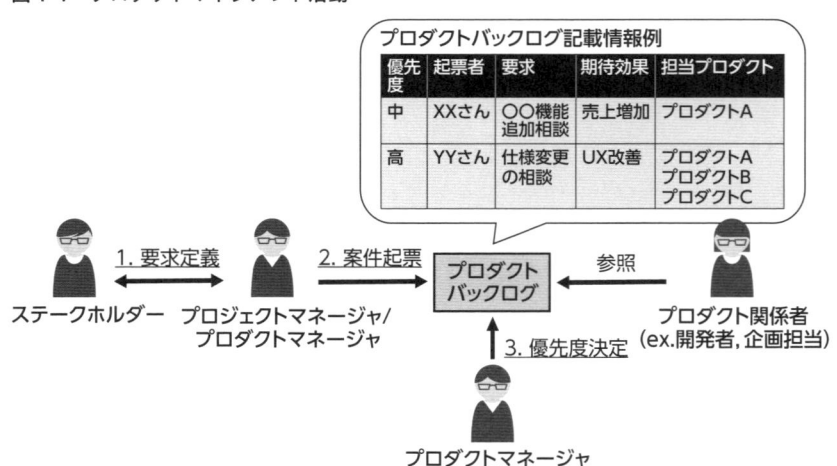

図4-4は、出前館におけるプロダクトマネジメント活動を示し、要求定義から案件の優先度が決定されるまでの流れを示します。出前館では、主要プロダクトの案件をまとめたプロダクトバックログを管理しています。プロダクトバックログは、案件ごとに優先度や期待効果、そして関係するプロダクトに関する情報を持ちます。このプロダクトバックログは、主に組織全体での優先度や進捗を適切に管理することを目的に運用されています。新規の案件が開始されるまでの流れを以下に示します。

1. [要求定義] プロダクトマネージャー、プロジェクトマネージャーがステークホルダーと議論し、要求定義を行う
2. [案件起票] プロダクトマネージャー、プロジェクトマネージャーがプロダクトバックログへ案件を記載
3. [優先度決定] 関係者と議論をしたのちに、優先度が決定され、案件開始

　開発チームが主体的に案件を取りまとめ、開始される案件も存在しますが、規模が大きいビジネス案件はこのような流れで進みます。プロダクトも複数あり、システムも複雑です。主なステークホルダーは、加盟店 (出前館へ出店する店舗) とのやり取りを担当する事業部、商品の配達を担当する事業部、マーケティング担当、そしてカスタマーサポート担当です。プロダクトマネージャーやプロジェクトマネージャーは、プロジェクト関係者やステークホルダーと会話をしながら案件を進める必要があります。

　このように、複数のプロダクトの計画をまとめた1つのプロダクトバックログを組織として管理し、状況に応じて優先度を決定することで、プロダクト開発が進行します。プロダクトの数や案件数も多いので、この運用も簡単ではありません。しかし、プロダクトマネージャーやプロジェクトマネージャーがプロダクトバックログの管理に責任を持ち、ステークホルダーとの連携を密にすることで各プロダクトが計画通りリリースされています。

▶ 開発プロセス

図4-5　開発プロセス概要

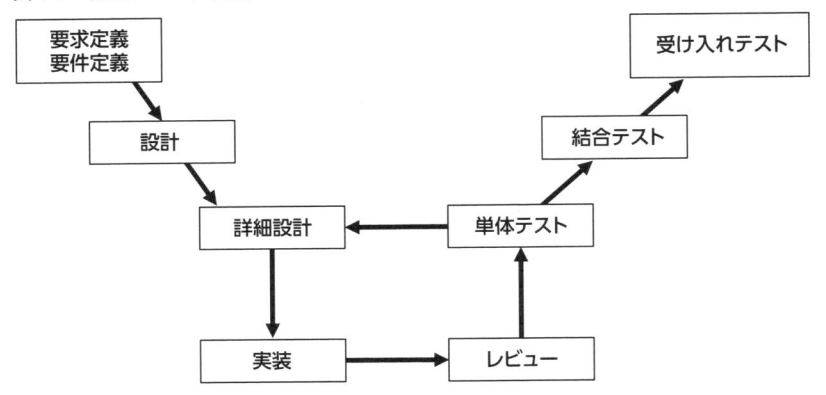

　図4-5は、各プロジェクトの開発プロセスを示します。出前館では、日々多く
の案件が提案されるので、組織として各案件の優先度付けをしたのちに順次プ
ロジェクトが進行されることを述べました。各プロジェクトは、ウォーターフォー
ルとアジャイルを組み合わせたプロセス（以降、ハイブリッド開発プロセス）（参
考文献4）を採用します。ウォーターフォールのように要求定義、要件定義を実
施したのちに、システムやソフトウェアの設計を行います。特に複数のシステム
に影響がある案件において、この設計までのプロセスは重要です。仕様に関す
る考慮漏れがないかは、この工程においてプロジェクト関係者間で議論されま
す。その後に、各システムやソフトウェアを担当するチームは詳細な設計とその
実装、レビューや単体テストを繰り返し行います。この詳細設計から単体テスト
の繰り返しプロセスは、チームに一任されます。チームは、他の作業（たとえば、
不具合改修や他案件の対応）を並行しつつ、全体のスケジュールに間に合うよう
作業を進行します。作業が完了したのち、結合テスト、そして受け入れテストが
実施されます。複数のシステムが関係する案件において、結合テストは重要な
プロセスです。システム間の疎通確認や例外処理の動作テストなどは、開発者
を中心にこの工程で実施されます。受け入れテストは、QAチームを中心にテス
ト対象の検証と妥当性確認が実施されます。

　出前館は、日々の組織課題の解決に取り組む中で、現在のハイブリッド開発プ
ロセスにたどり着きました。出前館が現在もこのハイブリッド開発プロセスを
採用する理由は、出前館が提供する全プロダクトの状況（内部環境）や出前館を
取り巻く外部環境、そして直近の出前館の戦略を俯瞰した判断を行うことにあり
ます。複数チームでのアジャイル開発（以降、大規模アジャイル開発）は容易で

はありません。多数の大規模アジャイル開発フレームワークが提案されていますが、出前館ではそれらを導入したことはありません。他組織においても、出前館のようなハイブリッド開発プロセスを採用する事例が報告されており、ハイブリッド開発プロセスを採用することは、ソフトウェア開発プロセスの進歩の過程として妥当なことであるとの報告もあります（参考文献4）。筆者もこの意見に同意しますが、一方で、大規模アジャイル開発を実現する汎用的な方法としてのフレームワークの進化も今後のソフトウェアエンジニアリングの進化に必要だと考えています。

このように、出前館ではウォーターフォールの開発プロセスをベースに、アジャイル開発のプロセスを取り入れた開発プロセスとなっています。大規模アジャイル開発は進化の途中です（参考文献5）。複数のチームでアジャイル開発を実践しようとすると、チームやコンポーネントが増え、システムが複雑になるにつれて、本来の目的である動くソフトウェアの迅速な提供や変化への対応が遅延します。出前館における現在の開発プロセスは妥当ではあるものの、課題は存在しますので、日々議論をしながら改善に取り組んでいます。

実践結果

図4-6　プロジェクトスケジュール概要

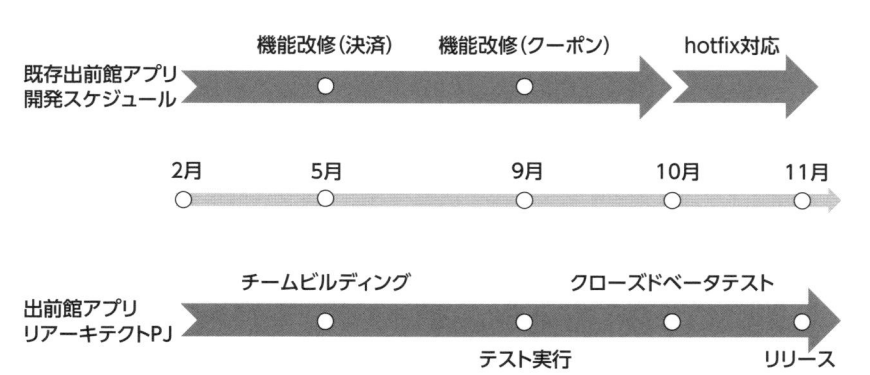

本項では、出前館アプリリアーキテクトPJにおけるテストの詳細な実践結果を述べます。時系列に追って、テストがどのように進み、リリースまで至ったかを示します（図4-6を参照）。最後に注意点として、出前館アプリリアーキテクトPJ固有の事情をまとめます。出前館アプリリアーキテクトPJにおけるテスト戦略は、出前館におけるプロダクトマネジメントや開発プロセスに依存します。その観点から、読者のみなさんが本事例を参照する際に注意するべきことを示します。

なお、出前館アプリリアーキテクトPJは、React Native（参考文献6）を用い実装された既存出前館アプリからFlutter（参考文献7）を利用したリアーキテクトを実施しました。React Native、Flutterに関する詳細は本章の範囲を超える内容ですので割愛します。

▶ 2023年5月〜 既存アプリへの機能追加

出前館アプリリアーキテクトPJは、2023年2月からプロトタイプ実装を開始しました。その後、プロジェクト関係者やステークホルダーと議論を重ねたのちの同年5月より、体制を整え正式にプロジェクトが開始されました。出前館アプリリアーキテクトPJは、既存出前館アプリへの機能追加と改修を並行しつつ、進行されました。図4-6中で示す決済機能の改修やクーポン機能の改修は、出前館アプリリアーキテクトPJ進行中に行ったプロジェクトの一部です。これらは出前館アプリリアーキテクトPJをより困難にする要因となりました。

多くのリアーキテクトを行うプロジェクトは、プロダクトやビジネス上の理由で現行版のソフトウェアの運用と並行してリアーキテクトを実施するでしょう。出前館アプリリアーキテクトPJも同様でした。これはリアーキテクトを行うプロジェクトを難しくする非機能要求の一つです。出前館アプリリアーキテクトPJでは、プロジェクト関係者やステークホルダーと議論を何度も行い、案件の優先度整理を行いました。議論を重ねましたが、既存の出前館アプリへの機能追加を完全に止めることはできず、図4-6で示す通り機能追加や改修を並行しながら出前館アプリリアーキテクトPJを進めることとなりました。現行版のソフトウェアへの修正を完全に止めることは、多くのプロダクトで難しいでしょう。しかし、筆者は可能な限り現行版のソフトウェアへの修正を制限することをおすすめします。

出前館アプリリアーキテクトPJを進行する際に気をつけたことの一つが、現行版ソフトウェアの変更をリアーキテクト中のソフトウェアへ取り込む作業です。現行版ソフトウェアへの変更がクリティカルな不具合修正のみや軽微な不具合改修のみである場合、リアーキテクト中のソフトウェアへそれらを取り込むことは大きな問題とはならないでしょう。しかし、機能追加や大きな改修を実施した場合は注意が必要です。リアーキテクトという新たなコードベースを作成する作業の中で、新たな機能を追加することや修正を加えることは簡単そうに見えて注意が必要な作業です。たとえば、新しいコードベースへ現行版ソフトウェアの修正内容の反映を忘れることが発生しやすいです。

この問題に対し、チームは、現行版への機能追加を担当した開発者がリアーキテクト中のソフトウェアへも機能追加を行う方針を採用しました。新しい機能や改修内容を把握している担当者が、リアーキテクト中のソフトウェアに対して

も実装を担当することで、対応漏れを減らすことが可能、と判断しました。既存ソフトウェアへの機能追加や修正対応は非常に多かったですが、この方針を採用したことでリアーキテクト中のソフトウェアへの取り込み忘れは軽減されました。開発を担当するチームは、新しい技術 (Flutter) の学習を進めながら、React Nativeで実装した機能をFlutterを用いて再実装することになりました。担当したメンバーへの負荷もありましたが、新たな技術習得を楽しむメンバーが多かったので、この方針が成功したと筆者は考えます。

▶ 2023年6月 テスト対象の優先度算出

テスト分析と並行し、テスト対象の優先度の算出を実施しました。テスト対象の優先度は、出前館アプリでこれまで発生した障害をまとめた報告書 (以降、障害報告書)、ソースコード、出前館アプリの主要ユースケースを参照し、数値化することで算出しました。

障害発生の可能性は、過去の障害報告書を参照することで数値化しました。障害報告書には、発生した事象の詳細と対応経緯が記載されています。それらを参照することで、事象に関係する機能とその事象が起きた場合の作業優先度を算出しました。

ソフトウェアとしての複雑さは、ソースコード (主にビジネスロジックを処理する箇所) を参照し、各機能が持つ状態の多寡を相対的に評価することで数値化しました。Flutterを用いてリアーキテクトされたコードベースは、UI層とビジネスロジック層が分離される設計を採用しています (参考文献8)。そこで、ビジネスロジック層のソースコードを中心に各機能やページにおける状態の多寡を評価しました。評価時には、ソースコードからクラス図を自動生成するツールを用いました。なお、この評価方法は、扱う状態が多い画面が複雑である、という考えに基づきます。今回の評価対象の特性を考えると、状態の多寡を評価することがソフトウェアとしての複雑さを評価するよい方法の一つだと判断しました。

利用頻度は、出前館アプリの主なユースケースそれぞれに対して重要度を設定したのちに、相対的に各機能を評価することで数値化しました。ユースケースは8つ用意し、それぞれに重要度を設定したのちに評価作業を行いました。

算出された指標を用いた各機能の優先度は、障害発生の可能性の重みを0.4、残り二つの指標の重みは0.3としました。その理由は、障害報告書を参照して算出された障害発生の可能性の値は他の指標と比較して有用であると判断したことにあります。

このように算出された結果の優先度は、プロジェクト関係者も納得の結果となりました。優先度の高い機能は、たしかにテスト分析を改めて実施すべき機能

でした。優先度を算出する作業は煩雑ですが、客観的に優先度を算出することができた点は有用でした。

▶ 2023年7月〜8月　優先度に基づくテスト分析の繰り返し

テスト設計と並行して、優先度の高い機能順にテスト分析の繰り返しが実施されました。この過程で発見した不足しているテスト条件は、その都度テスト設計に反映されました。

この工程におけるテスト分析作業は、UML Testing Profile（以降、UTP）を用い、プロジェクト関係者が参加する週次定例の場で実施されました（参考文献9、10）。テスト分析を行う対象の機能に詳しい担当者が、UTPを用いてテスト条件をモデル化し、それを開発チームとQAチームが参加する週次定例の場で共有しました。テスト条件は不足していないか、テスト環境やテストデータの用意は可能かなどが打ち合わせの場で議論されました。打ち合わせの場で確認された不足しているテスト条件は、テスト設計者によって随時テスト設計に反映されました。テスト設計は、これまで作成してきたリグレッションテストを利用しつつ実施されましたが、実際にこのプロセスで発見されたテスト条件が複数ありました。

UTPの詳細は本章の範囲を超える内容ですので割愛します。UTPはテストのモデル化を行う言語ですが、仕様も膨大で難解です。出前館アプリリアーキテクトPJでは、クラス図を用いたテストのモデル化にトライしました。その結果、視覚化されたテスト対象のモデルを用いて週次定例の場でのプロジェクト関係者間のコミュニケーションが円滑に進みました。しかし、仕様が難解なこともあり、その利用方法が適切か最後まで不明でした。作成されたモデルを参照することで、テスト条件の見直しが円滑に進んだことはよかったですが、UTPの利用方法には改善の余地があった、と筆者は考えています。

▶ 2023年9月〜　テスト実行

現行版のソフトウェアの運用と並行してリアーキテクトを実施し、2023年8月末にテスト実行工程が開始されました。8月末の時点では一部の機能が未実装でした。しかし、それらの影響を受けない箇所も多数存在したので、テスト実行可能な箇所から順次作業を開始しました。開始直後は、比較的テストが容易な機能を中心に作業を進めました。その理由は、テストプロセス全体が問題なく実施されるかを確認することにあります。開発チームとQAチームは、長らく出前館アプリを担当しており、チーム間の連携は問題ありません。しかし、プロジェクトの規模やアプリのCI/CD環境が新たに構築されたことを考慮すると、テストプロセスが円滑に進行されるかの確認が必要でした。さらに、これまでと同様

のテストのモニタリングとコントロール（日次の進捗や不具合発生および修正状況の共有など）に加え、30分の週次の定例を設けました。このように、テスト開始直後はテストプロセス全体が問題なく進行されるかの確認を行うことで、その後のテストも円滑に進めることができました。

　探索的テストは2023年9月末より実施されました。出前館アプリに詳しいテスト作業者が探索的テストを実施しました。テストで見つかった不具合修正とその修正確認作業は9月末から10月末まで継続していたので、残作業やスケジュールなどを考慮しつつ探索的テストが実施されました。

　クローズドベータテストは2023年10月より実施されました。本番環境に接続されたアプリは、TestFlight（iOS版の配布に利用）、Deploygate（Android版の配布に利用）を用いて社内関係者に配布されました。クローズドベータテストは、それまでのテストで動作に大きな問題がないことを確認したのちに開始されたので、作業は順調に進みました。特定の機能に関する不具合報告もありましたが、デザインやUXに関するフィードバックが多くありました。

　クローズドベータテストの準備は工数が必要ですが、リリース後の不具合発生の軽減やテスト対象の妥当性確認が可能です。出前館アプリリアーキテクトPJでは、クローズドベータテストの準備として、社内関係者への配布用アプリの準備とその利用方法を示すドキュメントの作成、不具合を発見した際の報告方法を示すドキュメントの作成が必要でした。さらに、クローズドベータテスト期間中は大小さまざまな報告が上がってきますので、対応フローの整理とその対応者のアサインも行いました。大規模なプロジェクトの終盤で、このような作業時間を確保してクローズドベータテストを実施することは容易ではありません。しかし、クローズドベータテストを通した妥当性確認、すなわちステークホルダーの期待に沿うプロダクトであるかの確認と、リリース後の不具合発生の軽減が可能です。出前館アプリリアーキテクトPJにおいても、プロジェクト終盤にクローズドベータテストを実施することは簡単ではありませんでしたが、実施したことでよりよい品質でリリースができたと筆者は考えます。

▶ 2023年11月　不具合の収束と段階的リリースの実施

図4-7　累積不具合件数の推移

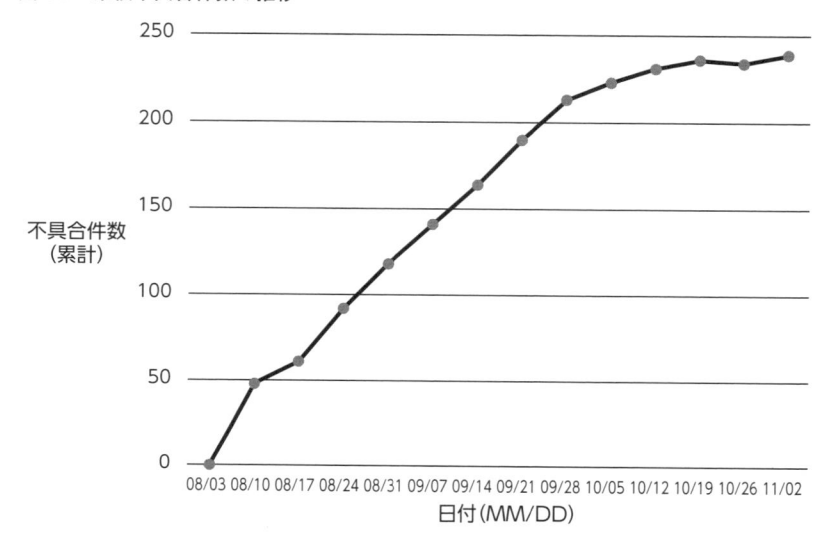

不具合が収束してきたことを確認し、予定通り2023年11月にリアーキテクトされた出前館アプリは段階的リリースされました。図4-7は、累積不具合件数の推移を示します。テスト実行工程開始時からしっかりと不具合を検出し、10月頃より徐々に新たな不具合の検出が減っていることがグラフから分かります。なお、図中の10月26日の累計不具合件数が前週よりも少なくなっています。これはプロジェクト関係者で報告内容を確認をした結果、不具合ではないと判断され、その修正による結果です。

リリースは、不具合検出状況とその修正対応、クローズドベータテストの結果を考慮し、予定通り11月に実施されました。不具合の検出は10月より落ち着いており、報告される不具合は軽微な不具合が大半でした。不具合修正対応は、対応優先度をつけることで順調に進捗していました。クローズドベータテストにおける社内関係者からのフィードバックも問題なく、開発チームも徐々に自信をつけていきました。そして、リリース後の不具合検出時の対応フローの整理を行ったのちに、リアーキテクトされた出前館アプリは段階的リリースされました。リリース後に軽微な不具合報告はありましたが、致命的な不具合の報告はなく、12月にはすべてのユーザーに対し、アプリの強制アップデートが実行されました。現在では、全ユーザーがリアーキテクトされた出前館アプリを利用しています。

注意点

　本項では、読者のみなさんが出前館アプリリアーキテクトPJで採用したテスト戦略を参考にする際に注意する点を述べます。

　1つ目の注意点は、このテスト戦略が出前館のソフトウェア開発プロセスに依存している点です。テスト戦略はソフトウェア開発プロセスの影響を受けます。読者のみなさんが出前館のソフトウェア開発プロセスと近しいプロセスを採用している場合は、このテスト戦略が機能する可能性があるでしょう。しかし、そうではない場合はいくらか工夫をする必要があるでしょう。この点については注意して参照いただく必要があります。

　2つ目の注意点は、優先度の算出方法です。出前館アプリリアーキテクトPJは、モバイルアプリケーションのリアーキテクトプロジェクトでした。優先度の算出作業は、これらを踏まえて実施されました。特にソフトウェアの複雑さの評価方法は、GUIを持つモバイルアプリケーションの特性を考慮した算出方法です。テスト対象のプロダクトの特性によっては、別の方法でソフトウェアの複雑さを評価する必要があります。この点には注意が必要です。

　最後に、テストの話と直接関係はありませんが、リリース戦略に関して述べます。ISTQBが示すソフトウェアテストの7原則（参考文献1）では、「テストは欠陥があることは示せるが、欠陥がないことは示せない」とあります。この問題へ対処する方法の一つがリリース戦略です。出前館アプリリアーキテクトPJでは、段階的リリースという方法を用い、不具合があったとしてもその影響を最小限にする準備をしました。さらに、リリース後に不具合を発見した際の対応フローを事前にプロジェクト関係者で議論した上で整理をしました。このように、リアーキテクトという難易度の高いプロジェクトにおいては、テストに関する技術だけではなく、リリース戦略も活用し、ソフトウェアエンジニアリングの力をしっかり利用することが重要です。なお、リリース戦略に関しては本書第3章をご覧ください。

4-4 まとめ

　本章では、リアーキテクト（既存システムやソフトウェアの再設計や再構築）におけるテスト戦略例をその実践結果を踏まえて示しました。

　本章で示したテスト戦略は、テスト対象の機能ごとの優先度の算出とそれらのテスト分析を繰り返すプロセスを用いることで、効率的にテストプロセスを進

行する方法を示しました。リアーキテクトにおけるテストは、限られた時間の中で多数の機能を検証し、ステークホルダーの期待通りかの確認をする必要があります。本章では、選択的ソフトウェアテスト手法 (参考文献3) におけるテスト優先度決定手法を参考に優先度を算出し、算出した優先度を用いたテスト分析とその結果をテスト設計に反映するのを繰り返すプロセスを示しました。このテスト戦略は、限られた時間を有効に活用します。

リアーキテクトにおいて、多数の機能に対し、限られた時間の中でテストを行うことは容易ではありません。現在のソフトウェアは、リリース後も継続してアップデートされるので、多くの機能を持ちます。仕様書や設計書などをメンテナンスし続けることも簡単ではありません。十分なドキュメントもない状況で、多くの機能を持つテスト対象に対して限られた期間でどうテストをするべきか、悩むチームや組織は少なくないでしょう。本章では、こういったリアーキテクトにおけるテストの問題に対するアプローチの一つとなるテスト戦略の例をその実践結果とともに示しました。

本章では、筆者が所属する組織にて実施したモバイルアプリケーションのリアーキテクトプロジェクトにおけるテスト戦略とその実践結果を示しました。どのようなスケジュールでプロジェクトが進行し、リリースされたかを述べました。テストにおいて検出されたバグ件数の推移を示すグラフは、テスト終盤において不具合が収束したことを示しました。テスト戦略は、ソフトウェア開発プロセスの影響を受けます。読者のみなさんが、本章で示したテスト戦略を参考にする場合は、所属するチームや組織のソフトウェア開発プロセスと照らし合わせ、どのようなテスト戦略が適切か検討をすることが重要です。

出前館アプリのリアーキテクトプロジェクトをはじめる際に、出前館アプリの開発を担当するチームのマネージャとして最も悩んだことがソフトウェアの品質でした。今まで動作していた機能がすべて動作し、ステークホルダーの期待通りのソフトウェアを予定通りにリリースすることは簡単ではありません。そこで取り組んできたことが本章で示したテスト戦略です。無事にプロジェクトを終えることができたのは、共にプロジェクトに取り組んできた出前館アプリ開発チームとQAチームのメンバーのおかげです。ここに感謝いたします。

4-5 参考文献

1. 「テスト技術者資格制度 Foundation Level シラバス」https://jstqb.jp/dl/JSTQB-SyllabusFoundation_VersionV40.J02.pdf

2. Roger S. Pressman、Bruce R. Maxim 著／SEPA 翻訳プロジェクト訳『実践ソフトウェアエンジニアリング』オーム社、2021 年

3. 平山雅之、山本徹也、岡安二郎著『機能モジュールに対する優先度に基づいた選択的テスト手法の提案』電子情報通信学会技術研究報告、2001 年、vol.101、no.98、pp.1-8

4. Marco Kuhrmann、Philipp Diebold、Jürgen Münch、Paolo Tell、Vahid Garousi、Michael Felderer、Kitija Trektere、Fergal McCaffery、Oliver Linssen、Eckhart Hanser、Christian R. Prause 著『Hybrid software and system development in practice: waterfall, scrum, and beyond』ICSSP 2017: Proceedings of the 2017 International Conference on Software and System Process、2017 年、pp.30-39

5. Torgeir Dingsoeyr, Davide Falessi, Ken Power 著『Agile Development at Scale: The Next Frontier』IEEE Software、2019 年、vol.36、no.2、pp.30-38

6. 「React Native」https://reactnative.dev/

7. 「Flutter」https://flutter.dev/

8. 「Google for Developers，Flutter / AngularDart – Code sharing, better together」https://www.youtube.com/watch?v=PLHln7wHgPE

9. 小川秀人、佐藤陽春、森拓郎、加賀洋渡著『土台からしっかり学ぶーーソフトウェアテストのセオリー』リックテレコム、2023 年

10. Paul Baker、Zhen Ru Dai、Jens Grabowski、Ina Schieferdecker、Clay Williams 著『Model-Driven Testing: Using the UML Testing Profile』Springer Science & Business Media、2007 年

第2部

開発チームと生産性

第2部では、生産性の高いソフトウェアエンジニアリング組織とは何か、そしてそれを作り上げるための施策を紹介します。第1部で扱った「開発プロセスの改善」は言うまでもなく重要です。ですが、組織単位でその改善を実行するには、エンジニアリング文化の醸成が必要です。改善を根付かせる文化が存在しない状態では、せっかくの改善も一時しのぎのものとなってしまいます。一方で、文化が「強い」組織ならば、自分たちで問題点を見抜き、現実的な改善案で合意形成し、着実に実行することが自発的に行えます。そのようなスキル向上ができる文化を醸成しやすい組織設計やルールを目指しましょう。第2部では、スキルや文化が強いソフトウェアエンジニアリング組織を作るために何ができるかについて、組織の立ち上げや改善に直接携わってきた著者らが、それぞれの実体験や思考法を解説します。

ソフトウェアエンジニアリング組織として取り組むべき課題

ソフトウェアエンジニアリング組織全体にまたがる課題の代表的なものとして、大きく2つ挙げます。それは、**「ソフトウェアエンジニアの採用とスキル向上」** と **「開発プロセスの標準化と組織文化の改善」** です。

ソフトウェアエンジニアの採用とスキル向上

- 採用

  必要なスキルセットと既にある企業文化にマッチする人材を採用することは、組織の成功に直結します。チームメンバーとして必要なスキルセットは、プロダクトによらず、ソフトウェアエンジニア全体や開発領域ごとに共通であることも多いです。この採用基準とプロセスを統一することで、ミスマッチの回避や、採用に関する知見の共有ができます。

- オンボーディング

  メンバーが新しい環境に適応し、すぐに高い生産性を発揮できるようにするためには、体系的なオンボーディングプロセスが必要です。もちろん、具体的なセットアップ作業や必要なドメイン知識はプロダクトごとに異なります。しかし、それらの手順や知識を文書化する作業や、サポート体制の作り方などは、組織全体での共通化が可能です。

- メンバーのスキル向上のための施策

  より高い成果の達成や、技術トレンドの変化へ適応するためには、より新しく・

より深いスキルをソフトウェアエンジニア個々人が習得することが必要です。ソフトウェアエンジニアのスキル習得をサポートできる仕組みを組織単位で作りましょう。「スキル」には、プロダクト固有のものはもちろん、コンピュータサイエンス一般の知識やコミュニケーションスキルなど、プロダクトの種別にかかわらない汎用的なものも含まれます。汎用的なスキル習得をどうサポートするか、またドメイン固有のスキルの提供の仕組み（文書化やトレーニング）がどうあるべきかについては、プロダクトの領域をまたぎ、組織単位で統一することが好ましいです。

- **人事評価**
  組織全体で一貫性のある評価基準を設けることで、公平性と透明性を保ちつつ、メンバーのモチベーション維持とキャリア形成を支援できます。携わっているプロダクトだけで評価が変わることを避けるためにも、ソフトウェアエンジニア全体もしくは領域ごとの統一された評価基準が必要です。

- **等級（グレード）設計**
  統一された等級制度を設けることで、ソフトウェアエンジニアのキャリアパスを明確にできます。これにより、メンバーは自身の成長を可視化でき、他のプロダクトへの異動もスムーズに行えるようになります。

開発プロセスの標準化と組織文化の改善

- **開発基盤の標準化**
  組織標準の開発基盤（開発プロセスとその実行の必要なツールやフレームワーク群）を定め、必要に応じてカスタマイズすることで開発効率の向上を図れます。たとえば、プロジェクト管理ツール、文書管理ツール、CI/CD、コードのホスティング、クラウドプラットフォームなどは、各々のプロダクトで独自に構築するよりも、標準的な組み合わせを提供する方が効率的です。一方で、技術の進歩に対応し続けるには、新しいツールやフレームワークを試験的に導入することも必要になります。その場合、各プロダクトの独断で試験するよりも、導入を補助し、知識を集約するような仕組みを設けるのが理想的です。

- **生産性の計測・評価**
  より高い生産性を発揮するためには、どこがボトルネックになっているのかを発見し、それを改善できる体系性を作る必要があります。この計測から改善に至るまでのケーススタディを集約して一般化しておくと、他プロダクトにも応用することができます。

- **領域固有の技術的課題の解決**
  専門領域（例：セキュリティ、クラウドインフラストラクチャ）での技術的な課

題に対しては、専門知識を持ったチームを横断的に配置し、組織全体でのリソースと知見を活用することが重要です。

- **コミュニケーションの補助**
  以上のすべての課題の解決は、組織内での円滑なコミュニケーションを前提としています。課題や解決方法の共有はもちろん、トップダウンにルールを決める場合でも、聞き取りや説明を丁寧に行ったり、結論に至るまでの過程を公開したりすることが大切です。

誰がどう課題に取り組むか

第2部 開発チームと生産性

これまで述べてきたような事柄に対する施策は、最終的には組織全体に適用するのが理想です。しかし、施策が順調に機能するか分からない場合は、先に一部のチームで取り組んでみる方法もあります。一方で、人事評価などは組織で一貫性を持たせることが重要であるため、トップダウンで差異なく導入される必要があります。このように、課題とその施策の性質に応じて、誰がどう課題に取り組むかは変わります。ここでは、「1つの開発チーム内での取り組み」、「専門のグループによる活動」、「トップダウンによる意思決定」の3つのアプローチを紹介します。

1つの開発チーム内での取り組み

最終的には組織全体として解決すべき課題の中にも、まずは1つの開発チーム内から取り組める課題があります。たとえば、オンボーディングのドキュメント整備や、メンバーのスキル向上の施策、ビルド環境などの開発基盤の改善が当てはまるでしょう。チーム内の課題を現実的なコストで解決可能な例を実際に示せれば、その取り組みを一般化し、組織全体に拡大しやすくなります。取り組みに共感する人が増えることによって、次の「専門のグループによる活動」や「トップダウンの意思決定」に発展させることも可能です。

専門のグループによる活動

高度な専門性が必要な課題は、スペシャリストが集まったグループによって取り組むことが推奨されます。特定のテーマへの関心のもとで結成された横断的なグループは、コミュニティ・オブ・プラクティス (Community of Practice、

以下CoP）と呼ばれることもあります。CoPが結成されるテーマの例としては、セキュリティのベストプラクティスやコーディング標準、インフラストラクチャの最適化などが挙げられます。CoPのようなグループの存在は、組織の情報共有や技術的な一貫性を保つために重要です。

チームトポロジー[注1]の文脈では、複数のストリームアラインドチーム[注2]にまたがって支援するような、イネーブリングチームやプラットフォームチームの活動もこれに該当するでしょう。複数のチームをサポートする立場なら、そこに共通する課題を発見しやすく、その解決策も効率的に伝播させることができます。

トップダウンによる意思決定

セキュリティポリシーの刷新といった、抜本的かつ広範囲に及ぶ施策を行う場合、トップダウンによる意思決定が必要不可欠です。意思決定者には、CTO（Chief Technical officer）やVPoE（Vice President of Engineering）、ディレクターやエンジニアリングマネージャーが挙げられます。特定のトピックに関しては、先述の「専門のグループ」に意思決定を移譲することも多いでしょう。このような意思決定を適切に行うためには、意見の収集を十分に行い、議論の過程の透明性を確保することが重要です。

- 意見の収集

  立場が変われば見えることも、優先したい事項も異なります。一部の人しか気づいていない重大な問題を見逃さないためにも、広く意見を収集することが重要です。そのためには、心理的安全性[注3]の確保が必要となります。

- 意思決定の過程の透明性

  意思決定の過程が見えないと、その決定が妥当なものなのかが判断できないまま従うこととなり、結果として不信感を抱かれる場合があります。ある意見が採用されなかったとしたら、その理由まで分からないと、意見をした人の不満は解消されません。それだけでなく「何を言っても無駄だ」という感覚を持たれ、以降の意見の収集が難しくなる恐れもあります。議論の影響範囲が大きければ大きいほど、その議論を公開し、さらなるフィードバックを受けられる体制にすることは重要です。

注1　Matthew Skelton and Manuel 著／原田 騎郎，永瀬 美穂，吉羽 龍太郎 訳.『チームトポロジー 価値あるソフトウェアをすばやく届ける適応型組織設計』.日本能率協会マネジメントセンター，2021年
注2　1つのストリーム（仕事の継続的な流れ）に沿って働くチーム。ストリームには、仕事やサービス、機能一式、ユーザージャーニーやペルソナなどがあります。
注3　意見を言うことによって罰せられる・恥をかくといった不利益がないと信じられることです。

新たにソフトウェアエンジニアリング組織を立ち上げる場合は、ほとんど「何も決まっていない」状況から始めなければなりません。そのため、多くの施策をトップダウンに行う必要もあるでしょう。

各章の内容

　第2部の各章では、これまで見てきたようなソフトウェアエンジニアリング組織全体にわたる課題の解決について、それぞれの著者の実体験や思考法に基づいて解説します。

5章 実践エンジニア組織づくり

　5章では、エン・ジャパン株式会社のソフトウェアエンジニアリング組織を1から作り上げた過程を解説します。ここでは、組織の立ち上げにかかわる幅広い課題（採用や教育、制度や組織の設計に至るまで）をどう解決していったのかを知ることができます。ひとつひとつの課題に対してどのような解決法を「選択」していったのか、その情景も含めて追体験できる章です。

6章 エンジニアリングイネーブルメント

　6章では、ナレッジワーク株式会社で取り組んでいる、ソフトウェアエンジニアのスキルアップや成果向上の施策について解説します。目の前の開発プロセスに必要なスキルと、チームのスキルのギャップをどう埋めるべきかについてや、成果向上のためにどのようにドキュメントやツールを整備するか、そしてそれらの施策を誰が主導するべきかについて深く掘り下げます。

7章 開発基盤の改善と開発者生産性の向上

　7章では、開発基盤の改善に責任を持つ専門チームの立場から、生産性の定義や、開発基盤の課題発見と改善に焦点を当てて解説します。プロダクト開発チームから独立した専門のチームを組織した場合、プロダクト開発チームとの歩調が乱れるケースが散見されますが、このアンチパターンを避けるために、専門チームのメンバーがどう振る舞うべきかについても触れています。

第 5 章

実践エンジニア組織づくり

小澤正幸

この章では、エンジニア組織作りの実際について、採用や育成、制度制定や定着支援、そしてアジャイル開発チームを単位とした開発組織の編成などについて、筆者がこの2年ほどで、ほぼゼロから取り組んで経験したことを、記憶が新鮮なうちにケーススタディとしてまとめました。同じような状況に出くわした方に何かしら参考になる情報を提供できればと思います。他の章とちょっと雰囲気が違ってしまいましたが、お付き合いください。

5-1 なぜエンジニア組織を作ることになったか

筆者が所属するエン・ジャパンでは「エン転職」をはじめとする求人サイトを、インターネット普及の黎明期とも呼べる90年代半ばからサービス提供し、運用してきました。しかしながらこれまでは、社内に相応の規模のエンジニア組織を持たず、主立ったプロダクトについては仲のよい開発会社いくつかに開発と運用を頼む形でやってきました。

そんな中、次の会社の柱となるサービスの一つ「engage」については、やりたいことが多すぎて開発会社に頼むだけでは到底さばききれず、社内でも開発をしていけるようにしたい。いわゆる「開発の内製化」を進めていきたい機運が高まり、2021年末に縁あって筆者が入社し、これに取り組むことになりました。

筆者がやることになった経緯

筆者が開発の内製化に関わることになった経緯を少しお話しさせてください。元々筆者は、共著の石川たちと同じく、LINE株式会社（当時）に勤務するWebエンジニアでした。

そんな中で、「LINEキャリア」というLINEの中で転職先を探せるHRサービスに、サービス立ち上げからテックリードとして関わることとなります。そこで求人の提供元として協業したのがエン・ジャパンでした。「エン転職」や「engage」といったエン・ジャパン所有のサービスから求人情報の提供を受け、その求人に対して応募したLINEユーザーの情報を連携するなどといったシステム連携の開発を行いました。残念ながら「LINEキャリア」はサービスリリース後、数年でクローズとなるのですが、そんな中でエン・ジャパンの人たちや、また彼らが長く開発を委託している開発会社の方々とも直接やりとりして、仲良くなりました。特にその中でも、プロダクト開発を統括する取締役の寺田とは、筆者がLINEキャリアの開発から離れた後も、時折美味しいものを食べに行く仲になりました。

実を言うと、その頃から寺田から「社外だけでなく、社内にもエンジニア組織を作りたいのだけれどどうしたらできるのか」という相談を受けていました。それよりも前からかなりいろいろなことを試してはいたと聞いています。筆者自身は経歴上、自社開発をするためのエンジニア組織に長く身を置いてきましたが、実際にそれを自身で作ったわけではありません。しかし、採用や評価制度、報酬体系、定着の支援といったところで、人事やその制度の重要性については理解していたので、「Web系の会社で人事をやったことがあるような、その辺りの感覚が分かる人事担当者をまず入れた方がよいのではないか?」という話をしたことを覚えています。

そうこうしているうちにいろいろあり、筆者は具合を悪くして、しばらくソフトウェア開発の仕事から離れ、休養を兼ねてしばらく無職としてフラフラすることになります。人生そういうこともあるものです。休養によって具合はまあまあよくなって、そうすると働かないというのは思った以上に楽しい日々で、できればずっとそうしていたかったぐらいなのですが、貯えも底を尽きかけ、中々そうもいきません。そろそろ働かねばというタイミングで「うちで一緒にやろうよ、一緒にサービスを開発してたとき楽しかったしさ」と誘ってくれたのが寺田でした。そのしばらく前から「今の仕事のケリが付いたキリのよいタイミングで行くよ」とは言ってたのが、少し前倒しになった格好です。

改めて事情を聞いて、そういう状況であれば、自社開発の会社でエンジニアをしてきた経験が活かせるかもな、役に立てるかもなと思ったのが入社を決めた理由になります。わりと好きにやらせてもらえそうなので、上手くできれば、これまで勤めてきた会社のエンジニア組織のよいところ取りをして、いい感じのエンジニア組織が作れるかもしれないチャンスです。それに実際、寺田とサービス開発をするのは楽しかったですしね。

なぜ社内で開発したいのか

弊社に限らず、旧来のこの国では、あるいは世界的にもそうだったかもしれませんが、「事業会社」と「システム開発会社」は明確に分かれてました。ITとは関係のない事業をする会社が、ソフトウェアシステムを必要とするときに、システム開発会社にその開発や運用を頼む、という物事の進め方がほとんどでした。旧来といいましたが、今も業種によっては根強くその傾向が強いはずです。しかし今どきは、ITつまり情報技術、ソフトウェア、インターネット、そしてWebと無関係でいられる事業はどんどんと少なくなりました。また、ソフトウェア技術を出自とする、いわゆるWeb系企業と呼ばれる会社も、その事業領域を「インター

ネットの上だけで済むこと」から世の中全般に広め、その境目がなくなって来ていると言えます。そんな中で、これまで別の会社に頼んでいたソフトウェアシステムの開発運用を、社内でやろうという動き、つまり内製化を狙う会社が増えるのも、時代の必然と言えます。

ただ、一口に内製化といっても、なぜ内製化したいかは会社によってかなり思惑が異なり、いくつかに類型化できるようです。おおよそ次のようなところでしょうか。

1. コストダウンのため

基本的には、継続的に組織を持ち続けるなら、外注するよりも自分で人を抱えてやった方が安い、とはよく言われます。それを狙う場合があります。

2. 開発のスピードアップ

ソフトウェアを必要とする人と、それを作る人が近くにいた方が物事の進み方が速くなります。

3. 目的に合ったよいシステムを作るため

これも必要とする人と作る人が近いからこそできるといわれています。逆に、それが中々できないから、コストがかかったり、スピードが落ちたりするとも言えます。倉貫義人さんの『人が増えても速くならない』にとてもよいことが書かれています[注1]。

4. 任せきりにすることへの不安

ベンダーに任せっきりにしてしまったため、何かまずいことが起こったときに何が起こってるのかも分からない、適切な対処ができないということが、ままあります。その反動で内製化を狙う、あるいは少なくともベンダーコントロールができるようにエンジニアを置こう、という動きをする場合があります。

5. 社内に技術を蓄積するため

外注していると、いつまでたってもソフトウェア技術は社外にあります。これは特に、同じようなものを何度か作る場合に同じことを繰り返して、必要となるコストとして現れたりします。逆に、社内のソフトウェア開発技術に強みがある場合、それを持つエンジニアを抱えておこうとするのは自然な発想です。

注1　倉貫義人著『人が増えても速くならない〜変化を抱擁せよ〜』技術評論社、2023年、8章

6. ソフトウェアネイティブな会社に対抗したい

ソフトウェアを開発することありきから事業を興した会社は、総じて上記に書いたようなことが基本的には得意です。そこと張り合っていくために、これまでそうではなかった会社が、エンジニア組織を求めることがあります。

弊社の場合、前述のように元々社内にエンジニアを抱えるのではなく、仲のよい開発会社にサービスの開発と運用をしてもらっていた状況でした。非常にうまくいい感じにやってくれる会社で、先に述べた経緯の通り、筆者も入社前から知っていたのですが、単なる発注者と受注者というだけではない関係を築いていることには驚いたものでした。

しかしそうは言っても別会社、規模拡大などを望んでも中々こちらの一存だけでもどうにもならないといったところに、社内開発組織を別で抱えたい動機があったようです。強いていえば、2.の開発のスピードアップの側面が強かったと言えるのですが、たくさんのことをやるためには、内製組織での開発運用の引き取り（内製への転換）よりも、両組織で動いて、デリバリースピードを上げることが求められる局面もあり、そのことを実感しました。

筆者の場合、ある程度下地があったところから入ったので、その後の状況把握がスムーズに進んだ事情はあります。縁もゆかりもないところから、スカウトなどにより似たような立場に就く方も多い、いやむしろその方が普通だと思います。どのような状況であるか、何が内製化に求められているかをしっかり把握されることをおすすめします。

社員として採用する必要はあるのか

内製化とは言っておきながら、開発リソースの増強が目的であれば、そもそもエンジニアを社員として採用する必要はあるのでしょうか？　個人事業主のフリーランスエンジニアに準委任の業務委託を頼む、あるいは開発を頼む開発会社を増やす、などのアウトソーシング[注2]ではダメなのでしょうか。「採用するのはどうしても必要になる人、ポジションに限りましょう」というのはそれはそれで大

注2　大雑把には、人に働いてもらえる契約の中に、雇用契約と業務委託契約があります。雇用契約は業務委託契約と比べて、させられることが強い分、労働基準法などによる労働者の保護があります。業務委託契約にはそれがありません。その代わり、やってもらえること、求めてよいことには制限があります。指揮命令してよいかどうかもその一つです。業務委託契約の中に、大雑把に言えば、仕事の完成に対して約束をする請負契約と、業務の遂行に対して約束をする委任契約・準委任契約があります。委任契約と準委任契約の違いは、弁護士や行政書士に頼む法律行為かどうかで、ソフトウェア開発の局面のアウトソーシング契約は、一般には「請負契約の業務委託」か「準委任の業務委託」のどちらかになります。

事なことで、エンジニアのように求められる能力の移り変わりが激しい職種で、日本のように解雇規制の強い国では尚更かもしれません。この辺り、レイオフ、いわゆる解雇がしやすい国となるとまた事情が変わってきます[注3]。

労働基準法などの労働法制も関係してくるのですが、筆者としては、今の日本の法制の中では、手が足りていないところ、採用が間に合わないところをそういったアウトソーシングで補うことはあるにしても[注4]、組織の基礎を作っていくためにはエンジニアを社員として採用していくのが不可欠と考えています。

まず第一に、請負契約であれ、準委任契約であれ、雇用ではなく業務委託の契約で動いてもらう人については、指揮管理系統に置けない、置いてはいけないという大きな制限があります。そこを無理にどうにかしようとすると、労働者性があると判断され、偽装請負と見なされる、といった問題も出てきます。近年、株式会社タニタの取り組み[注5]などがよく知られていますが、副業の解禁などとセットで、社員であった人に、個人事業主に転換してもらい業務委託契約で働いてもらうケースも増えてきています。エンジニアの場合、個人事業主として独立して最初の仕事が、元の勤務先の仕事を受託すること、というのも時折目にします。しかし、指揮管理系統に置けないはずの人に、指揮や人のマネジメントや育成を担ってもらうのは、見解は分かれ、法が整備されていく領域だと考えていますが、現時点の筆者には憚られます。

また、会社としてプロダクト作りをしていると、「会社やプロダクトとして実現したいヴィジョン」「組織として醸成したいカルチャー」といったものがあり、そこにコミット、つまり乗っかって欲しいときというのがどうしてもあります[注6]。実態としてはそこに賛同して乗っかってくれる社外の方もいます。それはとてもありがたいことなのですが、全員が全員そうではありません。これを、業務の遂行以上のこととして、外部の方に求めるのは、求めすぎ、筋違いであろうとも考えています。その点でも社員であるエンジニアには、そういったヴィジョンへのコミットやカルチャーの醸成に必要な程度はいてほしいものです。

筆者個人の考えとしては準委任で業務委託をお願いするのは、委任契約である顧問弁護士を頼むようなものだと捉えています。法務部が管理職含めて全員、顧問弁護士という会社は、頼りにはなりそうですが、ちょっとやりにくそうですよね。

第2部　開発チームと生産性

注3　たとえばそういった国では、必要がなくなれば解雇できることとトレードオフで、エンジニアの給与水準が高くなる状況もあります。

注4　実際のところ、筆者が入ってからの2年で、参画してもらっている業務委託エンジニアも、開発ベンダー会社も社員採用とともに増えている状況です。

注5　谷田千里、株式会社タニタ編著『タニタの働き方革命』日経BPマーケティング、2019年

注6　本書第7章にある「夢を語る」を参照してください。

メガベンチャーから転職したら
エンジニアが10人と少しの会社

さてさて、入社してみると、社員は1500人ぐらいいる会社なのですが、ほとんどが営業職の人たちで、ソフトウェアエンジニアの社員は10人と少し。そして業務委託で入ってもらっているフリーランスエンジニアが10人ほど。しかも筆者の入社早々、既に決まっていたということで退職者が2名出るところからの始まりです。エンジニア部門だけ見ればスタートアップのようなものです。1000人規模でエンジニアがいた前職とは、何をやるにしてもかなり勝手が違ってくることが容易に想像できました。そもそもできるのかしら、これ？

ただ、他社で内製化を成し遂げたCTOなどに話を聞くと、本当に一人目のエンジニアとして入って、数百人規模の開発者組織を築き上げたという方も何人かいて、心底すごいなと思いますし、それに較べたらいくぶんかはイージーモードのようなものです。中途入社者によくあることですが、ある程度のことは事前に話もしていたとはいえ、入社したら「さて何をやろうか」という迷いは出るものです。寺田に「何やればええの？」と尋ねてみたところ「VPoE」というとてもシンプルな答えが返ってきましたので「様子を見て、為すべきと思うことをやってくれ」という意味に受け取りました。

その時点で社内の開発部門では、比較的小規模のサービス2つを立ち上げから内製開発し運用していました。そこから、もとは開発会社に作ってもらったHRサービス「engage」の開発運用を、社内に引き取るべく、それに人員を集中させたばかりというタイミングでした。システムの規模、コードの量からすれば、少人数でシステムの面倒を見て、やりたいことがたくさんあるなら優先度付けして、時間はかかるかもしれないけど、順にこなしていく運用の仕方もありえたと思います。実際、前職では、少数精鋭の1チームで1つのサービスを抱え持つスタイルが主流でした。

しかしこの「engage」、お金の取り方、いわゆるビジネスモデルがこれまでの求人サービスとは違うなどに起因して、探索的に、試行錯誤的にやりたいこと、やっていかないといけないことが山ほどあります。たくさんのことを限られた時間の中でやりたいなら、少数精鋭とはいえできることには限界があります。闇雲に人数を増やせばよいというわけではありませんけれど、今どきはエンジニアを増やさないことには何もできません。

多分今、筆者がここでまずやらないといけないことは、設計や実装、そして運用といったWeb開発に実務者として入ることではない。そういったWeb開発がきちんとできる人をもっと増やしていく、そもそものエンジニア組織作りであろう。

まずはエンジニアが入ってきて、抜けていかない組織を作らねばと、いきなりの2名退職も受けて決心しました。同時に、前職でもまあまあプレイングマネージャーではあったのですが、こちらではマネジメントに専念しようと覚悟を決めました。開発実務はもうお腹いっぱいになるまでやりましたし。とはいえ、その後も技術選定からバグ探し、その他パフォーマンスチューニングなど、実務的なことも時々することになるのですが、それはまあそういうものです。

　一方で、ガンガン内製開発をしてきた会社から、こういった開発は他社に頼む会社に身を移してみると、違いとして目に付くこともいろいろとあります。何社かの気を利かせてうまくやってくれる会社に頼んできたとは言え、根本的には受発注を介して開発運用を頼んでいる間柄です。たとえば非機能要件の改善など、エンジニアからすれば当たり前のように必要と思えることが、発注されないまますぽっと抜けているということも珍しくありませんでした。そういうことはどうしても何かシステムが停止する障害であるとか、目に見える問題になってからようやく対処するなど、後手後手に回りがちです。また、開発を頼むにしても少なからず敷居が高かったのでしょう。「それ、開発に頼んで作ってもらえばよいのに」ということでも、できあがったものを使い倒す、いわゆる「運用でカバー」でどうにかする傾向も感じとれました。

　少し話が逸れますが、エンジニアが判断して動ける枠が少ないというのは、受託開発につきもののようで、これはエンジニアと面接を重ねる中で、クライアントワークをしてきた方々から転職理由などを聞いても窺いしれたところです。エンジニア観点でシステムを見たときに、継続的な開発のためにやった方がよいと思えることがあっても、それは頼まれたことでなかったり、中々そう動くための予算が組まれていなかったりしがちのようです。そうするとエンジニアのフラストレーションにも繋がりますが、なにより、よいシステム、サービス、プロダクトを持続的に開発運用するというところから離れてしまいます。

　筆者が身を置いてきたエンジニア組織には、ある程度エンジニア判断で動ける枠を作り、「これはやらんとなー」ということは、エンジニア主導でやるカルチャーが自然にありました。会社の狙いとは少し違うところになりますが、筆者自身の思惑としては、そういった「頼まれてないこと」をきちんとできるエンジニア組織にしていこうと決心します。まあ、余計なことをやっているように見えても、ほんの少し長い目で見れば回り回ってみんな幸せになるはずです。

社内でサービス開発ができるようになるには何をすればよいか

　さてさて、そんなこんなで社内エンジニアチームによる開発の引き取りが始ま

ります。

　最初はかなり教科書通りのスクラム開発を導入して、システムの一部案件の実装を行うところからでした。元々開発してくれていた旧知の開発会社のエンジニアにもフォローに入ってもらっています。スクラム自体は一見うまく回っているようであったので、チームに任せつつ、採用活動など他のことをしていたのですが、その段階でできていることとして、開発タスクをチケットにするところと、それの実装をするところだけからの始まりでした。

　つまり、次のような状況です。

1. 案件、企画をまとめてスクラム開発チケットの起票は弊社で行う
2. 画面デザインを（これまで通り）開発会社デザイナーに頼んでやってもらう
3. 設計の相談を弊社エンジニア、開発会社エンジニアと行う
4. 実装を弊社エンジニアが行う
5. 開発会社エンジニアにレビューをしてもらう
6. （これまで通り）開発会社QAに検証をしてもらう
7. （これまで通り）開発会社エンジニアにリリース、デプロイをしてもらう
8. 運用フェーズで何かあったら開発会社エンジニアに（これまで通り）見てもらう

「Oh, 実装だけできても内製化とは到底言えぬ」と痛感しましたし、どうしても会社をまたいで仕事が行ったり来たりするところに時間やコミュニケーションのコストがかかっています。この立案からデザイン、設計、開発、検証、運用までのサイクルを社内だけで回せるようにせねばと固く決意し、そのために動くことにしました。さっきから、決心や決意が多いですね。

5-2　兎にも角にも採用

　社内で開発を回すためには、まずは採用です。Webエンジニアも、デザイナーやQAエンジニアといったそれ以外の専門職種の人もWeb開発には必要で、エンジニア以外は社員が全くいないところからのスタートです。

エンジニアフレンドリーな会社にするために

　さて、会社によって「技術職が強い会社」「営業職が強い会社」「デザイナーが強い会社」など、いろいろあると思うのですが、入社して分かったエン・ジャパ

ンは圧倒的に営業職の色が強い会社でした。1500人いて、1000人以上が営業担当なのですから当然とも言えます。総合職新卒採用で営業職を経験してから、企画や人事など他の職種に回る人が多いことも影響していそうです。いわゆるWeb系のテックカンパニー、メガベンチャーといった会社とは趣を異にしておりました。

　ここからなんとかこの会社をHRテックカンパニーっぽくしていかなければ、Webエンジニアは寄りつかないでしょう。申し訳ないけど変えていかなければいけません。幸い、そういったところに大きな影響を持つ、経営層や人事の方々は、エンジニア採用を優先度の高い事項と捉え、専任の人事担当者を立てるなどして、非常に前向きに社内制度などを変えてくれました。その中からいくつかを紹介します。

▶ 専門職向けに等級・評価・報酬制度をつくる

　従前のエン・ジャパンは、総合職採用を前提に、等級制度やそれに対応する給与テーブルが一枚しかない状況でした。そこで何が起こっていたかというと、等級から定まる給与と、エンジニアを含めた専門職に対しての市場価値によって決まる給与相場が乖離していました。等級制の方に合わせるとエンジニアを採用するのが非常に困難で、市場価値の方に合わせると等級定義と整合せず、どちらを選ぶかとなると給与は市場価値の方に合わせて出すのですが、それによって定まる等級、そしてそこに求められる能力が全く噛み合っていない形骸化した状況になっていました。また、等級制もいわゆる総合職的なソフトスキル、ビジネススキルと、営業職に馴染みやすい成果の達成度を重視したもので、エンジニアを評価する上で重要な、技術面でのハードスキルなどの観点を盛り込みにくいものになっていました。

　そこで他のWeb系企業が公開しているグレード定義なども参考に、専門職向けの等級制度を設け、Professional Gradeの略でPGと名付けました。会社によって、5段階〜7段階ぐらいと段の数にはある程度の差があるようですが、ひとまず筆者のところでは大雑把には表5-1のような5段階にしています。各段階に求めることは、紙面の都合で大雑把な書き方をしていますが、弊社のエンジニア採用サイト[注7]には現時点でのそれを公開しています。

　今後、段の数が、減るということはないにしても、増えることはあるかもしれません。3段階目まではジュニア、メンバー、リーダーと上がっていき、4段階目から、マネジメントラインと、ハイプレイヤーラインに分かれることを想定した

ランク付けとなっています。いわゆるＹ字キャリアと呼ばれるものであり、「マネージャーにならないとお給料が上がらない」会社にはしたくないなと思ってのことです。

表5-1　等級制の大雑把な説明

PG	職位	大雑把な要件
5	シニアマネージャー／プリンシパルエンジニア	開発組織全体をマネジメント／技術面でリードできる
4	マネージャー／スタッフエンジニア	複数チームをマネジメント／技術面でリードできる
3	リーダー	チームをリードできる
2	メンバー	独り立ちしている
1	ジュニア	上司・先輩のサポートが必要

とはいえハイプレイヤーというのがどういう人であるべきか、中々難しいのも事実です。これまで勤めてきた会社組織においても、そういったハイプレイヤー的な職位はありましたが、どんな人がいたか思い返してみると、「どうすればそうなれるのか想像さえ付かない凄腕エンジニア」か、さもなくば単刀直入に言えば「どうしてもマネジメントが向いてなかった人」のどちらかで、順当にキャリアを積んでいくと、筆者もそうでしたが、どうしてもマネジメント寄りになってしまいます。

　ハイプレイヤーと言っても一人きりで仕事をするわけでもなく、一人二人は「弟子」のような若手を育成するでしょうし、マネージャー的な役割との線引きは、今のところ0:10だったり10:0だったりでスパッと分かれるものでもないだろうと考えて、一旦はその両方を織り交ぜた職位の定義をしています。そんな迷いもある中で、その名もズバリ、『スタッフエンジニア』[8]という本が出たのでそれを参考に、どういう人であるべきか、どういうことができる人であるべきかというのを探っているところです。この本を読んでも、その分岐点はテックリード／チームリーダーの上にあり、まあ大きくは間違っていないのかなと考えていますし、若手エンジニアにも、「まずはテックリードを目指してみてね」という接し方をしています。

　そういった課題はありますが、この等級制度の制定を、採用活動と並行して行ったため、中途採用で入ってきた人を含め、エンジニア陣には「何をすれば、できるようになれば、キャリアやお給料や職位が上がるのか非常に分かりやすくなっ

注8　Will Larsen 著／増井雄一郎解説／長谷川圭訳『スタッフエンジニア マネジメントを超えるリーダーシップ』日経BP、2023 年

た」と好評でした。とはいえ、こういったものは、具体的に書けば書くほど、エンジニアの中でも特定の領域の人に向けたものになりますし、放置しておくとあっという間に陳腐化します。「できたての制度ということもありますし、継続的に見直していきましょう。職種が増えたら、その職種のための定義を書きましょう」というのを念頭に置いて運用しています。

▶ 給与設計をする

等級が決まったら、それに対して給与レンジを設定します。設定の仕方には図5-1のようにいくつかのバリエーションがあるようです。

1. 等級あるいは更にそれを細分化した副等級に対して、固定額を定めるケース
2. 等級に対してレンジを設定するケース
    1. 等級間でギャップがある
    2. 連続するが重ならない
    3. オーバーラップがある

図5-1　等級と給与設定のバリエーション

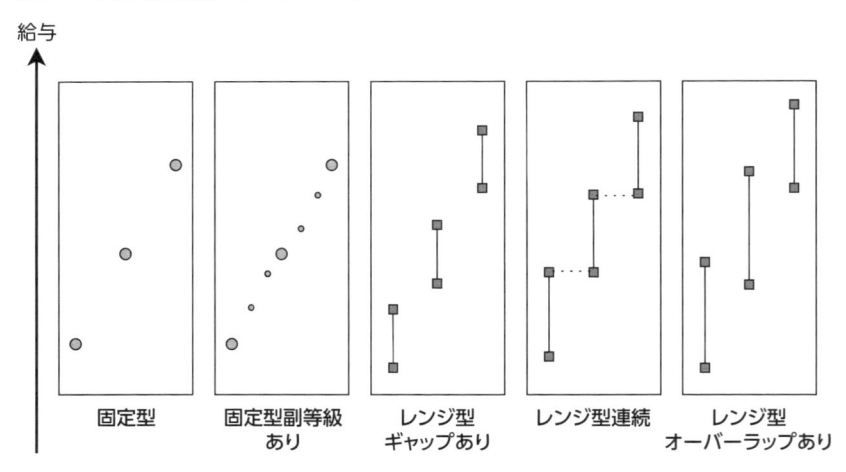

弊社では2-3で設計し、「Web系の他社と比べて、圧倒的にというのは無理にしても、お給料がよい目の会社にしよう。特に若手に」ということを念頭に置いて金額を設定しました（金額は非公開）。

オーバーラップを設けた意図としては、スキルや立ち位置を基準においた等級に対して、エンジニアの中でも専門領域や、技術トレンド、時期によっても市場価値が変動するため、そこをある程度柔軟に対応できるようにしたかった意

図があります。中途採用で特に顕著ですが、採用できるかどうかを優先すると、前職年収や希望年収、他社提示年収などに最初の給与提示額は引きずられてしまいがちです。そこをある程度は融通を利かせられるようにしつつ、しかし何もなかった頃よりはかなりフェアにできるようにはなりました。

とはいえ、そもそも職務経歴書と面接だけで、その人の能力を完全に見極めるというのも、難しいことではあります。

▶ 採用ページの作成

弊社は元々、人を探す企業の魅力を伝える求人文面を書くのが本業とも言える会社です。そこで社内でも腕利きのライター職の人達とコンテンツを考え、エンジニア採用ページを制作してもらいました。これを見てエンジニア求人に直接エントリしてくれる人が出ることももちろん狙っていますが、それ以上に、エージェント紹介などでエントリしてもらった方に読んでもらうことで、組織の考えや雰囲気を掴んでもらうのにも役立っています。

社外に情報が出るのは大事だなと思っていて、この本への参加も、実のところその動機の半分ぐらいはそういう魂胆があってのことです。技術ブログなども始めたのですが、中々こちらは三日坊主になりがちで、定期的にがんばろうとしています。

中途採用と新卒採用

さて、そういった制度作りと並行して、採用活動を進めていきました。会社としてはエンジニア採用はこれまでもやってきたのですが、制度作りと相まって、本格化してきたのがここ2年でした。

エンジニア採用には大きく分けて、中途経験者採用と新卒一括採用があります。新卒採用はある程度、育成の基盤が整ってからやるのがセオリーです。率直なところ、筆者が入社した時点では、かなり時期尚早に思えたのですが、入社した時点で既に「ダメ元で動き始めてみよう」という取り組みが始まっており、両方を経験することになりました。

▶ 中途採用

まずは、中途採用についてです。筆者はこれまでも面接官などとして、採用業務の一部には関わってきましたが、ここまで本格的に採用活動に関わるのは初めてです。

エンジニア採用はとても難しく、今も昔もいろいろな本が出ていますが、昔

読んで面白かった、そして深く共感を覚えたジョエル・スポルスキーの『ソフトウェア開発者採用ガイド』[注9]を読み返し、その通りに実践してみました。すなわち、採用すべきは原書タイトルでもある「頭がよくて」「物事をなしとげられる人」(Smart and Gets Things Done) です。ある程度成熟した組織になってくればともかく、組織の初期段階においては重要なことです。

スポルスキー来日時のWebインタビュー記事[注10]によると、「もうひとつおまけのルールがあって、それは嫌なやつでないということです。おまけだと言ったのは、会社によっては嫌なやつでもかまわず採用し、それで問題なくやっているところもあるからです。」だそうです。

このおまけルールについては、Netflix社が掲げる"No Brilliant Jerks"[注11]にも通じる面があり、「そういえばいたなー、Brilliant Jerks (筆者も含めて)。」と、これまでの会社での同僚のうちの何人かを思い浮かべたりもしましたが、弊社でもそれは方針に加えることにしました。元々、「なんか性格のいい人が多い会社だな、そういう人を採用しているのかな」と思うことが多々あり、そこはエンジニア組織においても保とうと考えたからです。今のところ、選考でそこまで「嫌なやつ」っぽい人に出会ったことはありませんが、これは主に面接や、リファレンスチェックをサポートしてくれる自社サービス「ASHIATO」を活用して見ています。

具体的にはこれまでの職務経歴で、「何か必要、やるべきと考えたことを自分でゼロから、場合によっては逆境にも耐えて、開発プロセスやそのプロダクトに取り入れた人」を高く評価しました。弊社のような段階にある組織の場合、クライアントワークから、自社サービスの開発運用エンジニアに転身したい方が、多く当たってくれます。そんな中でもそういったことをやったことがある方は少なからずいるものです。いわゆる「自走できる人 (できそうな人)」「勝手に動ける人」ですね。エンジニア採用の世界では「一人称で動ける」という謎の言い方もあるようです。

具体的な動き方としては特別なことはしておらず、優秀な人事担当者の方たちと、求人票を書き、それを元にエージェントからの紹介を受けたりスカウトを送ったりしつつ、エントリしてくれた候補者の方と面接をたくさんしました。弊社ならではの特殊事情としては「engage」「エン転職」「AMBI」など、自社のサービスも

注9 Joel Spolsky 著／青木靖訳『ソフトウェア開発者採用ガイド　優れた技術者の集まる会社にする方法』翔泳社、2008 年
注10 「Joel に聞く、「優れた開発者」の要件・心構え・努力すべきこと - CodeZine」https://codezine.jp/article/detail/2292
注11 「優秀だけど嫌なやつは要らない」の意味。「Netflix Culture — The Best Work of Our Lives」https://jobs.netflix.com/culture などに記載があります。

活用できる状況があり、そこからエントリしてもらい入社に繋がった人もいます。

　最初のうちはかなりの割合で辞退され、一喜一憂もありましたが、エンジニア組織が段々大きくなるにつれ、一定割合で採用ができてくるようになりました。エンジニアの気持ちは理解しているつもりなので、エンジニアが働きたくなるような環境を醸成できて、それが伝わっているのかもしれません。

▶ 新卒採用

　新卒採用と中途採用を比較したとき、新卒採用のメリットとしてよく挙げられるのが「同じタイミングで入社できる人を一括で大量に採用して、一律に教育できる」ことですが、そんな教育と受け入れのキャパシティーはありません。これは違います。次に挙がるのが「企業文化に馴染ませるのがやりやすいかどうか」です。他社を知っていると馴染みにくい特殊なカルチャーに、言い方はよくないですが洗脳的に染め上げたいときなどに使われます。しかしどちらかと言えば、一般的なWebエンジニアの世界とそれほど乖離していないエンジニアリングカルチャーを他社からの中途入社者を中心に作り上げていこうという段階ですので、そこはあまり狙いませんでした。社員には、そういったカルチャーに乗っかってきて欲しいというのは先にも書いた通りですが、プログラミングがとにかく好きそうな人であればそこにミスマッチすることはなく、無理やり刷り込んで合わせる必要もなく、自然と乗っかってくれて大丈夫だろう、ぐらいに思っています。

　どちらかというと、これはかなり後付けに近いのですが、やはり『ソフトウェア開発者採用ガイド』にある

- 優秀な人は滅多に転職しない。あるいは転職するときも人脈を使うことが多く、転職活動をしないことも多い。つまり、転職市場に現れない優秀なエンジニアの層がある。しかしそういう人でも、大学を出るときに一回は就職活動をするので、狙い目。
- 優れたプログラマーは、就職するよりも前から、プログラミングに触れ、十分習熟している場合が結構ある。

といった指摘は、「その辺りはやっぱりあるよなあ」と考え、これを目的としました。また、最近よく言われることとして、コンピュータサイエンス専攻、特にAI領域に習熟した学生を採用するには、現時点では中途採用より学生を採用した方が人を集めやすい、とも言われています。いずれにしても、なぜ新卒採用をするのかには、明確な理由を見出しておくことをおすすめします。

　筆者が入社早々の2021年末から始めた、その時点でのB3、M1を対象にした

2023年度新卒者採用活動では、内定辞退も見越して10名を採用しました。選考の一環として、一週間の有給短期インターンシップを実施し、オンラインでの会社見学をしながら、人工的な開発課題に取り組んでもらいました。本当は実務的な開発タスクを選び取って振り分けて、そこに当たって欲しい気持ちがあったのですが、期間と、選考課題という側面もあることから、ある程度同じことをやってもらう必要があってそうしました。

中途採用の場合は、どういった仕事をしてきたかという話を聞くことが、能力や経験、チームの中で上手く動けそうな人か、といったことを見極める材料になります。しかし学生の方のそういった能力を測ることは中々難しいものです。短期インターンシップでは小さめの開発課題に取り組んでもらいながら、実装の進行に合わせて、プルリクエストを出してもらい、社員エンジニアのコードレビューを受けてもらっています。ここでのコミュニケーションは、判断材料の不足をかなり補ってくれましたし、実務に近い経験ができるということで、インターンシップとしても概ね好評だったようです。

そんなインターンシップを経て内定を出した面々は、全員が何かしらのプログラム経験を持ち、チーム開発の模擬戦をこなしてくれた人たちです。幸いほぼ全員入社してくれて、今や優秀な若手エンジニアとして活躍してくれています。その優秀さを見ていると、やはり新卒採用は、予算と育成キャパシティーが許す限り、ある程度の人数を採用し続けるつもりで継続したく思うものです。受け入れるキャパシティーは急に増えるものではありませんし、むしろエンジニア組織として、人数だけの観点ではどこかで飽和するときも来ると思います。しかし、新卒で入ってきたエンジニアには1年後に後輩を作って先輩にするのが、先輩後輩双方の育成にも繋がると考えています。また、弊社にいわゆる新卒カードを切って入ってきてくれるエンジニアには、先輩と同期と後輩がいる状況を作りたいと考え、毎年2名以上の採用は継続したいと考えています。

▶ 魅惑の未経験者採用

エンジニア採用は難しいので、未経験者を採用してしまいがちです。現時点で弊社では、全くプログラミングをしたことがない人を採用して育成するのはまだまだ荷が重いと考えて避けています。

中途採用では、職業経験としてのエンジニア未経験者は採用しないことにしています。新卒採用でも、コンピュータサイエンスの専攻、あるいはダブルスクールなどでプログラミングを習得していることなどを条件にして、いくらかはプログラミングができることを求めています。

かつて勤務していたある会社では、プログラミング経験者ももちろん採用して

いましたが、全くプログラミング経験がない学生も採用していました。入社後の研修でプログラミングを教えて、できるようになった人はそのまま開発者になっていく、できるようにならなかった人には違う仕事をしてもらう、という採用の仕方をしていました。その会社のように、それが充分に機能して、ビジネスとして成立する、研修体制を備えた会社もあるかとは思いますが、弊社はまだそういうことができる段階にないな、というのが現時点での正直な考えです。育成しきれないジュニアエンジニアを入れてしまうと、お互い大変になってあまり幸せにならないと考えてそうしています。

エンジニアだけ増えてもよくない

そんなこんなでエンジニアの採用は難しいといわれる中、2023年末で社員エンジニアが40人を超える組織になりました。この本が出る頃にはもう少し人が増えていると思っていますし、まだまだ大きくしていきたいところですが、中々の規模です。しかし、そんな中で、エンジニアだけが増えてもやりにくいことがいろいろあると分かってきました。

今どきのWeb開発は、天才プログラマーが一人いればできるというものではありません。プロダクトマネージャー、プロジェクトマネージャー、デザイナー、QAエンジニアなど、異なる専門性を持つ多くの職種の人の協調作業の結果として作られるものです。ともすれば、チームを組んで動いてもらう上で、特定職種の人が足らず、その職種の人に負荷が集中することが起こりがちです。場合によっては職掌外なのですが、申し訳なさを覚えたりします。

このバランスを保って組織を大きくしていくということは、今なお大きな組織課題です。

5-3 定着と育成

さて、エンジニアが入ってきてくれても、すぐに人が辞めて他社に行ってしまうエンジニア組織では意味がありません。定着は重要な問題です。また、若手エンジニアに対して特に言えることですが、その間にできることを増やしていってもらう、つまり育成も大事です。

Web系エンジニアの流動性は比較的高く、1つの会社に3年いると十分長くいるように思われます。5年いると、よほど水が合ったのだろうと見る風潮さえあるぐらいです。筆者自身もそうやって数年おきに会社から会社へと渡り歩いて

きました。

　給与や福利厚生、適切な業務量に長時間労働の回避といった、いわゆる衛生要因も当然重要ですが、優秀なエンジニアの転職理由を思い返してみると、どうもそればかりではありません。3年で別の会社に行くのがデフォルトである人たちの在籍期間を、多少なりとも伸ばすためにできることはないのでしょうか。

オンボーディングは大事

　気が早いかもしれませんが、入社した日から、あるいはその手前から、定着のためにできることはするべきです。早期離職という言葉が指すように、ひどいミスマッチはかなり初期の段階で明らかになり、そのまま離職することもあれば、たとえ離職にまでは至らなくとも、くすぶり続けることも多いからです。

　そのために筆者としては、新しく入ってもらう方に「入社後まず何をやってもらうかと、中期的にどういうことをやって欲しいかは分けて話す」「経験者採用といえど、即戦力になることを期待しない」「新しいことをやるときは十分に習得の時間を持ってもらう」といったことは心がけています。そうは言いつつ、いきなり活躍してくれる人もいます。それはそれで「ありがたいなー」と思って褒め称えています。

　筆者自身の転職経験や、新規のプロジェクトに投入されたときのことを思い返してみても、手前の仕事にどれだけ習熟していて、エンジニアとしてスキルが高かろうとも、それはかなりの部分が慣れによるもので、新しいコードベースの上で仕事をするというのはやはり相当に負荷が大きく、最初はそこに馴染むので手一杯になるからです。

　また、入社してしばらく何をやってもらうかについては入社前から丁寧に説明するつもりにしています。どういう仕事が合いそうか、好きそうかを面接で話を聞きながら想像します。そして、合いそうな仕事の目算を付けながら採用し、入職してもらいます。そうすることで、入ってもらう人が感じる「聞いてたのと違う」と感じるギャップが、できるだけ少なくなればと思っています。

▶ ブートキャンプチーム

　複数チームで開発組織を回していると、開発がうまくこなれてきてスクラム開発などをうまく回せているチームと、開発の難しい局面や、色んなことを切り開いていかないといけないフロンティアな領域に取り組むチームとにどうしても分かれていくものです。もっともなところ今の弊社の開発は比較的全部フロンティアなのですが、それでも差が出てきます。

ゆくゆくはフロンティアで切り開く仕事をして欲しい人にも、まずはうまく回せているこなれているチームに一時的に入ってもらいます。そこでうちの開発組織の標準や、システム全体のことや大まかな状況などの把握に努めてもらいます。その後、フロンティアな領域に、場合によってはチームリーダーとして回ってもらうことにしています。

　その慣れるためのチームのことを、内心ではブートキャンプチームと呼んでいます。

定着のためにできそうなこと

　筆者が現職に入社してまだ2年と少しなので、そこから採用したエンジニアの方々のほとんどが在籍2年未満ということになります。そのため、定着についてはあまり大それたことは言えないのですが、衛生要因以外で、エンジニアの定着に大事そうに思えることを3つ紹介します。

> 1. やりたそうな仕事を渡す
> 2. 新しいことをしている
> 3. 自分よりすごい人がいる

　逆を言えば「やりたくない仕事をして、新しいことは何もなく、自分よりすごい人もいない」というのは、確かに離職しそうですよね。

▶ やりたそうな仕事を渡す

　ソフトウェアを開発するのは、それを趣味でやる人もいるぐらい、本来的にはものづくりの楽しさなどを含んでいる行為です。しかしながら我々にとってソフトウェア開発はお仕事ですので、楽しいことばかりではありません。どうしても誰もやりたくない種類のことをやらねば物事が前に進まないときというのはありますし、そういったことをやって培われる能力もあり、それを否定はしません。そういう「誰もやりたがらないけれど誰かがやらないといけない仕事」を引き取ってうまく進めるのが得意な方もいます。

　しかし基本的にはエンジニアは、エンジニアリング、狭義にはプログラミングなどがやりたくてエンジニアをやっている人たちだと考えています。偏見かもしれませんが、そう捉えています。そういった人たちに、その人たちがエンジニアリングと考える以外の、気乗りのしない仕事ばかりをアサインし続けるとどうなるでしょうか？

その人の思うエンジニアリングに集中できる仕事に転職してみようと考えても不思議ではありませんし、このエンジニア不足のご時世、そういった仕事は実のところたくさんあります。それも腕のいい人であればあるほど。Webエンジニアの仕事ってこういうことをやることだよね、と誰からも異論のない範囲の仕事はやってもらう必要がありますが、そうでないやりたくないことを、（長期にわたっては）させられない職業だと思って、なるべくその人のエンジニア職業観の中で、エンジニアとしてやりたい仕事が渡るように気をつけてはいます。アサインされた仕事に不満をもらす、というのはともすればネガティブに捉えられるのではないかと、内心に抱え込みがちです。「やりたくないなーと思うことばかりやってる状況があったらアラート上げてください」とは伝えてあります。

その上で「誰も拾いたがらない仕事」を拾ってくれる人には、感謝と評価を返しています。そういった人たちが、結局のところリーダーやマネージャーになっていきがちで、またその適性もあると言えます。たとえばサービスの立ち上げ開発などにおいては、そんなエンジニアリングなのかなんなのかよく分からないけど、それをやらないととにかく前に進まないような仕事だらけだからです。一時的にそういうことをお願いするとしても、中長期キャリアとして、あるいは今すぐに、リーダーやマネージャーになりたいかどうかというのは聞くことにしています。できそうな人にやってもらいがちにもなるのですが、それでも希望には添いたい気持ちと、誰かにやってもらわねばならない気持ちとがせめぎ合います。

▶ 新しいことをしている

DRY（Don't Repeat Yourself）などとも言われるように、エンジニアリングは繰り返しを嫌う仕事です。そういった繰り返しはプログラムにやらせるべきです。そのため、きちんと回っているエンジニア組織には「前にやったのと同じような仕事」というものは理論上は少なく、日々新しいことをしなければいけない毎日が刺激的なお仕事……のはずではあります。しかしどうしても現実には「前にもやったなー、これ」ということはやればやるほど増えてきて飽きに繋がります。

それを防ぐには新しいことをやるべきです。それは必ずしも、世界で誰もやったことがないことを意味するわけではありませんが、少なくともその人にとって新しいこと、できれば組織の中でも新しく、周りに誰もやった人がいないことぐらいには挑めるようにすべきかなと考えています。

これに関連して、技術選定でつきものの「枯れてる技術を選ぶべきか、新技術に飛びつくべきか」。もちろん、適切なバランスを取れるようになるのが、優秀なテックリードの条件と言っても過言ではないのですが、レガシー気味のコードに対して技術負債を返していかなければという状況の中では、新しいものを取り入れる

方向に少し倒してやってもらっています。

▶ 自分よりすごい人がいる

エンジニア組織の中で、周りを見回しても自分よりすごい人が見当たらない、そうなると、もうここで学ぶべきことはない……となると「ここを辞めてネクストステージへ行くぜ」となりがちです。

これはエンジニア組織の長である筆者が、圧倒的な技術力を誇れば解決することではあるのですが、中々それは難しいので、みんなお互いに見習うべきところがある、循環参照、循環依存のような関係が生まれるようにがんばっています。ハイスキルなメンバーに対してそれができているかは正直なところ、確信を持ちきれない面もあるのですが、少なくとも彼らと働く若手エンジニアにはそう機能するような人の配置ができているかなと思っています。

育成について

若手エンジニアの定着とも密接に関連しています。適切な難易度の仕事をアサインし、順当にこなしていってもらうのが一番の育成という事実もそれはそれであるのですが、エンジニアの場合、それだけでは不足しがちなのが業務と別で行う勉強です。

今は動画などによるオンライン学習サービスも発達してきていて、それで勉強するのが合うという人もいます。また、プログラミングやエンジニアリングの学習の場合、実際にコードを書いて手を動かすのも当たり前ですが重要なので、それをするためにエンジニア各人にAWSアカウントを払い出し、一定金額の範囲内で好きに触れるようにする支援をしています。これは筆者が入社する前からあった仕組みで、大変よいので継続しています。

その他、それほど独特なことではありませんが、社外の各種の勉強会やカンファレンスに行きやすくするなど、福利厚生、勉強の支援に手厚いWeb系の会社と見比べて、見劣りしないようにはしているつもりです。「技術書を読みやすくしよう」ということについては個人的な経験から思うところがあり、予算取りをしてお金を使わせてもらうことにしました。筆者の入社後に始めた取り組みとして紹介します。

▶ 技術書を読みやすく。自己研鑽だけに頼らない

筆者はエンジニアとしての学習を、技術書を買いまくって読みまくることでやってきた方です。勤めてきた会社各社の経費精算の手続きがやりたくなくなる程

度に面倒だったのと、転職しても買った本を持って行くことを念頭に置いていたので、およそ自腹で買い込んでいました。金銭感覚も「まあ足りてないけど来月稼げばいいや」ぐらいのルーズさであったため、預金残高をあまり気にせず結構なお金を、技術書ばかりにでもありませんけれど使いました。あれは間違いなく何かストレスの解消にもなっていた気がします。ひどいときはあまり首が回りませんでしたし、今でも貯金が未だにあまりありません。でもおかげで技術は身につきました。ともあれ、筆者が技術書で勉強をしてきたということもあって、社員エンジニアにも技術書を読むことを推奨しています。できれば、技術書の足は早いと言われる中で、すぐには古びないような、業務に直結しないような本を広く読んで欲しいと願っています。

　しかし技術書はよくよく考えてみると高いです。まともな金銭感覚の持ち主が自己研鑽ベースでそういった学習をするとどうなるか。支出に占めるバランスを考えるようになります。「最近話題のあの技術書、読んでみたいけど高いから、今度お金が入ったときにしよう」と考えて先送りにするに決まっていますが今度なんて来ません。技術書なんか買うよりも貯金した方がよい理由が見つかるに決まっています。そんなことをやっているうちに、どんどんと技術書を読まないエンジニアになっていくのです。すみません、偏見が溢れました。まあでも多分普通の金銭感覚だときっとそんな感じです。

　勉強しない、できない理由がお金なのであれば、会社のお金を使わせてもらって、その理由を潰すことにしました。本音を言えば、お金を使っても勉強しない人はしないので、お金を使うだけで勉強する人たちには、どんどんお金を使いたいぐらいです。勉強済みのスキルフルな人を雇い入れるより、低コストでスキルフルなエンジニア組織を作れるかもしれません。

　全員が毎日出社していた頃は、オフィスに一冊技術書を買って本棚に置いておけば、回し読みでの共有もできたのですが、リモートワークの時代となり、中々そうもいかなくなりました。そのため、Slackのワークフローで、Amazonなどの URL を添えて読みたい書籍を申請して、筆者がそこに承認スタンプを押せば、開発事務スタッフが、各人の家に届くよう注文と経費精算処理をしてくれて、技術書が手元に届く仕組みを作りました。届いた本は、必要な期間だけ手元に置けるようにしています。また、電子書籍の場合、一部だけ買って回し読みするのはライセンスや倫理の面で問題があるので、きちんと一人一冊分で購入するようにしています。

▶ 入社時の選書

　それと関連した思惑の一つとして、新卒入社エンジニア向けに、「なかなか業

務上の必要だけでは読まないかもしれないのだけどよい本」を見繕って渡し始めました。現在は次の本を選書しています。そして、新人が読んでて、経験者が読んでないというのもバツが悪いので、中途入社のエンジニアにも、読んでない本があればこそっと渡しています。PM寄りの人などにはプロジェクトマネジメントの本を入れるなど、業務や職種などによって多少入れ替えています。

1. 『達人プログラマー』[注12]
2. 『CODE COMPLETE』[注13]
3. 『リファクタリング』[注14]
4. 『リーダブルコード』[注15]
5. 『入門 コンピュータ科学』[注16]
6. 『体系的に学ぶ 安全なWebアプリケーションの作り方』[注17]

たとえば日々使うPythonやPHPでの開発、AWSについてのインフラ運用など、個別具体的な開発技術に関する本は業務上必要であれば、どんな人であろうと読むと思っています。しかし上に挙げたような本は正直なところ、読まなくても開発の仕事はひとまずできるようになってしまうかもしれません。けれど、よい仕事をするには読むべき本で、こういった本をキャリアの早い段階で読んでおくと、よいエンジニアに早めになれるのではないかと思っています。そういうところから、技術書を読む習慣をまず付けて欲しいと考えています。借金までしなくてよいけれど。

▶ 実は優秀な人は勝手に育ってくれる（そして羽ばたいていく）

そういったことを2年近くやってみてどうなったか。かなりの人がこういった仕組みを活用してくれて、なんだかんだで業務との結びつきがある技術書の入手に使ってくれているようです。予算としてはエンジニア一人あたりにつき、年に数万円ぐらいで予算取りして使わせてもらっていますが、金額で考えるとかな

注12 David Thomas、Andrew Hunt 著／村上雅章訳『達人プログラマー（第2版）熟達に向けたあなたの旅』オーム社、2020年
注13 Steve McConnell 著／クイープ訳『CODE COMPLETE 第2版 上下 完全なプログラミングを目指して』日経BP、2005年
注14 Martin Fowler 著／児玉公信、友野晶夫、平澤章、梅澤真史共訳『リファクタリング（第2版）: 既存のコードを安全に改善する』オーム社、2019年
注15 Dustin Boswell、Trevor Foucher 著／須藤功平解説／角征典訳『リーダブルコード —より良いコードを書くためのシンプルで実践的なテクニック』オライリージャパン、2012年
注16 J.Glenn Brookshear 著／神林靖、長尾高弘訳『入門 コンピュータ科学 ITを支える技術と理論の基礎知識』KADOKAWA、2017年
注17 徳丸浩著『体系的に学ぶ 安全なWebアプリケーションの作り方 第2版 脆弱性が生まれる原理と対策の実践』SBクリエイティブ、2018年

りコストパフォーマンスよく「エンジニア個人の金銭感覚に依存せず、躊躇せず体系的な勉強ができる環境」が作れているように思えます。

また「この本を読んでおくといいよ」ということも言いやすくなりましたし、その延長として、元からやっていた輪読会などもより活発に行われるようになりました。チーム単位ぐらいで、「全員がこの本は読んでいる」状態を作れると何がよいか。まずそこに書かれていることを知識の前提とすることができます。共通の言葉や概念が使えることで、コミュニケーションがスムーズになりますし、「知らない方、分からない方に合わせて、手加減して」エンジニアリングする必要がなくなります。これは筋のいいエンジニアにとってかなりストレスの低減になるのではないでしょうか。そう思っています。

身も蓋もない話ですが、筋のいい人はこういったサポートをせずとも、自身で今の自分に必要な知識が何であるか見極め、効率的に業務に必要なこと、あるいは一見無関係なことも貪欲に習得していきます。そして別の会社へと羽ばたいていく。そのラッシュがいつ来るか、今はまだ分からないので戦々恐々としつつも、手応えは感じています。

5-4 開発と運用どっちもやる

「実装だけをする開発組織」からの脱却

本章1節で述べたように、「engage」の内製化は、元々それを作ってくれた開発会社から、まず実装フェーズを引き取るところから始まりました。様子を見ていると、開発仕事が会社を行ったり来たりしているところがお互いに大変そうで、時間も掛かっています。どうやれば会社をまたがず一社の中だけで完結できるでしょうか。デザインやQAについては社内にその仕事をやる人、つまりデザイナーやQAエンジニアを採用して組織を作っていく必要があります。職掌の範囲外になるのでこれについては一言だけ。「やりましたし、今もがんばってやってます」。

開発についてはどうでしょうか。新しく入った開発者が、元々作ってくれていた開発者に、最初のうちは設計レビューなどで教えてもらいながら開発に入っていくのは、会社をまたがなくても自然なことです。しかしそれがずっと続くとしたら、何か手離れができない理由があるはずです。

観察したところ、社内開発者が実装者として入るようになったとはいえ、そこで開発したものがリリース後に何か問題を起こしたときに、開発会社エンジニアが調査、対処、すなわち運用を見てくれている状況であることが分かりました。

そういう状況であれば、開発の前後で細かめにレビューをしないといけないという状況も分かります。これをどうにかするには運用保守を社内でやれるようになるしかありません。運用保守って何をするんでしたっけ。

運用支援ツールの導入

前職での筆者は、自社サービスの開発をするエンジニアとして、当たり前のように開発と運用保守を一緒にやってきました。何をやったら、できたら、運用もできているかと改めて考え直すと、次のようなことになるかなと思い至りました。

1. インフラの構築
2. インフラへのコード反映 (デプロイとリリース)
3. 平常時のモニタリング
4. 緊急時の障害対応

このうち、インフラの構築については、社内のインフラエンジニアが既に担当してくれている状況でした。先々のことを考えると、そこもサービス開発エンジニアが担う DevOps 的な動きが必要になってきそうなのですが、ひとまずそこは先に送りましょう。

障害対応をするには、まず、平時にシステムがどのように動いているかを可視化して観察できるようにし、最低でも、何か異常が起こったらそれを検知できるようにしないといけません。つまりモニタリングと監視です。そして障害を受けての対応をできるようにしないといけません。この時点で、AWS の CloudWatch と、開発会社製の Zabbix[注18] ベースの監視・モニタリング・そしてメールによるアラート通知システムが稼働している状況でしたが、事情により後者を引き取って使うのは難しい状況でした。それは開発会社の持ち物ですので。

前職で Fluentd[注19] によるログ収集、Prometheus[注20] による監視、Grafana[注21] によるその可視化、Zipkin[注22] による分散トレーシングと APM (アプリケーションパフォーマンス管理) といったことができる環境には馴染があったのですが、あ

注18 サーバー、ネットワーク、アプリケーションを集中監視するためのオープンソースの統合監視ソフトウェア。https://www.zabbix.com/
注19 Treasure Data 社によって開発された、オープンソースのログその他のデータ収集ソフトウェア。https://www.fluentd.org/
注20 各種リソースのメトリクス情報を監視、アラート通知するオープンソースのモニタリングソフトウェア。https://prometheus.io/
注21 グラフ表示などの可視化に優れたオープンソースの Web アプリケーション。https://grafana.com/
注22 Twitter 社によって開発された OSS の分散トレーシングシステム。https://zipkin.io/

まり人手もない中、CloudWatchベースでその辺りを一通り組み立てるのはできなくはないけど、非常に大変だなと感じました。ここはお金で解決することにしようと、AWSに相談した上で、NewRelic[注23]を紹介してもらいました。いわゆるオブザーバビリティーと言われるカテゴリのサービスですが、ログ収集から、モニタリング、APM、アラート発砲までワンストップでやってくれる優れものです。競合製品のDatadog[注24]と比較して、ログ容量と人数に対する課金で、取り扱うリソースが増えても変わらない価格体系なのも、少人数で、そこそこ大きめのシステムを見ないといけない状況にマッチしているように思えました。

　試験的に導入するところから始めて、2年ほどになります。PagerDuty[注25]と組み合わせて、何かインシデントが起きた際は、まずSlackにアラートが流れ、それに誰も反応しなければオンコール対応担当者の電話を鳴らし、きちんと対応できるようになってきました。また、何事もないときも、パフォーマンスのメトリクスを眺めて、スパイクの存在に気がつけたり、各種DBに日常、どんなクエリが発生して、そのうちのどれに時間が掛かっているか、ということが分かりやすくなったりしました。

　これまでは、システムを使う社内外の利用者が障害やパフォーマンス悪化に気づいて一報が入り、対応に入るという流れが多かったのが、事前に開発サイドで検知して、手を打ったり、問題を起こす前に防げるようになってきました。本質的にはAPM製品ですので、サイトのパフォーマンス改善にも役立っています。

　ただこのNewRelic、人数課金であるところに対して、思った以上にうまく開発者人数が増えた結果、思惑以上に費用が嵩んでいるのも事実です。コストを抑えるために、課金対象となるフル権限を持たせる人を絞るか、それともやはりこういったものと、それを使った業務に馴染んで欲しいので、育成の観点から広めにその権限を渡すかには贅沢な悩みともいえる葛藤があります。今は育成や、運用に関わってもらいたい方に倒して、開発者には新卒エンジニア含めて、若手のうちからフル権限を渡し、使えるようにしています。

　そんな葛藤はありつつも、おかげで、およそ、社内開発チームが作っている部分の運用保守は社内でできるようになり、そこの機能開発については企画立案から開発を経て運用まで、社内で回せる状況を作ることができました。まだまだ開発会社に持ってもらっている領域もあるのですが、これから引き取っていこうという状況です。

注23 フルスタックのオブザーバビリティプラットフォーム。https://newrelic.com/
注24 クラウド時代のサーバー監視＆分析サービス。監視対象のリソースに対して重量的に課金されます。
　　 https://www.datadoghq.com/
注25 インシデント管理プラットフォーム。https://www.pagerduty.co.jp/

技術的負債の返済は専任チームでやるべきか

　筆者たちが引き取った「engage」は、プロトタイプ開発から始めて8年以上が経過した、やむを得ぬ事情があるとはいえ、いわゆる技術的負債がかなり積もったプロダクトでした。開発した時点では必要な借金であったことに敬意は払いつつ、開発体制も大きくなる方向に変わる中では、つらみが大きな部分は直していかなければ、開発の労力を注ぎ込んでも、収穫が逓減し身動きが取れなくなってしまいます。

　プロダクトに入れるべきビジネス要件が山ほどある中で、その手を止めて、負債を返すだけの開発、システムリニューアルを、たとえば年単位で行うのは状況からは悪手です。かといって、全く返さないのもつらいだけになってしまいます。ビジネス要件の開発に混ぜ込む、織り込む形で、少しずつよくしていくしかありません。

　その開発は、専任の開発者、開発チームが行うべきなのでしょうか、それとも、普段はビジネス要件の開発もしているチームに、時間を開けてもらったり、たまにある手が空く時間に割り込みのタスクとして進めてもらったりするべきなのでしょうか。開発リソースの一定比率をそういった負債の解消に充てる、というところはどうにかするとして、それをどう進めるかについては実際に両方やってみましたが一長一短あります。

- 専任チームでやる
  - ○：腰を据えて大きな変更を、じっくり考えてできる。そのための人と時間のリソースを確保しやすい
  - ×：ビジネス要求、プロダクト開発者の必要とするものと乖離して、要らないものになりやすい
  - ×：専任者がプロダクト開発の前線から離れる
  - ×：「専任チームが後で直してくれるから」で、ビジネス要件の開発で、技術負債を増やしがち
- ビジネス要件の開発チームで散らばってやる
  - ×：リソースを確保しにくい。大きなことの変更はしづらい
  - ×：ビジネス要件に優先されがち
  - ○：何が必要か分かっているので、YAGNI[注26]的な意味での要らないものを作りにくい

注26 You Ain't Gonna Need It. 機能は実際に必要となるまでは追加しないのがよいとする、エクストリーム・プログラミングにおける原則。

- ○：改善したことと、それに沿った今後の開発は、開発組織全体のカルチャー、習慣、プラクティスとして定着させやすい

　正直なところ、これについては悩みながら、振り子のように揺り返しながら両方の進め方でやっているという実態もありますが、そんなこんなでやっているうちに、これは、二者択一でどちらかの形を選択するのが正解というわけでもないと分かってきました。できれば日々の開発の中でも一定割合、そういったことに気を配った開発を行い、その上であまりにも負債や、変えるべきことが大きい状況では、専任チームもある状況が望ましく、そうしようと画策しています。一方の形だけでやるのではなく、あの手この手でやっていこうと考えています。このテーマについては、本書7章で深掘りしています。合わせてご覧ください。

DevOps／SRE／プラットフォームエンジニアリング

「開発も運用も」という話になると、避けて通れないのが文字通り、開発 (Dev) と運用 (Ops) の合成語である DevOps や、それを Google が Google 流に捉え直して提唱した SRE、そして近年、若干バズワード的にかもしれませんが盛り上がっている、プラットフォームエンジニアリングです。

　従来的な IT の世界では、開発と運用が、組織として、ときには会社としても分かれていることは珍しくありませんでした。これには、開発組織が作ったソフトウェアに対して、それが動く環境が、ユーザーごとにたとえばオンプレミスな環境として、開発チームの手が届かないところに複数存在するのが普通だったから、といった事情もあったように思います。必然的にその二つを取り扱う組織やエンジニア、そしてそのマインドセットは分かれていましたし、協調どころか、うっすらと対立することさえあったように思います。

　そこから、Web、特に AWS や GCP などのクラウドプラットフォームの上でサービスを動かすのが当たり前になってくる中で、かつてはインフラエンジニアの仕事とされていた、サーバー調達やデータセンターへのセットアップ、物理的なネットワーク構築といった業務はクラウドに任せられるようになりました。そしてその環境は、コードを書いた開発チームにも手の届くところにあるものとなってくる中で、「Dev チームと Ops チームは協調しましょう」「その境目を曖昧にしましょう」あるいはもっと踏み込んで、「Ops チームがやってきた仕事を Dev チームがやりましょう」といった、DevOps の思想が出てくるのも自然な流れのように思えます。

　同時期に、「信頼性の高い本番環境システムを実行するための職務、マインド

セット、エンジニアリング手法のセット」として、Googleが提唱したのがSRE（サイト信頼性エンジニアリング）[注27]です。Googleの人たち曰く「以前は運用と呼ばれていたタスクをソフトウェアエンジニアが担当するときに生じるもの」という説明がされています。DevOpsとの関係については「class SRE implements DevOps」（DevOpsの思想を実装したものがSREである）と言われています。DevOpsの単なる言い換え、同義語ではないにしても、密接に関連していることは間違いありません。サイトを信頼性高くスケーラブルに運用するために必要なのが、DevとOpsの協調ということなのだろうと筆者は捉えています。

ふり返ってみると「開発エンジニア」「運用エンジニア」とはちょっと違う線引きで、「サービス開発エンジニア（あるいはWebエンジニア）」と、サービス横断的にインフラを見る「インフラエンジニア」がおおよそ分かれていた、日本国内のWeb系の会社でも、ある時期から、インフラエンジニアの人たちが担うミッション、業務、あるいはそういったエンジニアの方たちがやりたいこととして、インフラ構築以上に、そのインフラを支える、つまり「SREをやる、推進する」というところにより焦点が当たるようになったと記憶しています。それまでもやってきたことに対して、よい名前が付いて言語化され、見えやすくなったとも言えるでしょう。

さて、翻って弊社の場合で言えば、幸運なことにエンジニア採用を本格化したかなり早い段階で「SREがやりたいです」という方が来てくれました。「では、好きなだけ、思う存分やって欲しいです」と後押しし、この側面に関してはかなり動くことができていて、サイトを安定に稼働させることに対して大きく貢献してくれています。

元々、インフラ構築はサービス開発エンジニアからインフラエンジニアにお願いしてやってもらう分担でしたが、どうしてもそれだとインフラエンジニアの手が足らなくなり、長めの順番待ちになります。インフラエンジニア組織はサービス開発エンジニア組織ほどはスケールしません。これは前職もそうでしたし、SREを言い出したGoogleでさえ、どうもそうらしいので[注28]、普通にやるとそうなるものなのだと思っています。そんな中でDevOps的に、サービス開発チームでインフラ構築をIaCでできるようにしていこう、インフラエンジニアにはそれをやりやすくするための土台を作ってもらおう、つまり『チームトポロジー』[注29]

注27 Betsy Beyer、Chris Jones、Jennifer Petoff、Niall Richard Murphy編／澤田武男、関根達夫、細川一茂、矢吹大輔　監訳／Sky株式会社、玉川竜介訳『SRE サイトリライアビリティエンジニアリング—Googleの信頼性を支えるエンジニアリングチーム』オライリー・ジャパン、2017年

注28 Titus Winters、Tom Manshreck、Hyrum Wright編／竹辺靖昭監訳／久富木隆一訳『Googleのソフトウェアエンジニアリング　—　持続可能なプログラミングを支える技術、文化、プロセス』オライリー・ジャパン、2021年

注29 マシュー・スケルトン、マニュエル・パイス著／原田騎郎、永瀬美穂、吉羽龍太郎訳『チームトポロジー 価値あるソフトウェアをすばやく届ける適応型組織設計』日本能率協会マネジメントセンター、2021年

にいうイネーブリングチームないしプラットフォームチームとして動いてもらおうと、方針として定めました。余談ながらチーム名も、インフラチームではなく、プラットフォームチームという名前になりました。

　前職でもそういえば、それまではインフラエンジニアがやってくれてたことが、ある時期から筆者たちサービス開発エンジニアでやってね、という業務の移管がありました。当時は仕事が増えたなー、というぐらいに思っていたのですが、今思うとあれはDevOpsの潮流に呼応した動きだったのですね。

　SREについても、それと同じ形で、プラットフォームチームがイネーブリングしながら、サービス開発チームが、そのための仕事を進めてくれている格好になってきました。先ほどのNewRelicの導入や、その他、CI/CDの整備なども、技術負債返済の専任チームが発展的に複数のサービス開発チームに散らばって動く、いわゆるEmbedded SREとなって動いてくれることで実現しました（前項で書いたように、また改めて、専任チームを編成しようとはしています）。

　さて、極端なことを言えば、OpsからDevに仕事が移管できたら、DevOpsは達成、その結果、サイトの信頼性が向上したら、SREも達成です。しかしそうすると、サービス開発チームにいるエンジニアは、インフラの構築も運用も、あれもこれもやらないといけなくなり大変で、仕事が回らなくなります。そこに危機感を感じ、プラットフォームエンジニアリング[注30]の考えに基づいて、開発者体験をよくする、平たく言えば諸々の作業を楽にするための整備が進行中です。この辺り、イネーブルメントとプラットフォームチームについては、次章が非常に参考になりますので合わせてご参照ください。

5-5　チームで動き、スケールさせる

　さて、エンジニアが入ってきてくれて、開発と運用を進めていくことになります。それをどのような体制と開発プロセスで開発を進めていくかが考えどころです。当然、正解がある話ではありませんが、筆者のところではこうやってみたというのを、結論からお話しすると、「若干の例外的状況もありつつ、少人数のアジャイル開発チームが複数で、一つのプロダクトをつつき合う」という格好になっています。

　まず、ウォーターフォールに代表される計画駆動開発か、アジャイル開発か。何が正解か分からない中で、探索的・逐次的な改善、機能追加を進めないとい

注30「プラットフォーム・エンジニアリングとは何か？　－　ガートナー」https://www.gartner.co.jp/ja/articles/what-is-platform-engineering

けない状況では、明らかにリリースサイクルを小さく刻んで繰り返す、アジャイル・イテレーション型の開発の方が合いそうです。なのでひとまずはアジャイル開発プロセスを選び、その中でも今どきは一番メジャーであろう、教科書通りのスクラム開発を1チームでやるところから始めました。実質的には筆者が入る少し前からそういった動き方をするようになっていました。Web開発ではあまり珍しいことではないと思います。

ただし、大きく、時間が掛かるものを作るときに、これもまた珍しいことではないと思いますが、どうしてもそれとは別立てで、ウォーターフォール的な開発が並行するようなスタイルになりがちでもあります[注31]。アジャイル開発の本をひもとくと、そういったものもあくまで小さく分割して、小分けにしたものを作って出していくべき、とは書かれていますが、中々そううまく分けられるものでもありません。

とはいえ余談ですが、筆者が思うに「〇〇〇〇のような場合、アジャイル開発より、ウォーターフォール開発の方が適している」という言説における、ウォーターフォール開発とは「理想的に、とまで言わなくとも、そこそこうまく回ってるウォーターフォール開発」なのではないでしょうか。実際に取れる手として選択できるのは往々にして「何か上手く回らなくてつらいアジャイル開発」と、「何か上手く回らなくてつらいウォーターフォール開発」だったりするものです。開発プロジェクトとはそれぐらい、デフォルトでは何かが上手く回らないものです。筆者の経験では、つらいアジャイル開発とつらいウォーターフォール開発では、より後者の方がつらいと思っています。ウォーターフォール的に物事を進める場合であっても、不確定なことがある前提で進め、手戻りや変更が必然的なものであるとして受け入れる気持ちは必要に思っています。

ともあれ、大体のアジャイル開発プロセスの本には、「これは銀の弾丸ではないので、自分たちの状況に合わせて変えなさい」ということが書かれてはいます。やってみてうまくいかないから自分たちに合わせて上手く変えたのか、それともきちんとしたアジャイル開発が単にできていないだけなのか、それを見分けるのはとても難しいことです。「上手く回ってないアジャイル開発」「上手く回ってないスクラム」への批判やその対処レシピは数多くあります。特にその中でも書籍『ゾンビスクラムサバイバルガイド』[注32]は、助けになり、また耳に痛い本でした。今でもまだ普通に痛い日々を過ごしています。

注31 本書4章も参照ください。
注32 Christiaan Verwijs、Johannes Schartau、Barry Overeem 著／木村卓央、高江洲睦、水野正隆訳『ゾンビスクラムサバイバルガイド』丸善出版、2022年

この辺りのバランスの取り方については『アジャイルと規律』[注33] という非常によい本が出ています。それを参考にしながら、「中々本に書いてある通りにはいかないものだけど、何も読まないで無手勝流でやるよりは全然マシなはず」ぐらいの気持ちでちょっとずつでもよくなるようにやっています。

なぜ少人数チームを単位にするか、なぜチームの大きさはピザ2枚か

一人で何でも作れる天才プログラマーがすべてを開発するという開発スタイルには、誰しも神話的な憧れがあるのではないかと思っています[注34]。しかし一人でできることには限りがあります。また、よくよく考えてみれば、開発者が一人だけというのは、実は非常にリスキーです。その人がトラックにひかれたら、あるいは全然元気でも退職したらどうしますか？　システム全体とまでいかなくても、「ここは作ってくれた○○さんが詳しい。というか他の人にはよく分からない」状況はできれば避けたいものです。

かといって、全員がすべてを分かっている状態を作ろうとするのも、システムやそのコードベースが膨らんでくると認知的負荷が上がり、難しいものです。そうすると、何を作るにしても少人数チームであたりたいというのは自然な発想であろうと思います。一人ではできない速さでいくつかの開発を並行して進めていくのにも、チーム開発は有効です。ブルックスの法則「遅れているソフトウェアプロジェクトへの要員追加は、プロジェクトをさらに遅らせるだけである」[注35]はいつの世も真理ですが、それでもある程度のところまで、増員してできることを増やし、できあがるまでを短くします。また、複数人のエンジニアでシステムを見ているというのは、よい意味での冗長構成です。

そんな中で、Web開発などにおいて、一つのシステムを一つのチームで担当するというのは普遍的に見られる理にかなった開発スタイルではないかと思います。アジャイル開発、中でもスクラム開発は、本来的にはそれでどうにかなる大きさ、それが一番フィットする大きさをスコープにしているはずです。

しかし、チームが上手く回り、プロダクトがいい感じに当たると、もっといろいろやるべきこと、やりたいことが出てきて、いくら少数精鋭とは言っても手が回

注33 バリー・ベーム、リチャード・ターナー著／ウルシステムズ株式会社、河野正幸、原幹監訳／越智典子訳『アジャイルと規律 〜ソフトウエア開発を成功させる2つの鍵のバランス〜』日経BP、2004年
注34 Titus Winters, Tom Manshreck, Hyrum Wright 編、竹辺靖昭監訳、久富木隆一訳『Googleのソフトウェアエンジニアリング』pp.34-37「天才神話」オライリー・ジャパン、2021年
注35 フレデリック・P・ブルックスJr.著／滝沢徹、牧野祐子、富澤昇訳『人月の神話 新装版』丸善出版、2010年

らなくなってきます。すると人をどんどんと増やしていこうという発想になりますし、あるいはスケジュールが遅れているときほど、どうにかするために増員しようとして、ブルックスが言う通りになったりします。筆者の経験からも、7〜8人、多くても10人ぐらいを超えたところで、なぜだかチームとしてメンバー全員がお互いに連携し合って動くのは難しくなってくるものです。Amazonのいう「ピザ二枚チーム」もおそらく同じことをいってるのではないかと感じています。

どこの何かは伏せますが、筆者はかつての勤務先で、20人ぐらいで無理やりやってるスクラム開発に参加したことがありました。あのときは大変でした。日次の朝会をやるだけで、一時間はかかりますし、えてして「この人がやってることは今の自分には関係ないよな」と思って話も聞き流すのですが、かと思うとチーム内でやってることが把握できてなかったせいで大変なことになったりするものです。

では、7〜8人ではできないことを実現するのは無理なのでしょうか？　そんなことはないはずです。たとえば、金融など堅めの業界では多重下請け構造なども駆使しながら、ツリー型でトップダウンの指揮命令系統、ソフトウェア開発の場合は設計が降りてくる階層構造などでそれを実現しています。でもそれだけが方法ではないはずです。メガベンチャーはあまりそういう形で仕事をしないはずですが、大きなところでは1000人、10000人といった桁のエンジニアを抱えて、7〜8人のチーム一つでは到底作れないような速度と規模でプロダクトの開発をしています。

それはどうやったらできるのか、1000人ぐらいエンジニアがいた前職で見たことを思い返して考えてみると、「あんまり密接には関連しないシステムやプロダクトが、特に連携しなくてもよいバラバラのチームによって開発され、その集合体がその会社のプロダクトやサービスを構成する」といった形が思い浮かびます。いわゆるマイクロサービス的な発想です。大人数、大規模なプロジェクトを回し、大規模なプロダクトを作るのは、そういった会社でもやっぱり大変です。しかし大きくはなくとも、多くのことを同時にする方法はまだ可能性がありそうです。

しかしこれには二種類ありそうで、「本質的に別々の小規模サービスの集合体であるもの」と「本来大きなモノリスだが、分割してそうなったもの、あるいは少なくとも分割したいもの」があります。後者は前職でも難しかったなあ……ということを考えながら、でも筆者が今からやりたいのもどちらかというと後者です。複数チームが上手く動ける形を作っていくことにしました。

いわゆる「大規模アジャイル」をいくつか

アジャイル開発、スクラム開発が、本来的には1チームでどうにかできる範囲

の開発をスコープにしているということは前項で述べた通りです。しかしやはり、「今更ウォーターフォールはやりたくないし、合ってるとも思わないけれど、アジャイル開発をそのままチームの人数だけ増やして行うのには無理がある」と考える人や組織は多かったのでしょう。いわゆる「大規模アジャイル」「大規模スクラム」と呼ばれる領域があります。

筆者の率直な考えとして若干それは、アジャイル開発における見果てぬ夢、ホーリーグレイルではないかと思う面もあるのですが、とはいえやってみないことには始まりませんので、一通りは調査しました。

- Large-Scale Scrum (LeSS) [注36]
- Spotify Model
- Scrum@Scale
- Scaled Agile Framework (SAFe)

一通り調べたところ、『大規模スクラム Large-Scale Scrum(LeSS)』という本[注37]が出ていました。「一つのシステム、コードベースを複数チームでつつき合う」ことを明確に前提にしているということで、まずはLeSSの仕組みに沿ってやってみようかということにしました。マイクロサービスへの分割はまだまだ時間が掛かりそうであったからです。

課題はありますし、本の通りできているわけでもなく、どうにかこうにか回しています。実際にはやはりチームの数が増えれば増えるほど、開発によるコード変更が競合したり、その他必要な調整ごとが増えたりする状況が生じます。そのため、最近本が出たScrum@Scale[注38]など、他のモデルからのつまみ食い、よいとこ取りなどもしながら、上手くシステムの分割も進めていきながらやって行きたいと考えている状況です。

また、その後に読んだ『ユニコーン企業のひみつ』[注39]が、Spotify出身者の書いた本で、Spotify Modelについても説明されていました。Spotifyとしてはアジャイル開発、スクラム開発のその先にある開発のあり方と捉えているようで、そのニュアンスはあるよなと思っており、取り入れていこうとしています。それ以外にもテックカンパニーの行動原理などについて得るものの多い良書でした。ギルドなど

注36 大規模スクラムというと Large-Scale Scrum (LeSS) を指す場合もあります。
注37 クレーグ・ラーマン、バス・ボッデ著／榎本明仁監訳／荒瀬中人、木村卓央、高江洲睦訳『大規模スクラム Large-Scale Scrum(LeSS)』丸善出版、2019年
注38 粕谷大輔著『スクラムの拡張による組織づくり──複数のスクラムチームを Scrum@Scale で運用する』技術評論社、2023年
注39 Jonathan Rasmusson 著／島田浩二、角谷信太郎訳『ユニコーン企業のひみつ － Spotify で学んだソフトウェアづくりと働き方』オライリー・ジャパン、2021年

は組織のSlack内で、業務に関連するものしないもの共に、自然発生的に生じています。

フィーチャーチームかコンポーネントチームか

スクラム開発では、チームはチームで完結できる形で、フィーチャーを作ってステークホルダーに機能提供、価値提供できなければいけないといったことが謳われています[40]。

> スクラムチームは機能横断型で、各スプリントで価値を生み出すために必要なすべてのスキルを備えている。

それは、マイクロサービスなどが念頭に置いている、一つのシステムコンポーネントを一つのチームが見る「コンポーネントチーム」のあり方と競合します。実際のところ、『大規模スクラム』でも、フィーチャーチームとコンポーネントチームを比較して、フィーチャーチームであるべき、移行すべきという論調で書かれています[41]。

しかし実際そのつもりでやってみたらどうなったか。全員が足並みを揃えないといけない、とまではいきませんが、かなりの頻度で調整ごとが必要な、コード変更や設計変更の競合が起こるのです。複数人での開発を行う場合にも同じことが言えると思います。コードベースの大きさと、一つ一つのタスクがどれぐらい局所的な変更に閉じるか、あるいはそれなりに広いところに手を入れないといけないか、そしてそれがどれぐらいの数だけ並行して走るか、そういったことが競合の起こりやすさの因子となってくるのでしょう。

大昔の、悲観的ロックを取り入れていたバージョン管理システムと異なり、gitなどでは、「そんなにぶつからないはずで、ぶつかったときに対処すればよい」楽観的ロックを基本としています。変更がぶつかるのがある程度の確率以下なら、あまり事前に調整をすることに手間暇をかけるのではなく、競合が起こってから対処を考える方が合理的です。しかし、手を入れる開発者が増えれば増えるほど、競合が起きる確率も上がっていきます。これはおそらく複数人同時並行開発の宿命とも呼べるでしょう。

そういった競合発生の様子を見ていると、プロダクト全体を見るところからど

注40「スクラムガイド 2020年版」https://scrumguides.org/docs/scrumguide/v2020/2020-Scrum-Guide-Japanese.pdf 日本語訳より引用

注41 クレーグ・ラーマン、バス・ボッデ著／榎本明仁監訳／荒瀬中人、木村卓央、高江洲睦訳『大規模スクラム Large-Scale Scrum(LeSS)』丸善出版、2019年、pp.72-105

うしても離れてしまうのは否定できないのですが、分割されたコンポーネントをそれぞれの担当チームが見て、コンポーネント同士はあまり変更されないインターフェイスによって疎に結合されている、つまりはマイクロサービス的な分割に早めに持って行くべきではという考えがふつふつと湧いてきました。

フィーチャーチームにしても、コンポーネントチームにしても、結局のところは価値のデリバリーをチーム内で完結できることを目的として、「仕事をチーム内で完結できるようにする」ことを狙っているはずです。ただし、他の価値提供をする他チームと開発がぶつかる場合があり、調整が必要になりがちなフィーチャーチームと、開発の完遂をチーム内で完結できるが、価値提供のためには他チームとの連携が必須となりがちなコンポーネントチームとの間で、トレードオフがあり、どちらが正解とはいえないというのが今の筆者の見解です。

アーキテクチャと組織構造、コンウェイと逆コンウェイの話

そんなことを考えているうちに見えてきたことがあります。アーキテクチャをどうするか、それはどうあるべきかに対して、開発組織の形が大きく関わるということです。

筆者はそれなりに長く、テックリード、アーキテクトとして、システム設計に関わってきました。アーキテクチャを考えるときに考慮に入れるべきであったのは、そのシステムが何をするべきものなのか、そしてそれを然るべく実現するためには、どのような要素から構成され何をどこに集約すべきか、どのようなミドルウェアなどの技術を使うか、それをどれぐらい抽象化すべきか、変更が入りやすいところはどこか、どれぐらいの負荷に耐えうるべきか、そういったことでした。「何人で、どんな体制で作るか」ということはあまり考慮に入れていませんでした。基本的には、実現するべき機能要件、非機能要件からアーキテクチャを考え、それを作らなければならないスケジュールから、どういう人員がどれぐらい、どのタイミングで必要かを考えて、システムをそのアーキテクチャと人員リソースの元で作っていくという仕事が多かったのです。

しかし、既にできあがっているシステムに対して追加でたくさんのことを継続的にしなければいけない中で、体制を強化していくという局面においては、どのような組織設計で開発をしていくのが適切か、そしてその体制で上手く開発をしていくために、どのようなアーキテクチャに変えていかなければいけないか、という方向で頭を使うようになりました。コンウェイの法則と逆コンウェイ戦

略注42ってこういうことなんだな、と実感した次第です。

　例え話をするなら、完成形がはっきりしている大聖堂のような建物を作りたいとき、それをどのような設計にするかは大工さんが何人で作るかというところに、おそらくあまり左右されないはずです。筆者の昔の仕事はそういうものが多かったのです。でも、最終的な完成形がイメージしにくい、あるいは存在しない、常に建て増しに次ぐ建て増しをしているような建物を、大工さん5人で作るか、100人で作るかを考えると、おそらくそれぞれで建築がしやすい設計としづらい設計があるはずです注43。

　幸い、組織構造は筆者のほぼ一存で変更しやすくさせてもらっており、アーキテクチャ変更も、急に大きくとは中々行きませんが、ちょっとずつやっていけるようになっています。アーキテクチャというと、昔は一度それで作ってしまうと、大きくシステムをリプレイスするまで変えられないものでありましたが、今はクラウドの上に構築していることもあって、昔よりは部分的に少しずつでも、変更していきやすいものになっています。

全貌は誰が見るか。分割統治をしすぎると……

　そんなこんなで、筆者の部門では着実に開発チームが増えていっています。これまでは各チームリーダーのマネジメントを筆者が行う形でやってきたのですが、チームの数も10を超えそうなぐらいに増えてきたため、チームリーダーと筆者の間に一層、EM（エンジニアリングマネージャー）の層を挟もう、というぐらいになってきています。

　VPoE、いわば一人EMとして2年ほどやってきたのですが、その仕事の中には次の3つがあることが分かりました。

1. チームが増えても減っても変わらない仕事：制度作りなど
2. チームが増えると手分けできて楽になる仕事：開発ほか、採用一次面接など、チームまたはチームリーダーにやってもらえる仕事
3. チームが増えるとその分増える仕事：チームに対する指揮、評価など

　このうちの3に当たる仕事が一人だけだとスケールしないので、EMに任じた複数人で手分けして見ていく仕組みにしました。その業務を整理するにあたっ

注42「システムを設計する組織は、その構造をそっくりまねた構造の設計を生み出してしまう」というコンウェイの法則に対して、「システムに反映したいアーキテクチャーに合うようなチーム構造にする」という考え。『チームトポロジー』pp.10-12, 17-35より。
注43 なぜ大聖堂かというと、エリック・レイモンドの『伽藍とバザール』を少しだけ踏まえているためです。

ては『エンジニアリング・マネージャーのしごと』[注44] を大きく参考にしています。

チームのレベルでは、筆者が楽をするためにも、チームリーダーやメンバーに経験を積んで貰うためにも、チームは自律的に動ける自動運転チームになって欲しく、できるだけ裁量を渡し、その上で「すべてのチームがやっていることを詳細まで把握している必要はないけれど、隣のチームとはぶつからないようにしてね」ということをお願いしています。それである程度上手く回っている様子は、さながらマルチエージェントシステムのようです。

チーム内でのコミュニケーションは大事なのですが、他のチームすべてに対して、同じ密度でのコミュニケーションをするのはコミュニケーションコストが高くなり、現実的ではありません。複数チームがある状況下で、真の意味でチーム単独で仕事が完結することはあまりないと言えます。しかし、接するべきチームはそのすべてではなく、限られたいくつかにできるはずです。そうなるようにシステムアーキテクチャの方も構成し直したい、言い換えれば図5-2のように、チームを頂点とし、その業務上の関連の有無を枝とするグラフが、完全グラフではなく、枝が限られたグラフになるようにしたく、そしてシステムもそれに相似させたいわけです。

図5-2　チーム間の繋がり

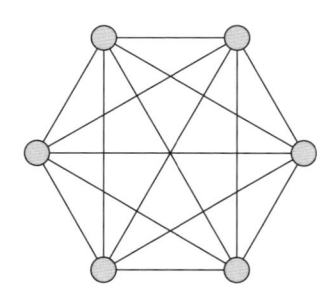
完全グラフのように他の全てのチームと密にコミュニケーションをしなければいけない構造...

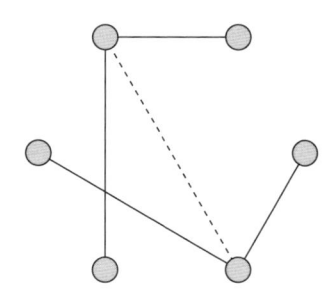
全チームとはコミュニケーションをがんばらなくてもよいチーム構造...

調整ごとが必要な局面において、特に、その調整が足らなかったために問題が生じると、人間は「より綿密なコミュニケーションをきちんと取るようにして再発を防ごう」と考える傾向があります。これはおそらく洞窟に集団で住んで狩りをしていたような時代に生じた本能的なもので、きっと抗うのは大変です。

でもそこをがんばって「そもそもコミュニケーションを取らなくても開発が進

注44 James Stanier 著／吉羽龍太郎、永瀬美穂、原田騎郎、竹葉美沙訳『エンジニアリングマネージャーのしごと － チームが必要とするマネージャーになる方法』オライリー・ジャパン、2022年

められるようにしていきましょう」という呼びかけを行い、具体的にはシステムのコンポーネントが疎結合になるような動きなどを進めています。そうしなければおそらくコミュニケーションコストの沼に溺れてしまいます。

しかしそうすると、「プロダクトやシステム全体のことは誰が考えて知ってるの？」「プロダクトを細分化した一部を持っているチームで動いていると、全体像から遠ざかるの？」ということがモチベーションや全体最適化を阻む問題になってきます。俗な言い方をすると、まだそんなに大きくもないのですけれど、それでも巨大な組織、仕組みの中で動く歯車のような気がしてきます。一方で、下手したら他のどの歯車とも噛み合ってない歯車をがんばってすごい速さで回しているような状況も生じかねません。いわゆる「組織の歯車」の感覚です。人によっては自分は高級で精密な歯車なのだという自負があれば耐えられるのですが、中々みんながみんなそうはいかないものです。

それを補うために、プロダクト、サービスの構想や展望を話し合う場を設けたり、システムの全体設計や開発組織内の標準決めといった横断的関心事に人やチームをアサインしたりすることもあります。また、プロダクトや会社全体の目的を、チーム単位ぐらいまでの目標と上手く接続させるために、OKR[注45]などのフレームワークに注目したりもしています。しかし、ここで重要なのはなんだかんだでコミュニケーションなんだなと痛感しています。普段からずっと密に、というのは大変ですが、時々要所要所で、集まって対話する以外の非同期な方法も駆使しつつ、ちゃんとやる、というのが大事なように思っています。

コミュニケーションは大事。エスパーではない

筆者には多少の手品の心得があり、心の中に思い浮かべたトランプや数字程度であれば、多少の準備で当てることができます。しかし、さすがに他人が何を考えているかを詳らかに察することまではできません。そのため、「エスパーではないので、何を考えてるかは口に出さないと分からないので、何か困ってることとかがあったら言ってね」ということはお願いしています。

そういう姿勢が効いたのかどうなのか、抱え込まず1on1などで相談をしてくれて、早めに手が打てて大事に至らず解決できたこともあれば、おそらくは抱え込んだり相談しにくかったりで、最後の最後で知るということもありました。特に退職のお知らせなどはそうです。そういった局面でも声を発してくれるようで

注45 「OKRを設定する　－　Google re:Work」https://rework.withgoogle.com/jp/guides/set-goals-with-okrs

あれば、心理的安全性[注46]が高いと言えるのでしょうけれど、まだまだこれからです。

　本当の意味での心理的安全性がどうやったら作れるのか、というところは中々難しい面もあります。コミュニケーションチャンネルも工夫が必要で、何もかもオープンにして、そこで誰でも何でも言えるのが心理的安全性だというものでもなく、少しクローズドにすることで言えることも出てきます。
「言いたいことがあったら言おうね」の文化と「それを言い出しにくい環境を作らないようにする」のがペアなのだと考えています。後者はたとえば、正解だけを出すことを求め、失敗を叱責するような風土から生まれやすいものです。よく言われるように、小さく、高速に、致命的でないように失敗することが大事です。そして同じ失敗はあんまり繰り返さないようにして、挑戦することに伴う失敗は許容あるいは推奨さえする姿勢が必要です。このあたりについては元来的に得意というわけではないので、探りながらやっております。

5-6　まとめ

　さて、エンジニア組織作りについての筆者の2年ほどの経験をかいつまんでお話ししました。できてること、できたことも、まだまだこれからのこともあります。いかがでしたでしょうか。

　これから近い立場やポジションで仕事をする人に対して、何かしらのヒントになれば幸いです。このお仕事はエンジニア出身者がやることが多いかなと思います。そうでないと無理なんじゃないかとも思っています。そんな中でやる仕事の内容は明らかにこれまでのエンジニアとしての仕事とは異なる、「人」と「組織」を取り扱う仕事です。

　でもそれは少しシステム設計に似ています。そして一緒に働くエンジニアの、エンジニアライフを左右する重大でやりがいのある仕事です。

　これからエンジニア組織作りに挑むみなさんからすると、筆者が置かれた状況にはいくつかの幸運がありました。顔なじみと一緒に取りかかれたことや、既にプロダクトはあったこと、組織の規模拡大について肯定的に会社が動いてくれたことなど。

　もしかしたらみなさんが挑むシチュエーションはよりハードかもしれませんが、それでも何かしら参考になることがあることを願い、応援しています。技術書に自分の知見を書きシェアする動機の、残り半分はそういう気持ちです。

注46「組織の中において、自身の考え・気持ちを、他者の反応を恐れることなく、安心して発言できる状態」などと言われます。

第 6 章

エンジニアリング
イネーブルメント

川中真耶

この章ではエンジニアリングイネーブルメントと称し、エンジニア一人一人のスキルアップに対する施策やチームのエンジニアリング力を向上させ成果を出すための施策について紹介します。特に筆者が共同創業者の一人である株式会社ナレッジワーク（以下、ナレッジワーク社）で実際に行われてきた取り組みをエンジニアリングイネーブルメントの1つのケーススタディとして紹介します。この章の対象読者は、開発チームのマネージャーを含む、開発活動をよりよくしようとしている人全員です。

6-1　エンジニアリングイネーブルメントとは

　イネーブルメントとは「できるようになること」という意味で、エンジニアリングイネーブルメントとはエンジニアリングができるようになること、すなわち、日々のエンジニアリングがよりよくできるようになるための能力向上や成果向上の取り組みを指しています。この単語はまだ新しい単語であり、人によってはデベロッパーイネーブルメントという言葉を使っていることがあります[注1]。この本では、エンジニアリングイネーブルメントを、エンジニアの能力向上や成果向上を支援する様々な活動を体系立てて整理し組織的支援のもとに行うことと定義します。

　エンジニアリングイネーブルメントとして行っている取り組みは、何も特別なものではありません。読者のみなさんのチームでも能力向上・成果向上を目指した取り組みはすでに行われているはずです。たとえば、技術向上のためにチームで集まってやる勉強会、スキルアップのためのトレーニングの作成などは能力向上に関する取り組みと言えますし、よりよいコードレビューのためのガイドラインの策定やオンボーディングのためのドキュメント作りは成果向上に関する取り組みと言えます。

エンジニアリングイネーブルメントが目指す姿

　エンジニアリングイネーブルメントは、単に能力向上や成果向上を目指すにとどまらず、汎用性や実効性という観点を両立させることを目指しています。おそらくどのチームも、能力向上や成果向上に関する取り組みは様々実施されていると思います。たとえば、研修、勉強会、OJT (On the Job Training) のような活

注1　https://atmarkit.itmedia.co.jp/ait/articles/2310/06/news045.html、https://www.infoq.com/qcon-london-2022/

動が例としてあげられます。それらがうまく能力向上や成果向上に結びついていれば問題ありません。しかし、単発の活動には効果に限界があります。

どのエンジニアでも活用できるような内容の能力向上の仕組み、たとえば外部の技術研修や既存の本を輪読するものは、様々な現場で同じ内容が役立つようにするため汎用的なコンテンツが中心となり、様々なエンジニアのスキル向上に役に立つものになります。ただ、日々の現場にはすぐには活用できないものが多くあります。汎用的なコンテンツは、自社での実際の開発手法や開発内容に合わせて習ったことを読み替えたり組み合わせたりといった応用のための翻訳作業がどうしても必要となります。スキルが十分に高い人はそれを自然に行うことができるので問題がありません。しかし、自社でこれから高いスキルをつけることを目指している人にはその翻訳作業がスムーズにはいかず、実効性という観点では課題が残りがちです。

実際の開発手法や開発内容に合わせて行われている取り組み、たとえばOJTは、現場でそのまま使える内容になっているため、実効性という観点からは優れた方法です。一方、現場でカスタマイズして利用することになるため、自社以外でコンテンツの再利用には向いていません。また、OJT では上司や先輩がメンターとなって実際の仕事を通じて指導を行い、知識や技術を身につけさせますが、教えてくれるメンターによって質が大きく左右され、汎用性という観点でも課題が残りがちです。

より汎用性・実効性を担保したイネーブルメント活動を行うためには、体系立ててイネーブルメント活動を考えていく必要があります。現場に即したナレッジ、ノウハウ、トレーニングを提供できてはじめてエンジニアリングイネーブルメントと言えるでしょう。

図6-1　エンジニアリングイネーブルメント

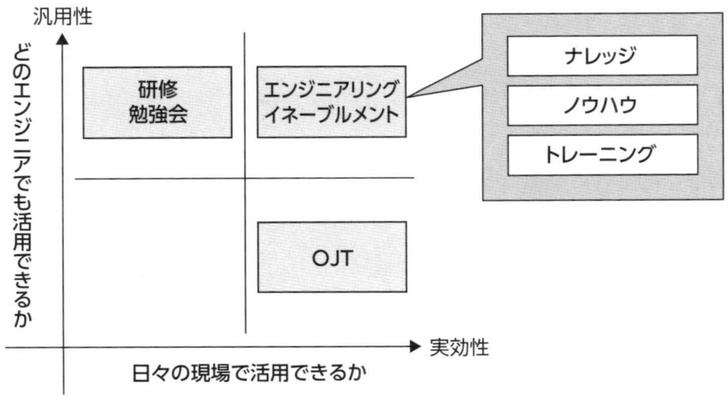

エンジニアリングイネーブルメントが必要な理由

　現代のソフトウェアは複雑で多岐にわたっているため、エンジニアリングを行う上で様々な領域で専門性が求められています。たとえば、Webアプリケーションを作るエンジニアは昔はWebアプリケーションエンジニアなどとして一括りにまとめられていましたが、いつの頃からか大きくフロントエンドエンジニアとバックエンドエンジニアに分化して専門性を追求することが広く行われるようになりました。この二職種に求められていることが大きくかけ離れているからです。フロントエンドエンジニアやバックエンドエンジニアの中でさらに狭い範囲の専門性を追求することも普通です。エンジニアリングに関連するすべての専門性をすべてのエンジニアが身につけることを目指すには、あまりにもエンジニアリングというものは広くなってしまいました。

　しかし、エンジニアリングとしてやるべきことがいくら広いと言っても、エンジニアはプロダクトを作って価値を出さなければなりません。価値を出すことをしっかりと支援していくため、能力向上や成果向上を組織的に支援していく必要にせまられています。その支援を包括的に行うことがエンジニアリングイネーブルメントというわけです。

6-2　能力向上と成果向上

　エンジニアリングイネーブルメントは、能力向上や成果向上の取り組みであると述べました。実際にどのような取り組みであるかを簡単に説明します。

　能力向上に関する取り組みとは、簡単にいうと人材育成に関するもので、スキルを向上させる取り組みです。たとえば、一般的なコンピュータサイエンスに関する教育や勉強会、チームで利用しているフレームワークに関する知識の底上げ、あまり慣れていないソフトウェアスタックの習熟のためのハンズオントレーニングなどをあげることができます。こちらは勉強会やトレーニングをイメージすれば外れてはいないかと思います。

　成果向上に関する取り組みとは、簡単にいうと仕事をよりよく進めるためのものです。仕事においてやらなければならないことを分かりやすく明示することや、やらなければならないことをなんらかの方法（たとえばソフトウェアの力）で支援や肩代わりすることも成果向上に関する取り組みに含まれます。取り組みの1つの例は開発環境の整備で、CI/CD整備（3章にて取り上げました）やビルドスクリプトの整備が含まれます。ブランチ単位でプレビュー環境を作成するよ

うなことも含まれます。また、文書や仕組みの整備といった取り組みも、成果向上に関する取り組みに含まれます。たとえばリリースの手順書を作成したり、コードレビューガイドラインを策定したりといった、チーム内のドキュメント整備がこれにあたります。

　一般的にはイネーブルメントという単語は能力向上だけを想起させやすいのですが、成果向上に関する取り組みも忘れてはいけません。仮に能力がある人でも自チームで定めている開発プロセスを詳細まですべて知っているわけではなく、成果を出すためのプロセスを知ることは能力に関わらず必要だからです。誰もが成果を出すための取り組みによって、誰もが成果を出しやすい環境を作ることができるので、属人性の排除にもつながります。

能力向上と成果向上のためにチームを分化

　能力向上や成果向上を目指してチームの役割の分化を目指すという流れが2020年代には主流になってきました。先ほど述べたように、主にプロダクトを開発するチームがすべての技術の専門性を身につけることは困難です。しかし、専門性を獲得したチームがあればそこから必要な専門的知識をプロダクト開発チームに教えたり、専門性の高い仕組を構築できたりします。特に『チームトポロジー』[注2]という本で紹介されたイネーブリングチームやプラットフォームチーム（5章で取り上げました）といったチーム体制を取る組織が増えています。これらのチーム組成はエンジニアリングイネーブルメントの一つと言うことができます。

　イネーブリングチームは、特定のプロダクトや技術のスペシャリストから構成されるチームで、プロダクト開発チーム（『チームトポロジー』の言葉ではストリームアラインドチーム）にプロダクトや技術を教える役割を持つチームです。必要に応じて開発チームと密に協業することもあるでしょう。イネーブリングチームの例として、たとえばプログラミング言語の深い知識を持つチームがあれば、プロダクト開発チームは少し難しいプログラミング言語の知識がないと実現できないような機能を実現しようとする場合に大いに助けになるでしょう。また、新しいフレームワークを導入しようとしている場合には、その使い方をあらかじめ試して長所と短所を調べてもらったり、そのフレームワークが実際に作ろうとしている機能に役立つかを調べてもらったりすることができ、必要なスキルを短時間で移転してもらえます。これは一種の能力向上施策ということができます。

注2　マシュー・スケルトン、マニュエル・パイス著／原田騎郎、永瀬美穂、吉羽龍太郎翻訳『チームトポロジー 価値あるソフトウェアをすばやく届ける適応型組織設計』日本能率協会マネジメントセンター、2021年

プラットフォームチームは、プロダクト開発チームが実際にプロダクトを構築・実行・修正するのに必要な内部サービスを提供します。一度内部サービスを構築してしまえば、プロダクト開発チームはそれを利用すれば仕事が進んでいくという状態になるのが理想です。たとえば、CI/CD プロセスは構築するのに一種の専門性が必要かもしれませんが、一度構築してしまえば大きくプロダクトが変更されない限りは利用に専門性は必要ありません。そしてプロダクト開発チームはCI/CD プロセスの恩恵に預かることができ、仕事を前に進めることができます。これは一種の成果向上施策ということができます。

このように、チームの分化もエンジニアリングイネーブルメント活動の一種ということができます。

6-3 エンジニア職以外でのイネーブルメントの活動

ところで、この能力向上・成果向上のための施策はエンジニアリングに限って行われているものではありません。エンジニアと対極にいると考えられやすいセールス職の世界でも、営業組織が継続的に成果を上げていくために行われる改善施策や人材育成の取り組みである「セールスイネーブルメント」という考えが1999 年頃に米国で生まれています[注3]。この考え方では、営業を行うためのスキルの定義、およびスキルの向上のためのトレーニングのみならず、よりよく商談を進めるためのセールスコンテンツ（提案書雛形など商談用の資料のこと）の拡充、また商談を円滑に進めるための様々なツールの整備が必要であるとされています。スキルの定義やトレーニングが能力向上、コンテンツの拡充やツールの整備が成果向上に当たることは明白でしょう。この 10 年程度でセールスイネーブルメントという考え方は米国ではかなり広まっており、むしろセールスイネーブルメントが指す範囲が広すぎるとして細分化すら始まっています。

同様の考え方、すなわち、スキルの定義、トレーニング、コンテンツの拡充、ツールの整備はエンジニア職においても個別に発達していますが、それらを統合して推進していこうという取り組みは一部の企業では取り組みの例が見られるものの、考え方そのものはまだ広まっていないと筆者は考えています。しかし、全体の取り組みによって能力向上・成果向上を進めることは理に適っており、一度包括的に考えてみる価値があると考えています。

注3 https://www.mereo.co/a-history-of-sales-enablement-and-predictions-for-its-future/

6-4 エンジニアリングイネーブルメントの活動の進め方

これまでの節ではエンジニアリングイネーブルメントがどのようなものか、何が重要なのかについてお話しました。この節では、ナレッジワーク社で実際に試行したことを例にあげながら、エンジニアリングイネーブルメントをどのように進めていけばよいのかについてお話します。

エンジニアリングイネーブルメントの活動の外観

エンジニアリングイネーブルメントの活動は、やみくもにやっても効果は限定的です。そこで、現状のチームに何が足りないのか、どのような仕組みが必要なのかを考えるため、ナレッジワーク社ではまず自分たちがやっている仕事をきちんと定義するところから始めました。そして、その仕事を遂行するのに必要な能力や仕事の内容を言語化し、その能力向上施策や成果向上施策を定義するという順で進めました。以下に概要を示します。能力向上施策と成果向上施策は並行して進めることができるため、並行して進めました。

▶ 開発プロセスの全体像の定義

自分たちがどのような開発プロセスで開発しているのか、そのプロセスを実行するために特に重要な要素 (ナレッジやスキル) は何かを定義します。

エンジニアにとって、自分たちの開発プロセスは自明に思えるかもしれませんが、チームの分化が進んでいる以上、意外と開発プロセスの全体像は誰の目にも見えていないものになっています。たとえばフロントエンドエンジニアはバックエンドエンジニアの開発プロセスに詳しくないことが多いですし、その逆も然りです。プロセスはともかく、重要な要素は見えていないでしょう。また、マネージャーもチームが開発をどのように進めているのかは、意外と見えていないことが多いです。まずしっかりと自分たちが行っている開発プロセスを言語化してみる必要があります。

▶ 能力向上施策の定義と実施

- 各プロセスにおける必要スキルの洗い出し
  プロセス中の重要な要素について、その要素を実行するための主要なスキルを定義します。要するに、どういうスキルを持っている人がいたら、そのプロセスがうまく進むのかを考えて書き出します。結果として、開発プロセス全体で必要

なスキルを一覧して定義することとなります。

- **チームが持つスキルの把握**
  必要なスキルが今チームでどれだけ満たされているかの現状把握を行います。
- **重点向上スキルの決定**
  現状把握を行った結果、理想の状態に達していないスキルのうち、開発プロセスをよりよくしていくために効果が高いと思われるスキルを決定します。
- **スキル向上のための施策実施**
  スキルアップのためのトレーニング等の施策を実施します。

▶ 成果向上施策の定義と実施

- **各プロセスにおける必要ナレッジ、必要ツールの把握**
  プロセス中の重要な要素について、その要素を遂行するのに必要なナレッジやツールを定義します。ここでのナレッジとは、その要素を遂行するための手順書などを見れば仕事が進められるものを指しています。
- **チームが持つナレッジ、チームが利用するツールの把握**
  今チームが作成済みのナレッジや利用しているツールを把握します。これは足りないナレッジや足りないツールを把握するために行います。
- **重点向上ナレッジの決定とツールの決定**
  補うべきナレッジやツールを決定します。
- **ナレッジ・ツールの作成**
  足りないナレッジやツールを自分たちで作成したり外部から購入したりします。

スキル定義とトレーニングは能力向上・成果向上の対となるものとして実施しています。同じく、ナレッジ・ツールの定義とナレッジ・ツールの作成のように対になるものとして実施しています。これらは対象が人なのか仕組みなのかが異なるだけです。

6-5 開発プロセスの全体像

まず、自チームの開発プロセスはどのようなものなのか、そのプロセスを進めるために何が重要な要素であるのかを定義することから始めます。そして、開発プロセスから能力向上施策や成果向上施策を導き出します。この後の話がイメージしやすいように、ナレッジワーク社で実際に定義した開発プロセスや重要な要素として定義したものを例として図6-2にあげます。ここでは主にフロントエン

ドエンジニアやバックエンドエンジニア向けのステップや成功ファクターを定義しており、図からは一部省略したものもあります。

図6-2　開発プロセスの全体像

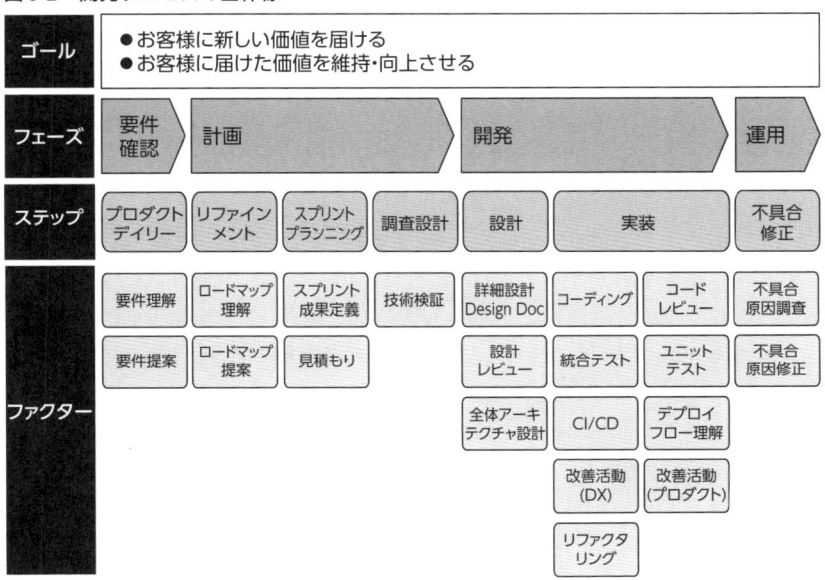

ゴール	●お客様に新しい価値を届ける ●お客様に届けた価値を維持・向上させる							
フェーズ	要件確認	計画			開発			運用
ステップ	プロダクトデイリー	リファインメント	スプリントプランニング	調査設計	設計	実装		不具合修正
ファクター	要件理解	ロードマップ理解	スプリント成果定義	技術検証	詳細設計 Design Doc	コーディング	コードレビュー	不具合原因調査
	要件提案	ロードマップ提案	見積もり		設計レビュー	統合テスト	ユニットテスト	不具合原因修正
					全体アーキテクチャ設計	CI/CD	デプロイフロー理解	
						改善活動(DX)	改善活動(プロダクト)	
						リファクタリング		

なお、QAなどの隣接職種も同様に開発プロセスの全体像を定義しています。QAでは開発フェーズの代わりにテストフェーズを用意しています。計画フェーズではテスト設計・テストケース作成をステップとして用意し、テストフェーズではテスト実施などのプロセスを用意しています。

開発ステップの定義

まず自分のチームの開発プロセスを大きく何個かのステップに分けて書き出してください。たとえば、スプリントというアジャイルのフレームワークを使っているのであれば、計画 (プランニング)、設計、開発、リリースを1～4週間程度の短期間 (スプリント) で回していくようなプロセスでしょうから、一旦この4つで考え始めても構いません。

自分のチームで何を重くみるかでステップを追加・削除して構いません。QAプロセスをしっかり回すためにQAステップを追加したり、一度リリースしたものの不具合調査や不具合原因修正などの運用タスクをしっかり回すために運用というステップを追加したりすることができます。リリースは別チームがやると

いうのであれば、自チームの開発プロセスからはリリースは削除できます。ただし、設計と実装を同時にするからといってこれらを同じステップであるとするのは、ステップを進めるために求められる要素が違いすぎるので論理的には別ステップであるとしておいた方がよいでしょう。チームのレベルや開発規模などによってステップは異なりますので、あまり一般論にとらわれず自分たちのチームが実際に行っているステップについて記述してください。

ナレッジワーク社では、開発プロセスは大きく計画→設計→開発→リリース→運用と進むと定義し、さらに計画はプロダクト計画とスプリント計画に分かれ、開発は実装とテストに分かれると定義しました。ナレッジワーク社ではPMM（プロダクトマーケティングマネージャー）やPdMがまだ企画中のプロダクトを顧客に実際に提案することでブラッシュアップするプロセスが根付いており、エンジニアはプロダクト価値検証が一定の済んだ状態からプロダクトを開発することが多々あります[注4]。そのため、実際に何が顧客にとって価値をもたらすものなのかということを理解するところから開発がスタートします。それをここではプロダクト計画と呼んでいます。チームやプロダクトによってはこのプロセスは全く存在せず、まずモックを作るところから開発が始まるチームもあるかもしれません。このように、必ず自チームで行っているステップについて記述することが重要です。

このように自チームでの開発プロセスを定義したら、各ステップ中を進めるために必要なスキル、必要なプロセス、他成果を出すために必要と思われる事項を抽出します。これをここではステップを進めるための成功ファクターと呼ぶことにします。

開発プロセスの成功ファクターの定義

ステップが定義できたら、そのステップを進めるために必要なもの（スキルや成果など）を成功ファクターとして定義します。成功ファクターはたくさん書き出してもよいのですが、この成功ファクターに基づいて成果向上・能力向上の施策を考えるため、細かい成功ファクターはわざと省いています。一部成功ファ

クターは抽象的にまとめていますし、重要だと考えられるものだけに絞ったりしています。

ナレッジワーク社で定義した成功ファクターは図6-2にまとめてありますが、どのように選んだか、そしてそこから考えられる成果向上施策や能力向上施策について少し説明します。

▶ 計画フェーズ

計画フェーズは、プロダクト計画ステップとスプリント計画ステップからなっています。

プロダクト計画ステップは、これから作ろうとしているプロダクトの価値を理解することが重要な成功ファクターであると考えています。つまり、エンジニアがこれらの価値をきちんと理解しているのか、理解するためのドキュメントをPdMやPMMが作っているのかは成果に直結すると考えられます。よって、これらのドキュメントに問題があれば成果向上施策として考えていく必要があるでしょう。ちなみにですが、今回のように開発プロセスを列挙して重要ファクターを考えるという順序をふまない場合、このようなエンジニア以外との連携が必要なステップは改善の対象から非常に見過ごされやすいです。

スプリント計画ステップではスプリントゴールをきちんと定義しているか、一定の見積もりができているかを主な成功ファクターとしました。

▶ 設計フェーズ

設計フェーズは開発に入る前に設計を行うフェーズです。

ナレッジワーク社では実装に入る前にあらかじめDesign Docを書いて実装に関する論点を洗い出しておくことが恒常的に行われています。もちろん実装中にもDesign Docは更新されていくのですが、開発に入る前にDesign Docにあらかじめ論点をきちんと出しておけるかが設計フェーズの大きな成果を左右する成功ファクターであると考えています。Design Docの出来を向上させるためのスキルをきちんと定義することは難しいのですが、アーキテクチャ設計のようなスキルや、論点を人にきちんと伝えるためのテクニカルライティングのようなスキルが視野に入っています。

なお、この段階で全体アーキテクチャとの整合性設計が求められ、その出来がプロダクト全体の品質を決めると考えているため、全体アーキテクチャ設計を成功ファクターとして入れています。ナレッジワーク社ではシニアレベルより上のグレードのエンジニアが全体アーキテクチャ設計に取り組んでおり、現在は特段の課題を感じてはいないのですが、シニアレベルのエンジニアをもう一段能

力向上させようとした場合には全体アーキテクチャ設計の能力向上施策を取ることになるだろうと考えています。

▶ 開発フェーズ

開発フェーズは実際にコードを書いていくフェーズです。

ステップとしては実装とテストに論理的に分けて考えていますが、あくまで成功ファクターを考えやすくするために分けたもので、実際は実装とテストは行き来しながら開発が進んでいきます。このステップが開発の中心となるため、成果を出すための成功ファクターは非常に多岐にわたるのですが、言語理解やフレームワーク理解のような基礎知識があるか、やりたいことを（できれば美しく）コードに表現できるか、他人のコードを読んでレビューできるかを大きな成功ファクターとしてとりあげました。

また、これを考えた当時はもっとリファクタリングしてから機能開発してほしいという要望や開発環境整備に十分に時間が割かれていないという危機感から意図的にリファクタリングや開発環境整備を成功ファクターとして追加しています。あくまでこの後の成果向上・能力向上施策を考えるために開発プロセスを定義しようとしているため、危機感を持っている成功ファクターについては敢えて取り上げるようにするのもありかと思います。

開発フェーズは、チームによっては、もっと特別な成功ファクターが存在するでしょう。機械学習チームであれば、モデルの定義やMLパイプラインの整備などが成果をあげるための重要ファクターになりうるでしょう。

▶ リリースフェーズ

リリースフェーズは機能をリリースしていくフェーズです。

ナレッジワーク社では新しくリリースする機能をセールスに十分に説明する時間を取るため、もともと機能リリースを隔週に一度に制限していました。現在はデプロイとリリースを分離し、デプロイは必要に応じて随時行い、機能リリースはフィーチャーフラグでのリリースに切り替えています。デプロイやリリースはお作法を守らなければ事故に繋がりかねないため、デプロイフローをきちんと言語化したり、できるところは自動化したりしています。特にCI/CDに対する理解や整備して自動化を進めることは、このステップの大きな成功ファクターであると考えています。

チームによってはリリースフェーズの成功ファクターは、大きく異なる可能性があります。たとえば、リリースに対してはプロダクト開発チームとは別に組織されたSREチームが大きな責任を持っており、プロダクト開発チームはリリース

に対してそれほど考えなくてよいという分業がなされているのであれば、プロダクト開発チームはリリースフェーズに対して考えるべき成功ファクターは非常に小さくなります。

▶ 運用フェーズ

運用フェーズは、機能リリース後のメンテナンスをしていくフェーズです。

ナレッジワーク社では顧客からの問い合わせやそれに対する不具合調査が機能リリース後には発生することになります。不具合調査や不具合修正には、ログ調査などの開発とは異なるファクターが存在します。そのため、単なる開発とは分けて考えることにしています。

開発プロセスの見直し

開発プロセスを書き出してみると、必ずと言ってよいほど自分が理想としているプロセスからは程遠く、もっとよいプロセスにしたいという修正箇所が見えてきてしまいます。たとえば、自チームはアジャイル開発をやっているつもりがミニウォーターフォールのようになっていると気づき、修正したいと考えるようなことです。

開発プロセスを書き出すのは能力向上や成果向上の施策を決めるためですから、開発プロセス自体をよりよくすることでよりよい成果が見込めるのでしたら、その理想のプロセスをこれから実現するために能力向上施策や成果向上施策を実施することは理にかなっています。この場合、たとえばテストが自動化されていないためにどうしてもQAが重くなってしまっている、コーディング力が弱く設計がコーディングのようになってしまっている、などのファクターが見えれば、そのファクターから成功のための能力向上施策や成果向上施策を考えることができるようになります。また、一度理想の開発プロセスと実際の開発プロセスの差を書き出しておけば、非エンジニアに対してのプロセス説明が楽になり、会社内の折衝が楽になるかもしれません。

6-6 能力向上のための仕組み

さて、ここまで開発プロセスを定義してきましたが、ここから能力向上や成果向上のための施策立案に移っていきます。能力向上施策と成果向上施策は並列に行うことができますが、この節ではまず能力向上のための施策について考えま

しょう。能力向上のために必要なことは、大きく分けて2つあります。

- どの能力が必要であるかを示すスキルマップの作成
- チームまたは個人がスキルを獲得するための道しるべを作ること

この節では、開発プロセスから能力向上のための仕組みをどのように作ればよいか、どのような仕組みがあるかについて説明します。

スキルマップの作成

スキルマップという言葉自体にはいろいろな定義がありますが、ここではある職に対して必要なスキルと到達水準を示したものと定義します。

前節では開発プロセスを定義し、その開発プロセスを成功に導くためのファクターを定義しました。そのファクターに対するスキルが、求めているスキルということになります。ここでいうスキルは、プログラミングスキルだけに限る必要はありません。技能面だけでなく、知識を含んでも構いません。たとえば、スクラムというフレームワークを利用していれば「スクラムに対する知識」やスクラムマスターとして必要な「ファシリテーション力」なども求めるスキルになりえますし、医療業界向けのプロダクトを開発していれば「医療業界の常識」も求めるスキルになるでしょう。一般に作っているプロダクトのドメイン知識は一つのスキルになりえます。

例として、実際にナレッジワーク社で定義した開発プロセスから、スキルマップを定義します。スキルマップの定義は、スキルの抜き出しとレベル定義の順で行います。

▶ スキルの抜き出し

まずスキルの抜き出しです。ファクターから、そのファクターを遂行するために必要なスキルを書き出します。スキルと思われるもの、すべてを書き出す必要はありません。おそらく多すぎで無理ですし、そもそもうまく定義できないでしょう。あくまでここから能力向上の施策を考えるために抜き出しています。特に重要なものや、自チームに欠けていると感じているものを中心に抜き出してください。

重要なスキルでも特に問題と感じていないものは能力向上施策を考えても施策をやることがなく無駄ですので考えなくても構いません。ただ、新入社員が多い環境ですと何を全員の共通認識として定義しておくかが明確になるので価値がある場合もあります。

表6-1　各ファクターとスキルの関係

フェーズ	計画フェーズ		設計フェーズ	
ファクター	ロードマップ理解	技術検証	詳細設計、設計レビュー	全体アーキテクチャ設計
スキル	一般認知能力 技術戦略構築	英語	Design Doc の書き方作法、 レビュー作法 データベース設計 　データベースの基礎理論 　Postgres 特有事象の理解 ドメイン駆動設計 (基本レベルのみ) 社内用語	アーキテクチャパターンの理解 Web セキュリティ

開発フェーズ		リリースフェーズ	運用フェーズ
コーディング	コードレビュー	デプロイフロー理解	不具合原因調査
利用しているプログラミング言語の理解 (Go 言語や TypeScript 言語など) 利用している フレームワークの理解 (gRPC など) 基本的なアルゴリズムの理解 HTML/CSS の理解 (特に frontend 向け) HTTP の理解	コードレビュー作法 (コミュニケーション能力) Web セキュリティ	フレームワークの理解 (Cloud deploy など)	計装ライブラリ (open telemetry など) インフラ管理言語 (terraform など) モニタリングの理解

　スキルを抜き出していくと、必要だと思っていたスキルが、ファクターに含まれてないことに気づくことがあります。この場合、本当はそこまで必要なかったスキルの場合もありますし、ファクターが足りないだけの場合もあります。前者の場合は思い込みが解けてよかったということにし、後者の場合はファクターを再定義するとよいでしょう。

　ナレッジワーク社でも何度もスキル定義とファクター定義を見直しました。一度にすべてできないのは普通です。何度も見直してかまいません。また、開発プロセスを大きく変えた場合は随時、そうでなくとも半年に一度などの頻度で必須スキルの見直しをしていくとよいでしょう。

▶ スキルレベルの定義

　先ほど抜き出したスキルに対して、到達水準を示すためのレベルの定義を行います。到達水準を示すことによって、誰がどのレベルのスキルをどれだけもっているかを明らかにしたり、次のレベルの到達にはどのようなことを理解すればよいのかを示したりすることができます。

　レベルの分け方は複数のやり方がありますが、一つのやり方としては社内の等級水準に合わせてレベル分けする方法があります。

　社内の等級水準に合わせてレベル分けすると、スキルアップを直接等級アッ

プにつなげることができるため、社内で活用しやすいでしょう。ナレッジワーク社の場合、等級を大きくジュニアA、ミドルB、シニアC、さらなるハイレベルDの4つ[注5]に分けており、それぞれのレベルで身につけておくべき水準を定義しています。

ただし等級に紐付ける場合は注意点があります。このスキルレベルを等級アップの際に絶対視しないようにしなければなりません。このスキルマップだけに従って等級アップなどを決めるようになると、簡単にハックが始まります。スキルレベルを定義したものはあくまで主要なスキルについてのみであり、それ以外のスキルについては何も言っていません。ハックが始まると定義されていないスキルを無視するようになる可能性があります。

もし社内で等級水準が整備されていないようであったり、社内の等級水準がスキルレベルの定義に即しないということであれば、違う定義を考える必要があります。独自にスキルレベルを定義してももちろんよいのですが、筆者としては情報処理機構 (IPA) が定義している IT スキル標準[注6]をまず参考にすると納得感が得られやすいと感じています。IT スキル標準はレベルを 7 段階に分けており、このレベル分けは試験などを通じてレベル感がある程度浸透しています。ざっくりと次のようなレベル分けになります。

- レベル1 最低限必要な基礎知識を有する
- レベル2 上位者の指導の下に、要求された作業を担当できる
- レベル3 要求された作業をすべて独力で遂行できる
- レベル4 独力で業務上の課題の発見と解決をリードできる
- レベル5 社内においてプロフェッショナルとして認められる
- レベル6 国内でハイエンドプレーヤーとして認められる
- レベル7 世界で通用するプレーヤーとして認められる

たとえばデータベーススペシャリストの資格を持っていれば、データベースに関してはレベル4が認定されるという基準があり、このレベルはある程度の業界のコンセンサスが得られています。こちらを基準に作ってみるのもよいでしょう。ただし、IT スキル標準のレベル 6〜7 は抽象的で包括的な能力が問われているので、個々の具体的なスキルに関してはレベル5以上は一律で5として5段階にした方が運用しやすいと思います。

実際にナレッジワーク社で作ってみたスキルマップの一部は次のようなものです。

注5　実際はもう少し細かい話がありますが、この本の中では分かりやすさを優先して4つと定義しています。
注6　https://www.ipa.go.jp/jinzai/skill-standard/plus-it-ui/itss/itss2.html

ナレッジワーク社では、個々のスキルに対して一つ一つレベル感を定義せず、スキルを抽象化して一括して定義しました。等級アップの目安になりやすい形に落とし込んでいます。

表6-2　スキルアップ

クラス	A	B	C	D
プロダクト理解	・周囲の支援を受けて、minispec を理解できる ・プロダクトの機能や価値について、担当範囲において理解できる	・独力で minispec を理解でき、技術的な観点から議論ができる ・自部署が開発しているプロダクトの機能や価値を理解できる	・自部署が開発しているプロダクトの機能や価値を理解でき、他部署と適切に議論しプロジェクトの推進ができる	・中長期(1〜3年)の会社の戦略を理解し、技術的な側面から議論が行える ・複数の事業を横断したプロダクトの機能や価値を理解でき、技術的な観点から議論ができる
技術戦略	・自身の担当範囲における技術調査が行なえ、必要があれば周囲に支援を求めることができる	・自部署の技術戦略を自身の開発に落とし込むことができる ・担当領域の技術的な潮流を読み、自身の開発に導入できる	・短期(四半期〜1年)の技術戦略を策定できる ・担当領域の技術的な潮流を読み、自部署の開発に導入できる	・中長期(1〜3年)の技術戦略を策定できる ・自社の技術の理想を策定し、逆算して、プロダクトに導入できる
設計	・周囲の支援を受けて、既存の Design Doc を理解できる ・周囲の支援を受けて、新規の Design Doc を完成できる	・工夫やアイデアが必要な新規の Design Doc を独力で完成できる ・複数のアイデアを持ち、その時点の状況に対して妥当なものを選択できる	・Design Doc を機能要件・非機能要件(スケーラビリティ・セキュリティ・UX) 両面の観点からレビューできる	・複数の事業を横断した設計ができる
実装	・周囲の支援を受けて、既存や自分が作成した Design Doc に従って実装できる ・自分の実装した機能のテスト(単体テスト・統合テスト・E2E テスト)が書ける	・Design Doc に明記されないことも汲み取って実装ができる ・自分なりの工夫やアイデアを実装に反映できる ・上記をふまえたコードレビューができる	・多人数で開発することをふまえて仕組みを工夫した実装ができる ・非機能要件 (スケーラビリティ・セキュリティ・UX) を考慮して実装できる ・上記をふまえたコードレビューができる ・十分な実装スピードがある	・複数の事業を横断して活用できるライブラリや仕組みを実装できる

運用	・担当期間中にアラートを監視し、インシデントの予兆に気づくことができる ・インシデントの予兆を捉えた場合に周囲に相談・報告できる	・アラートを調査し、原因を特定できる ・インシデントの原因を適切に自部署および他部署に報告できる	・インシデントが再発しない仕組みを発案・実装できる ・他部署と協力してインシデントを解決に導くことができる	・中長期（1～3年）を見据えて、よりインシデントが発生しにくい仕組みを考案し、組織に導入・定着できる ・複数の事業を横断した一貫性のある運用の仕組みを提案・導入できる

　もちろん、スキルを抽象化せずに多数羅列してレベルを設定していくこともできますが、細かくレベルを定義すると多大な労力がかかります。ざっくりとレベル感を定義した方が運用しやすいでしょう。

　ジュニア・ミドル・シニアのレベル分けですが、ITスキル標準の7段階のレベル感で、ジュニア層であればレベル1～3が中心、ミドル層がレベル3～4中心のスキル保持になります。シニア層はレベル4～5程度のスキルをいくつか保持するという格好になると思います。

チームのスキルの把握

　ここまででスキルとそのレベル定義ができました。この定義を元に、自分のチームが今どの段階にいるのか、各メンバーがどの段階にいるかを把握できると、今後の能力向上プラン作成に役立ちます。

　そのためには次のように、メンバーのスキルレベルを把握するための表を作ると効果的です。これをスキルレベル表と呼ぶことにします。例として利用する技術等を5段階のレベルで定義したものを示します。メンバーがスキルとして保持していないものはハイフンを入れています。

表6-3　メンバーのスキルレベルを把握する

氏名	Design Doc	RDB	Go	TS	Algorithm	HTML/CSS	……
Member1	5	5	5	2	5	5	……
Member2	3	-	-	3	2	4	……
Member3	3	4	3	2	3	2	……

　スキルレベルの決定方法は、自己申告、マネージャーによる評価、同僚による評価などが考えられます。ただし、どれか1つの方法で決定するのは避けた方が無難です。

自己申告は人によってスキルレベルの解像度の差があります。自分に甘い人、辛い人も存在します。本人はできると思っているが、他人から見ると全然できていないと評価されるスキルも多くあるものです。いわゆるダニングクルーガー効果というもので、能力や専門性や経験の低い人は自分の能力を過大評価する傾向があり、能力が高い人が自分の能力を過小評価することがあります。結果として、実際はレベル3の人が自分のレベルを4と申告し、実際はレベル5の人がレベル4と申告することがよく起こります。

マネージャーによる評価だけでは、スキルを正しく評価できません。マネージャーからはどうしても見えていないスキルや、マネージャーの能力不足でレベルが判別できないスキルが存在するためです。たとえば、バックエンド技術を中心にやってきたマネージャーがフロントエンドを中心に活動しているエンジニアのスキルレベルを正しく評価するのは相当な困難が伴います。技術ではなく組織マネジメントを中心に活動しているマネージャーであれば、なおさら正しい評価が難しくなります。もし同じチームにテックリードがいれば、テックリードから意見を取り入れることである程度基準を揃えることが可能です。

同僚による評価は、普段仕事で利用するスキルについてのチーム内の相対評価であれば、大体の場合はおおよそ正しく評価ができることが多いです。絶対レベルは分からなくとも、どちらのメンバーの方が高いスキルを持っているかはよく一緒に仕事をしていればおおよそ掴めてくるものです。一方で自分より高いレベルに関しては、基準が曖昧でうまくレベル付けできません。

以上のことから、自己申告および他人からの評価を組み合わせ、チーム内でキャリブレーションしてレベルを決定するのがよいでしょう。

▶ スキルレベル表の公開

スキルレベル表をチーム内や会社内で公開するかどうかは少し悩ましい問題をはらんでいることがあります。

一般には、スキルレベル表をチーム内や会社内で開示するとメリットが複数あります。たとえば、誰がどの分野が得意であるかが分かるようになります。特に、新しくチームに入ってきた人にとっては、誰に聞けば答えを得られやすいかが表を見れば分かるのでオンボーディングのときに非常に便利です。また、スキルの属人化が簡単に明示されます。たとえば、インフラの管理のためにterraformを使っている場合にterraformについてよく知っている人が一人しかいなければ、その人がSPoF (Single Point of Failure) になっていることが分かり、チームとしてもう一人terraformを使える人を増やしたいとなるでしょう。

一方でスキルレベル表を開示することによるデメリットもないわけではありま

せん。たとえば、スキルレベルを社内等級とリンクさせて作った場合で社内等級をメンバーには開示していないような場合、スキルレベル表から社内等級がある程度推測できてしまうことになりえます。ただし、一緒に働いていれば等級はそもそもある程度予想がつくでしょうし、スキルレベルは絶対視しないという約束にしておけば、スキルレベルの公開すなわち等級の公開とはならないので、大きな問題にならないかもしれません。

スキルマップに基づいた能力向上施策

スキルマップとチームのスキルレベル表が作成できれば、後は効果がでそうなところからスキルアップのための施策を行っていくだけです。どのスキルを向上させれば効果が出るか分かってしまえば、施策そのものはあまり種類はありません。今回は次の4つを紹介します。

- 社内勉強会・研修などを行って全メンバーのスキルアップを図っていく方法
- モブプロ・ペアプロなど業務を通してスキルを伸ばす方法
- 研修費補助・資格取得費補助などを出して自発的にスキルアップを促していく方法
- イネーブリングチームと呼ばれるチームを組成して集中的に特定技術のスキルを身につけ、そこから他メンバーへスキル移転を行っていく方法

この他にも、Design Doc (2章) を書くことによる設計レビューやコードレビューなど様々な施策がありますので、自チームに最適な施策を設計してみてください。

▶ 勉強会・研修

社内勉強会は週1回1時間などの頻度で開くものです。本を1冊決めて輪読するものや、担当者を決めて何か発表してもらう形式がよく行われています。

この方式はどの会社でもよく行われているものの、継続性に問題になることが多い施策です。きちんと準備しなければ参加者が離脱していき、きちんと準備すれば準備する人に相当な負担がかかります。したがって、準備をせずとも効果の高い方法を考えたり、講師役を持ち回りでやったり、講師役になった人を評価で報いたりする必要があります。準備をせずとも効果の出る方法の例として、事前準備なしで本をその場で読み出てきた疑問を議論する時間にあてたり、練習問題だけ用意して (特に章末に演習問題がついている本だと抜き出すだけで済むためこの方式がとりやすいです) 本を読みながら練習問題に回答していくと

いう形にしたりといった方法が考えられます。テーマに対して十分スキルレベルの高い人が一人いればその人の準備無しで回せてしまうこともあるのですが、それは希少なことであるとご理解ください。

　一部のスキルでは、外部から講師を招いて講義を行ったり、外部での研修に参加してもらったりすることができます。金銭的な負担はありますが、内容も練られていることが多く準備が不要です。本を読むだけでは身につけづらい知識でありながら、社内に高いスキルの人がいない、それでいてスキルアップをしなければならないという場合には有効な選択肢になります。たとえば、チームとしてスクラムを行っているがチームにスクラムマスターとしての知識や経験が欠けているためうまくスクラムを回せていないという課題がある場合には、外部の研修に参加してもらうことは有効な選択肢の一つになるでしょう。

　一般に個人で参加する場合は高額な研修費に見えるものが多いのですが、自力に任せるよりは研修に参加してもらって能力を高めてもらう方が会社的には短期的にも長期的にもROIが合う可能性があり、検討の余地があります。

▶ ペアプロ・モブプロ

　ペアプロは二人で、モブプロは複数人で同じ画面を見るなどして同じコードを一緒に書いていく方法です。特に知識や能力が凸凹している場合、たとえばある人はドメイン知識はあるがコードをよく知らない、もう一人はコードはよく知っているがドメイン知識が欠けている、などの場合にお互いの知らないところを補い合いながらコードを書くことができます。知らないところをすぐに補うことができるため、成果を出すことができるうえ、簡単に知識を移転することもできます。特にチームに人が新しく入ってきたときに適切にドメイン知識を教えることができるうえ、その人の得手不得手も分かりますからおすすめです。

▶ 研修費補助・資格取得費補助

　研修費補助・資格取得費補助は、研修費や資格取得費の金銭的な補助を行い、メンバーに能動的な学習を促す施策です。

　勉強会や研修は会社が内容を提供してある意味で強制的にスキルアップを目指してもらうのに対し、こちらは自己研鑽を推奨しそのための費用を補助するという建付けになります。あくまで自己研鑽の一環なのでスキルアップを目指している人の後押しにはなりますが、押し付けはできません。そのため、能力向上施策ではありますが福利厚生の一環として捉える方がよいと思われます。

▶ イネーブリングチームの組成

イネーブリングチームの組成は、能力の向上や、新しい知識の効果の検証を専門に行うチームを組成し、そのチームから他チームに知識を伝えていく体制を取る施策です。そのチームをイネーブリングチームと呼びます。このイネーブリングチームという言葉は、日本では『チームトポロジー』という本で広く知られるようになりました。

重要なスキルだが専門性が高く、そのスキルを持っている人が市場に稀で十分な人数を採用できない（一人も採用できないこともままあります）場合、各開発チームにそのスキルの専門家を置くことはできません。そのようなスキルに対して基本的なところまでは啓蒙して教えつつ、細かいところは専門性を担保するチームをイネーブリングチームとして組成します。

たとえば、Webセキュリティはよいスキルの例になります。Webセキュリティの基本的なことはWebアプリケーションエンジニアは全員知っておくべきですが、細かいところまで把握するにはセキュリティの知識は膨大で非常に高いスキルを求められます。困ったときに細かいところを聞けたり、アーキテクチャのセキュリティレビューをしてもらえたり、そんなチームがいると非常に心強いです。

別の例では、プログラミング言語に関する能力も、よい例になるでしょう。みな基本的な文法は理解して一通りのプログラムは書けるでしょうが、非常に高度な理解を全員がしていなければいけないわけでもありません。しかし、しばしば落とし穴にはまって抜け出せなくなったり、ライブラリ作成のために言語の隅をつつくような理解が必要になったり、稀に高度な理解が必要になります。

この方法は人もコストもかかるのですがこの方法をとらないと、全員にある程度まで理解してもらうためにさらに人やコストがかかったり、会社のコアコンピタンスが失われてしまったりと、失うものが大きい場合に採用の余地があります。また、会社が十分に大きくなった場合にはこのようなチームがいることで全チームのコストを少しずつ下げることができ、結果的にコストが見合うようになることもあります。

6-7 成果向上のための施策

さて、この節から、成果向上のための仕組みに焦点をあてた施策について紹介します。成果を出すために必要なことは、仕事で成果を出すための手順が分かっていることと、その手順が間違いなく実行できることです。そのためには、手順が記されたドキュメントがあったり、自動化されたツールがあったりすると間違

いなく実行できる確率があがります。

　すなわち、プロセスがきちんと定まっているという前提の上では、成果向上のために必要なことは、次の2つです。

- ドキュメントの整備
- ツールの整備

　プロセスについては、成果向上を考える前に開発プロセスの定義のところできちんと定義したはずです。プロセスがよくないことが分かれば、開発プロセスの定義まで戻ってよいプロセスを考え直す必要があります。この節では、開発プロセスから成果向上のための仕組みをどのように作ればよいか、どのような仕組みがあるかについて説明します。

アウトカムを高めることが成果向上に必要ではなかったのか?

　成果向上の話を始める前に、エンジニアリングにおける成果向上の話になると、「アウトプットではなくアウトカムを向上させなければならないのではないか?」という議論によくなります。この問いは非常に正しいのですが、逆にこの問いによってしばしばアウトプットを向上させることを怠っているのではないかと思われるチームも散見されますので、筆者の考えを少し説明をさせてください。

　アウトプットとは簡単にいうと自分たちが作ったプロダクトのこと、アウトカムとはプロダクトを作ることによって顧客にもたらした効果・成果のことを指しています。もちろん、我々は顧客に満足してもらうためにプロダクトを作っているわけですから、最終的にはアウトカムを最大化させなければなりません。

　では、アウトカムを最大化させるには何が必要なのでしょうか?　アウトカムは正しく価値が出るものをたくさん作ることによって向上させることができます。価値を質、アウトプットを量と言い換えれば、要するに質と量の掛け算でアウトカムを決めることができると言えます。すなわち、アウトプットはアウトカムを決める要素の1つです。

　この節では、質 (価値) を作るために量 (アウトプット) にフォーカスをします。質が重要でないわけではありません。しかし、正しく質を向上させていくためには、顧客にプロダクトを何度もあててみて改善していく量が必要になります。最初からすべてのプロダクトが顧客に刺さるわけではないのです。質を高めるための試行を量としてこなすことによって、プロダクトの価値は向上していき

ます。もちろん、少ない量で高い質を出せるものもあるでしょう。いわゆる low hanging fruit（低いところにぶらさがっている果実。大きな努力をしなくても簡単に達成できる目標のこと）はいくつかあります。しかし、それを取り尽くせば、継続的にアウトカムを出すためには結局アウトプットが必要になるのです。

▶ 木こりのジレンマ

木こりのジレンマという有名な話をご存知ですか。オリジナルは不明なのですが、大体次のような話として伝わっています。木こりが刃のこぼれた斧で一生懸命に木を切っていた。その様子を見た旅人が、「刃を研ぐともっと早くたくさんの木を切れますよ」と言った。木こりは、「木を切るのに忙しくて刃を研いでいる暇はない」と返事をした。

これだけ聞くと笑い話に聞こえるのですが、エンジニアリングでもこのような状態に簡単に陥ります。プロダクトを作るのに忙しくて、ドキュメントを整えたり、開発環境を整えたり、あるいは知識の拡充を怠ったりしているのです。少し周辺環境を整備するだけで開発体験がよくなるのに、めんどくさいからと放置をしてしまうわけです。問題なのは刃のこぼれ具合は人によって異なるため、ベテランならなんなくこなせる仕事でも、チームに新しく入った人には難しいかもしれません。ベテランでも新人でも、その人の能力に応じたところまで成果が出せるように環境を整えることが重要です。

ドキュメントの整備

まずはドキュメントの整備から話しましょう。ドキュメントの整備には、次の2つの意味があります。

- 誰がやっても手順を示すドキュメントをきちんと残し、それをアップデートしていくこと
- それをすぐに見つけられる状態にしていくこと

▶ ドキュメントの作成

成果を出すという観点からは、作成すべきドキュメントは大きく2つの種類があります。

1つめはハンドブックと呼ばれる種類のドキュメントです。ハンドブックは手順を間違いなく残すためのものです。開発プロセス上、自分たち独自のスクリプトやツールを作ったり、独自のやり方をしたりしているところがおそらくあると

思います。どのコマンドをいつ叩くかなどのやり方を口伝で伝えていませんか。これでは、新しくチームに入った人はなんでもかんでもチームの人に聞かなければなりません。プロダクトを作るために開発を進めなければならないため、対応もおざなりになりがちです。そのため、手順を残したドキュメントが必要になります。

もう1つはガイドラインと呼ばれる種類のドキュメントです。これはチームの常識を示すという目的のものです。チームで正しく早く話をするためには、チーム全員が共通語彙を獲得していることが重要になります。この共通語彙には、理解しておくべき技術事項以外に、チームが開発しているプロダクトの基礎知識、開発思想、開発プロセスなどが含まれます。

どのドキュメントが必要であるかは、開発プロセスのファクターから抽出できます。たとえば「リリース」という開発プロセス中に「デプロイフロー理解」というファクターがあれば、デプロイ手順を示したデプロイハンドブックを作るようにします。これらをファクターごとにハンドブックやガイドラインが必要でないか1つずつ精査してください。

ドキュメントの作成にはかなりの時間がかかりますので、どのドキュメントが必要であるかを定義した後は足りないドキュメントを優先度をつけて作成していくようにしましょう。特に口伝となっているところや、何度もやり方を聞かれているようなところから整備していくことが効果が高いでしょう。また、上手にドキュメントを書くこと自体も難易度が高い仕事です。本質的でないところで悩まなくてもよいように、ハンドブックやガイドラインを書くためのテンプレートを用意しておくとよいでしょう。

▶ ドキュメントの更新

ドキュメントを更新していくことも重要です。ドキュメントは一度作るとそれで終わりではありません。適切に更新し続けなければドキュメントはむしろ嘘を教える害になってしまうでしょう。ドキュメントを更新し続けることは一般に難しいのですが、その理由はいくつか考えられます。

- ソースコードの更新と同時に更新しなければいけないドキュメントを忘れてしまう
- ドキュメントをそもそも見ていないので古くなっていることに気づかない
- 単に更新がめんどくさくて放置されてしまう

ドキュメントを更新するための強制力と、ドキュメントが古くなっていること

に気がつくという仕組みの両方が必要です。

　強制的にドキュメントを更新するための方法はいくつかあります。1つは、ドキュメントがソースコードから自動生成できるのであれば、自動生成することです。これが可能であれば非常におすすめの方法です。もう1つは、このソースコードを更新したらこのドキュメントを更新しなければならないということを明示することです。筆者がGoogleに勤めていたときにはこの仕組みがあり、あるファイルを変更したら対応するファイルを変更していなければCIでlintが落とす仕組みを作ることができるようになっていました。ファイル中に、ある範囲を変更したらこのファイルを変更すべきというファイルのパスを書いておくことができるようになっていました。lintが落ちればさすがにファイルを更新しないわけにはいきませんので、よい強制力になります。

　ドキュメントが古くなっていることに気づくためには、ドキュメントを読む機会が必要です。ただ、ドキュメントが頭に入っていればそれは難しいので、ドキュメントが頭に入っていない人が作業する機会を作るのが簡単です。特に、新しいチームメンバーのオンボーディングにドキュメントの更新を組み込むと効果があります。新しくチームに入ったメンバーはドキュメントが頼りなので、この機会に分かりにくいところを直してもらうことができます。

▶ ドキュメントの整理

　ドキュメントは、作成した後でそれを見つけられる状態にしておくことが重要です。見つけられないドキュメントはないのと同じだからです。

　まず大事なことは、ドキュメントを集約し永続的なURLで参照できるようにすることです。ドキュメントへのリンクは他のドキュメントからのリンクのみならずチャットシステムなどからも参照されます。Google Driveなどのオンラインストレージにドキュメントをおいておけば永続的なURLが発行されるため、それで十分です。gitの上にMarkdownでドキュメントを書きGitHub上で参照するようなやり方も取れますが、ディレクトリを変えると（最新版の）URLが変わってしまうため、一度決めたら動かさないようにしなければなりません。

　ハンドブックに関しては、手順上参照するところにドキュメントへのリンクを置いておくと非常に効果的です。たとえばデプロイであればデプロイ用のツールにURLを埋め込んでおけば、困ったときにどこにハンドブックがあるのか探さなくてよくなります。特におすすめしたいのがエラーログにハンドブックのURLを埋め込んでおくことです。エラーへの対処の方法が書かれたハンドブックに対するリンクがあれば対処法がまとまっており、どうやって解消すべきかが一目瞭然なので非常に効果がでます。

ガイドラインに関しては、エンジニア向けの社内ポータルサイトを作り、そこにまとめページを作りリンクを貼るようにしてしておくとよいでしょう。特に新しくエンジニアがチームに参画した場合にそのページを紹介するだけで済みます。なお、オンボーディングプロセスについては次項で詳しく取り上げます。

　社内ポータルサイト上では、自分たちが定義した開発プロセスに沿ってドキュメントを整理することによって、ガイドラインやハンドブックを見つけやすくなります。一部のチームではチャットボットを作ってドキュメントを検索可能にしているところもあります。現在はChatGPTなどのおかげでこの手のツールを作ることが非常に簡単になっています。ここまでできれば理想ですが、まず集約するだけでも成果を出すという観点では十分かと思います。

オンボーディングプロセスの整備

　ドキュメントの中で特に必要なものがあります。それはオンボーディング用のドキュメントです。オンボーディングとは、新しくチームに入った人にチームや開発プロセスに慣れてもらうことで、チームの戦力化を促進する取り組みのことを指します。本項ではオンボーディング用のドキュメントの整備方法について特に詳しく説明します。

▶ オンボーディングプロセスの整備

　オンボーディングは簡単ではありません。新しく入った人にはなるべく早くチームに馴染んでほしいものですが、一般に理解するべきことは膨大な量があるため、すぐにチームに馴染んで自分の力を発揮できるとは限りません。一般にはきちんと自分の力を発揮してもらうまでに3〜6ヶ月程度はかかるとされています。

　また、受け入れ側の準備も一般には非常に大変です。オンボーディングとして何を教えるかをメンバーに任せていては知識のばらつきがでますし、どうしてもつきっきりになってしまいます。

　1つおすすめのやり方は、オンボーディングのやり方を標準化してしまうことです。すべてのエンジニアが行うべきことや読むべきドキュメント（特に前節で定義したガイドラインやハンドブック）をまとめ、オンボーディングタスクとしてタスクリスト化し、新しく入った人が上から読んでいけばこなせるようにしていきます。実際にナレッジワーク社で運用しているオンボーディング向けのタスクリストは次のようになっています。ナレッジワーク社では最初に抑えるべき知識をラーニングコースとしてまとめ、最後に内容を理解しているかの簡単なテストを行うようになっています。

図6-3　オンボーディング向けのタスクリスト

開発までの準備
- [ ] 各種アカウントの準備
  - [ ] GitHub
  - [ ] ...
- [ ] 以下は招待メールが届いているはずなのでそれにそって対応する
  - [ ] Google Workplace
  - [ ] Slack
  - [ ] ...

アカウントの連携設定
- [ ] GitHub → Slack の連携 (方法へのリンク)
- [ ] JIRA → Slack の連携 (方法へのリンク)

マネージャーによる設定
(あなたではなく直属のマネージャーがやらなければならないタスクです)
- [ ] 各種グループへの招待
  - [ ] frontend-fulltime@, frontend-parttime@, backend-fulltime@, backend-partime@, ...
  - [ ] ...
- [ ] 各種サービスへの招待
  - [ ] 社内ナレッジワーク
  - [ ] ...

オンボーディングコース
(以下のラーニングコースを受講し、テストまで完了させてください)
- [ ] 101 組織
  - [ ] 講義: エンジニア組織について
  - [ ] ラーニング: 情報セキュリティ研修 1, 2, 3
- [ ] 102 プロダクト開発
  - [ ] ラーニング: プロダクト理解
  - [ ] ラーニング: スプリントの流れ
  - [ ] ラーニング: ローカル開発環境
  - [ ] ラーニング: インシデント対応
  - [ ] ラーニング: セキュリティの基礎知識
  - [ ] ラーニング: 社内ドキュメントツールの運用ルール
- [ ] 201 フロントエンド
  - [ ] ...
- [ ] 202 バックエンド
  - [ ] ...
- [ ] 203 SRE
  - [ ] ...
- [ ] 204 ドメイン知識
  - [ ] ...

ナレッジワーク社では共通オンボーディングタスクに加えて、各チームで初期オンボーディングタスクを用意しています。たとえばバックエンドエンジニアの場合は、可能な限り以下の属性を満たすタスクを作って、オンボーディングタスクとして選定しています。

1. 作る価値がある
2. ミスしても顧客に影響がでにくい箇所である
3. 何らかのAPIを作成する必要がある
4. DBのテーブルを作成や修正する必要がある
5. ドメイン知識がそれほど必要がない

　なかなかこのようなタスクはないのですが、今後リリース予定の機能を作成するための前準備としてやるべきタスクがこのあたりの属性を満たしていることが多く、その種類のタスクを多く選定しています。一方で今開発真っ最中のようなタスクは、うまく切り出せれば渡せますが、時間的制約からオンボーディングに向いていないことが多く渡せていません。

　ナレッジワーク社ではプロダクトの基礎的な知識を整えることを重視したオンボーディングタスクを組んでいますが、オンボーディングタスクはチームの価値観によっては全く違う種類になるかもしれません。たとえば、初日のうちに本番環境に書いたコードを届けることを重視しているチームもあると聞きます。チームが成し遂げたいことによってオンボーディングプロセスを決定するとよいでしょう。

▶ オフボーディングプロセスの整備

　余談ですが、オンボーディングプロセスを整備する際に、その対となるオフボーディングプロセス、すなわち人がチームから離れる場合にやらなければならないことをまとめておくことをおすすめします。

　オンボーディングプロセスに「アカウントの追加」がある場合、対となる「アカウントの削除」がオフボーディングプロセスには必要です。オフボーディングプロセスは漏れてもすぐに気が付きにくいため、更新がおざなりになりがちです。しかし、きちんとやらなければ無駄な課金を続けたり、セキュリティリスクを抱えたりする場合もあります。必ず対となるようにオフボーディングプロセスも整備すべきです。

ツールの整備

　ドキュメントの整備と双璧をなすのがツールの整備です。

　ハンドブックは人間が仕事を間違いなく行うための手順書でした。もしその手順を自動化してツール化できるのであれば、ツールを実行するための権限さえあれば誰でも間違いなく手順が実行可能になります。すなわち、適切なツールの作成は成果を間違いなく発揮するための大きな道具になります。

　どのようなツールを作るべきかは、こちらも開発プロセスのファクターから定義することが可能です。その中で、手動で実行することが大変なところや、手順ミスが許されないところからツール化していくとよいでしょう。

▶ プラットフォームエンジニアリングチームの組成

　ツールを整備しようといいましたが、ツールの整備にはそれを阻むいくつかの問題が存在します。

　まず、ツールの作成はドキュメントの作成と比べても大きな労力が必要であり、かつツールの作成自体にも専門性が必要になることです。次に、エンジニアはプロダクトを作るために開発をしているため、ツールを作ることはおろそかになりがちです。そして、ノーコードでツールを作れるサービスも多くありますが、まだそのようなサービスでツール化できないことも多く、自分で作らなければならないシーンも数多くあります。また、マネージャーがツールを作るよりもプロダクト開発することを優先させプロダクト開発が遅れると減点されたり、ツールを作っても評価されにくかったりするなど、ツールを作ることが成績評価上損になってしまうようなケースがあります。そのような場合、ツールはますます作られなくなっていきます。

　プロダクトを作る目標と開発プロセスをよくする目標のような異なる目標がある場合、人は優先度をつけてどちらかに集中的に時間を投下しがちです。2割の時間は開発プロセスをよくするプロジェクトに時間投下しようという号令が出ても、プロダクトの開発が遅れていればどうしてもそちらに時間が投下されがちです。

　1つの解決方法は、1人の大きな目標は1つにすることです。すなわち、やることを時間で分けるのではなく人で分けてしまうことです。開発チームの開発生産性をあげるためのツールを作るためのチームを組成し、あらかじめ人で分けてしまうわけです。

　2022〜2023年頃からプラットフォームエンジニアリングという言葉を途端

によく聞くようになりました。Gartnerのレポート[注7]によれば「2026年までに、ソフトウェア・エンジニアリング企業の80%が、アプリケーション・デリバリのための再利用可能なサービスやコンポーネント、ツールの社内プロバイダーとしてプラットフォーム・チームを結成するでしょう。」とあります。クラウド、コンテナ、IaCなど、モダンなアプリケーション開発・運用のためのテクノロジーが多数登場しており、開発者の認知的負荷が非常に高まってしまっています。プロダクトを開発するエンジニアとしては自分が書いたアプリケーションを動かしたいだけなのに、それをきちんと行うのに理解することが非常に増えてしまっています。

すなわち、アプリケーションを正しく動かすためのスクリプトや環境を整備するエンジニアチームの組成が行われるのは普通のことになってきています。

スタートアップ初期のような開発人数が少ない場合には、ツールの作成はおそらく簡単なスクリプトから始めれば十分でしょうが、人数やプロダクトが増えるにしたがって同じスクリプトを使いまわすことが難しくなります。開発メンバーが15〜20人程度になってきた頃から、プラットフォームエンジニアリングチームを組成してツールを開発することがコストに見合うようになっていくでしょう。

6-8 エンジニアリングイネーブルメントは誰がやるべきか

さて、ここまで能力向上施策・成果向上施策についてお話してきました。これらの施策は一体誰が主導して行うべきでしょうか。

一つの答えはチームのマネージャーです。まだ全体の人数が少ない場合はマネージャーがやるしかありません。マネージャーがいなければリーダー格の人がやるしかありません。しかし、マネージャーやリーダーの業務は一般には非常に多く、この手の能力向上施策・成果向上施策すべてにまでは手が回らないことがあります。また、すべてのマネージャーがこのような施策立案に長けていると考えるのは無理がありますし、長けなければならないと考えるのはマネージャーに求める要件が大きすぎます。

チームの数が増えてくれば、能力向上施策・成果向上施策を行うための専門チームを作ることは一つの選択肢になります。このチームは能力向上施策の中で紹介したイネーブリングチームとは異なるチームです。イネーブリングチームが技術施策を担当するものだとすれば、この能力向上施策専門チームはいわば組

注7　https://www.gartner.co.jp/ja/articles/what-is-platform-engineering

織施策を担当するものとなります。

　ナレッジワーク社では、エンジニア組織の中に能力向上施策専門チームとして Enablement Group という組織図上のグループを発足させ、エンジニアリングイネーブルメントを主導しました。エンジニアリングイネーブルメントの一部は人事施策と絡むので人事部門主導で行うことも可能です。ただ、エンジニア向けの施策はエンジニアのことをよく分かっている人が行った方がよいという観点で、元エンジニアリングマネージャーや技術広報のスキルがある人を集めた専門チームを作っています。その上で、人事施策に関しては人事にも参加してもらう形の組織形態としています。もちろんこれは一例でしかなく会社ごとに最適な体制を模索すべきですが、専任チームを作って主導した方がよりよい成果につながると考えています。

6-9　まとめ

　この章では、エンジニアリングイネーブルメントという取り組みについて紹介し、主にナレッジワーク社で行われていることを具体例にエンジニアリングイネーブルメントの内容を紹介しました。

　近年、先進的な企業では組織横断的な取り組みが進んできていますが、多くのチームでは全体整合を狙った取り組みではなく、断片的な取り組みをしているに過ぎないと考えています。是非実践いただき、成果を正しく出すチームを目指してください。

第 7 章

開発基盤の改善と
開発者生産性の向上

三木康暉 （giginet）

近年、開発組織の効率を高めるため、様々な取り組みが生まれています。DevOpsやDeveloper Experience（開発者体験）、Developer Productivity（開発者生産性）などは、このような取り組みに関連する言葉としてよく耳にします。そして、開発者生産性の向上に従事する、開発基盤エンジニアという役割を持つ人も一般的になってきました。しかし、これらの言葉はどれも曖昧で、具体的に何を指しているのか、またそれらの取り組みが開発組織の効率をどのように高めるのか、明確に説明できる人は少ないのではないでしょうか。そもそも、開発組織の効率とは何なのでしょうか。

本章では、開発基盤エンジニアとして携わってきた、筆者の経験を交えながら、開発基盤改善のための考え方や手法について紹介します。筆者は、主にスマートフォン向けのネイティブアプリ開発の領域で、開発基盤エンジニアとして活動してきました。主なミッションは、組織内でアプリ開発を行うエンジニアの開発基盤を改善し、開発効率を向上させることです。ネイティブアプリ開発におけるDevOpsエンジニアというイメージが近いかもしれません。

最初に「開発基盤の改善」とは、具体的にどのようなことを行っているのかを示し、組織内でどのような価値を生み出すのかを説明します。その後、実際に開発効率の改善を行っていくための手順を紹介します。開発効率の改善には「抽象課題の発見（ネタ出し）」、「課題の具体化と改善策の発見」、「ベンチマークの考案と検証」、「改善の実行」の4つのフェーズが必要です。この章では、これらのサイクルを通しての開発基盤の改善に挑戦していきます。

実際に生産性を向上させていくためには、日々の改善ネタの発見は欠かすことができません。どのように生産性を低下させている要因を発見していくか、その手法と心構えをまずいくつか紹介します。

ネタが見つかった後は、開発効率の改善が確実に行われているかを評価するために、開発者生産性の考え方について議論します。実施した改善が、本当に効果的で意味を成しているかを検証するために、生産性の定義を避けて通ることはできません。一方で、生産性を定量化して考えることが一筋縄ではいかないことは、想像に難くないでしょう。ここでは、いくつかの既存のフレームワークを利用して、開発者生産性を評価するためのアイデアを提示します。

最後に、実際に改善を実行していくにあたり、基盤開発が軌道に乗り始めた頃に陥りやすいアンチパターンや、その対処法について紹介します。基盤開発が専門化すればするほど、他の開発者と注力目標を共有できなくなったり、プロダクトコードへの不理解が発生してしまったりすることはありがちです。それらに対処していくために、あなたが基盤開発に携わるエンジニアになったときに、組織内で他の開発者とうまく協調していくためのヒントを紹介します。

本章が、皆様の開発組織の生産性を向上させる一助となれば幸いです。

7-1 開発基盤の改善とは

本章で説明する「開発基盤の改善・開発」という役割は、どのようなものを想定しているのでしょうか。開発基盤は、ここでは、他の開発者がプロダクトコードを書くための土台を提供することを目的としています。たとえば、一般的には、以下のような取り組みが思いつくでしょう。

- 継続的デリバリの推進…デプロイ、リリースフローを自動化して開発に集中できるようにする
- テスト基盤の整備…自動テストやCIを導入し、品質を担保する
- コーディング規約やアーキテクチャの導入…複数人で開発したときに、コードの可読性や品質の水準を合わせる
- 開発環境 (IDE・ビルドツールなど) の整備…開発者が快適に開発できる環境を提供する

これらの開発は、直接収益を生み出したり、顧客に価値を提供したりしているわけではありません。しかし、これらに投資することで、間接的に価値提供に貢献できます。すなわち、多くの場合、基盤開発は、組織のプロダクト開発の生産性を向上させることを目的としています。

このような取り組みは、一般的にはDevOpsといった言葉に集約されて説明されます。しかし、DevOpsという言葉は半ばバズワードと化しており、意味を調べても、何を示す言葉なのか判然としないところもあります。ここから、その役割について詳しく見ていきましょう。

7-2 誰が基盤を開発するのか

基盤開発の責務を担うエンジニアは、どのような人が想定されるでしょうか。これは組織やチームの大きさによって様々ですが、本章で想定しているのは以下のようなケースです。

小規模なチームでの開発基盤

　もし、あなたのプロダクトが数人のみで開発されているのであれば、開発効率の改善を主務とするエンジニアを置くことは難しいでしょう。多くの場合、プロダクト開発エンジニアと、開発基盤エンジニアを明確に分けることは希です。チームの中で、日々のプロダクト開発で必要に応じて開発効率を改善したり、誰か特定のエンジニアが業務の一部でその領域を担ったりすることになります（図7-1）。

　プロダクト開発の必要性に応じて、柔軟に基盤改善を行うことができることは大きな強みですが、当然、開発業務全体の中で、基盤開発に割けるリソースには限りができてしまいます。大多数の開発組織では、このような形態で開発効率の改善を行っているのではないでしょうか。

図7-1　チーム内で一部の開発者が基盤開発を担う

大規模なチームでの開発基盤

　一方で、さらに大きな組織、ここでは1つの巨大なプロダクトを開発する組織や会社全体であれば、基盤開発を目的とするチームを導入することが有用なケースもあります。

　最も一般的な例として、いくつかのプロダクトの開発チームを横断的に支援するチームが想定されます（図7-2）。1つの組織で複数のプロダクトを開発し、それぞれのチームが少人数で構成されている場合、横断チームの存在は開発効率の改善に寄与します。プロダクトの認証、決済などの共通機能やデリバリー、テスト、モニタリングなどの開発上の汎用的な仕組みを提供することで、組織全体の生産性を向上させることができます。このような組織構造であれば、各チームで共通して利用できる、汎用的な仕組みを上手く提供できれば、組織全体の効率を最大化できます。

図7-2　組織内の複数のプロダクトに横断的な開発基盤チームを置く

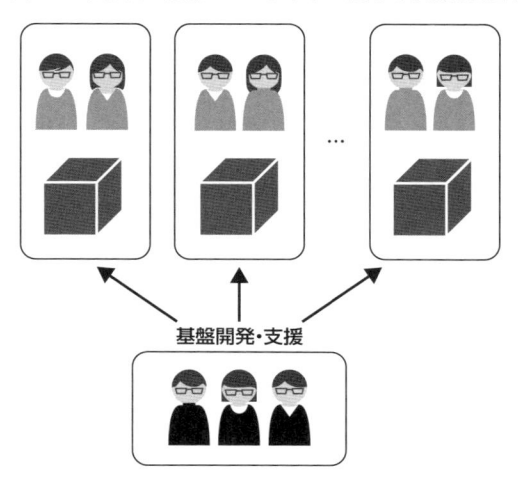

さらに大きな組織であれば、1つのサービスやアプリケーションに対して、専属の開発基盤チームを置くこともあります（図7-3）。

図7-3　1つの大きなプロダクトに対して専属の開発基盤チームを置く

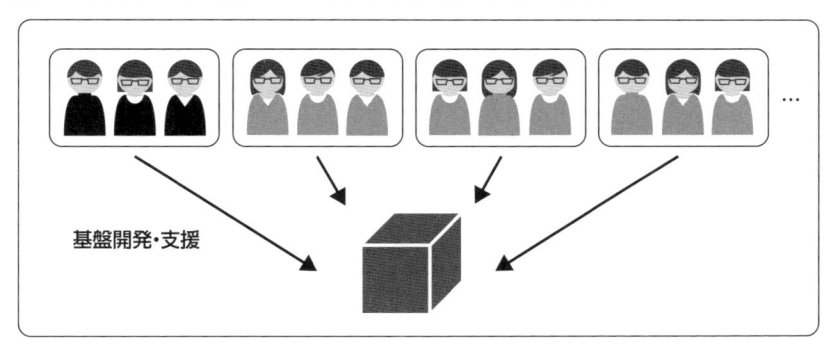

大きな開発組織では、チーム間のコミュニケーションにかかるコストが膨大になり、知識のサイロ化や、似たような基盤開発業務の重複や断片化が起きえます。組織が大きいほど、開発基盤チームの導入は全体最適を効果的に行うために有効に働く場合があります。

7-3 開発者生産性とは、価値提供の速度を高めること

ここまで、開発基盤の責務と必要性について説明しました。最初に述べたように、開発基盤の改善は、組織全体の効率化や、生産性向上に寄与し、プロダクトの価値提供に貢献できなければ意味をなしません。このような組織への生産性向上の貢献の尺度として、「開発者生産性 (Developer Productivity)」という言葉が、近年よく用いられるようになりました。では、開発者生産性とはいったい何でしょうか。

何を開発者生産性と置くべきかは、その組織内の設定によりますが、概ね**価値提供の速度や試行錯誤のサイクルを高めること**と言い換えることができます。価値の提供先は、事業ドメインやプロダクトによって様々ですが、まずあなたのプロダクトのエンドユーザーや顧客を思い浮かべるとよいでしょう。どのような製品であっても、利用されている以上、誰かに価値を提供しているはずです。高速に価値を提供する、試行錯誤やフィードバックサイクルを回せる環境を作ることは、ひいては顧客に提供する価値の向上にも繋がっていきます。

7-4 開発基盤の改善の様々な取り組み

ここで、価値提供の速度を速めるために、開発基盤の改善を担うエンジニアが貢献できる様々な例を見てみましょう。

実装、価値検証のサイクルを高速化する

まず、真っ先に思い浮かぶのは、実装自体を高速化する取り組みです。これはとてもシンプルで、早くプロダクトを開発できれば、その分早くリリースできることは言うまでもありません。

このような施策は多岐に渡ります。たとえば、汎用的な処理やコンポーネントを共通ライブラリや社内パッケージとして提供するといった例は最も理解しやすいでしょう。繰り返しの作業をなくすといった、人手の作業を排除する取り組みを挙げることもできます。たとえば日常の開発の中で、日々同じような実装を行うとき、コードジェネレーションの導入が有効な場合があります。新しい機能開発を始めるときに、簡単に必要なコードを生成する仕組みを構築したり、近年一般的になった、OpenAPIやProtocol Buffersなど、APIスキームからコードを

第 2 部 開発チームと生産性

生成したりすることなどもここに含まれます。

　筆者の取り組んできたモバイルアプリ開発の領域においては、ネイティブアプリのビルド時間短縮などが挙げられます。ネイティブアプリ開発では、開発者がアプリ中の文言を変更するだけで、確認に数十秒から数分のビルド時間が発生してしまうことがありえます。このような開発環境では、試行錯誤の回数を増やすことができず、生産性が低い状態であると言えます。これを回避するために、依存関係を分離することで、差分ビルドを高速化したり、特定のコンポーネントのみをビルドして実行できるような仕組みを作ったりといった高速化のアイデアが考えられます。

　他にも、たとえばゲーム開発において、不要なリビルドを回避するために、パラメーターやリソースのホットリロードをサポートするといった工夫なども挙げられるでしょう。

オペレーション業務を省力化する

　作ったものをユーザーに使ってもらうために必要なオーバーヘッドは、実装だけではありません。日常的な業務を省力化する仕組みを作ることで、開発者がより多くの時間をプロダクト開発に費やせるようにすることも開発基盤の改善を担うエンジニアの役割です。一般的にDevOpsの文脈で触れられる、継続的デリバリといった考え方はここに該当します。Webアプリであれば、デプロイやリリースフローの自動化といった例が有名でしょう。モバイルアプリの開発においては、定期的に自動でストアへの審査提出を行ったり、タグを打ってリリースを作成するといった自動化が導入できたりします。

　他にも、ライブラリや外部の依存関係を自動で更新したり、コードの自動整形の仕組みなど、開発者が日常的に行う作業を自動化したりすることで、開発者の負担を減らす施策も考えられます。近年一般的になったInfrastructure as a Codeの考え方もここに含まれます。インフラの設定変更を依頼による人手で解決するのではなく、コードレビューと自動化による承認フローを構築することで、余計な人手による作業や確認の手間を減らすことができます。

　また、紹介したような自動化は、作業の省力化のみならずミスによる手戻りを減らすことにも繋がります。たとえば、自動テストやUIテストの導入は、QAコストの削減のみならず、リリース後の不具合を未然に防ぐことにも有用です。

開発上の迷いや不安点を減らす

　開発者が、開発上の迷いを減らすことも生産性向上に繋がります。開発上の迷いとは、たとえば設計や採用すべきアーキテクチャ、コーディング規約といった正解を定義しづらいものに対して、どの方針を採用すべきか調査や意思決定に時間がかかってしまう状態のことです。このように、コードベースの規模が大きくなると実装を行う際にどのような方針で実装すべきか迷うことが多々あります。また、開発者の人数が増えると、コードレビューの負荷も上がります。コードレビューでは、コードフォーマットの差異や実装方針の違いにより、不毛な議論が発生してしまうこともあります。

　実装時の迷いに対しては、チーム全体で利用するソフトウェアアーキテクチャを定めたり、前述のコードを生成する仕組みやリンターなど、それを支援するようなツールやドキュメントを提供したりすることで、開発者が意思決定をする部分が減り、均質プロダクト開発ができるようになります。後述の例のような、開発者の感性や好みに寄ってしまうシンタックスや設計の差異などは、議論の余地がないようにコーディング規約を定めたり、Pull Request（以下、PR）テンプレートやコントリビューションガイドを整備し、開発者ごとのPRの均質化を図ったりするべきでしょう。

　また、ビルドエラーなどにより開発が妨げられてしまうなども迷いの一種と言えるでしょう。このような場合にはFAQやオンボーディング用のガイドラインを整備することが役立つこともあります。

表7-1　基盤改善のための取り組みのまとめ

各取り組み	内容
実装・価値検証の省力化	・社内パッケージ、共通ライブラリの提供 ・コードジェネレーションの導入 ・CIやビルド時間の短縮 ・ホットリロードやデバッグモードなど動作確認の省力化
オペレーション業務の省力化	・自動リリースや継続的デリバリの導入 ・ライブラリの自動更新 ・コードフォーマッターの導入 ・設定やインフラのコード化 ・自動テストの導入
開発上の迷いや不安点を減らす	・アーキテクチャの策定 ・コード規約の制定 ・PRテンプレートやコントリビューションガイドの整備 ・ドキュメント類の整備 ・コードレビューbotの導入

開発効率を向上するためのアイデアは枚挙に暇がありません。ここに挙げたものは一例です。事業ドメインに応じて、様々な固有の課題が存在するでしょう。概して、基盤開発は開発者の課題解決をするための、広範な取り組みを表すと言えます。

7-5 開発効率の改善のサイクルと全体像

　ここまで見てきたように、開発基盤の改善を成すために取り組める課題は様々なところに落ちています。これらの例のような施策を行い、あなたやあなたの組織が開発効率を改善するために、どのような手順で効率を改善していけばよいのでしょうか。基盤の開発は、主に以下のようなサイクルで進められます。

1. 抽象課題の発見
2. 課題の具体化と改善策の発見
3. メトリクスを使ったベンチマークの考案と検証
4. 改善の実行

　それぞれのステップについて詳しく見ていきましょう。

1. 抽象課題の発見

　まず、日常の開発の中で体験を損ねている部分や、ペインポイントとなっている部分を抽出することが重要です。これは「ビルドの待ち時間が長い」「リリース作業が面倒」「CIが長い」「テストが書きづらい」「あのクラスの実装がヤバい」「新しい言語機能を使いたいけどバージョンが古くて使えない」といった声です。これらはこれからの改善の種となっていきますので、この段階では感覚的でよく、粒度も問いません。

　もしあなたがプロダクト開発も行っているのであれば、日常の開発の中で体験の悪い部分について、いくつか思い浮かべることができるでしょう。一方で基盤開発の専業度が高くなるにつれて、プロダクトコードへの理解が薄れてしまうことが起きえます。このようなケースでも、抽象課題を発見し続けるにはどのようにすべきかも説明します。

2. 課題の具体化と改善策の発見

次に、これらの抽象課題について、課題の具体化を行い、解決策や改善策のアイデア・優先度を考えます。課題の解決策を思いつくには、言語や開発ツールのアップデートに追従したり、業界動向を把握したりといった、日頃の情報収集が求められます。

また、ベンチマークを使った課題のプロファイリングも必要です。たとえば、ビルド時間の短縮やCIの高速化、デプロイ速度の改善といった課題には、計測が重要になります。ここでは、抽象課題からの仮説立ての例や、具体的な取り組みを閃くための心構えについて紹介します。

3. メトリクスを使ったベンチマークの考案と検証

ここから、実際に改善を行っていく前に、改善項目の評価方法について定義します。このためには開発者生産性とは何かを考え、何かしらの改善効果を示すメトリクスを用意する必要があります。しかし、開発者体験の定量化は一筋縄ではいきません。このステップでは、ステップ2のプロファイリングと併せ、開発者体験をメトリクスとして扱う方法について考察します。

4. 改善の実行

最後に、実際に仮説を元に改善していきます。ここで実際に行う施策は、ツールの導入・作成やプロダクトコードの改善、ドキュメントやワークショップの開催など、アクションは多岐に渡ります。そのため、このステップで手順について具体的なアクションを示すことは難しいですが、実行に伴い気に留める点やアンチパターンなどを紹介します。最後に、開発基盤エンジニアとして、他のプロダクト開発者と協調していく方法について紹介します。

図7-4　開発者体験改善のための4ステップ

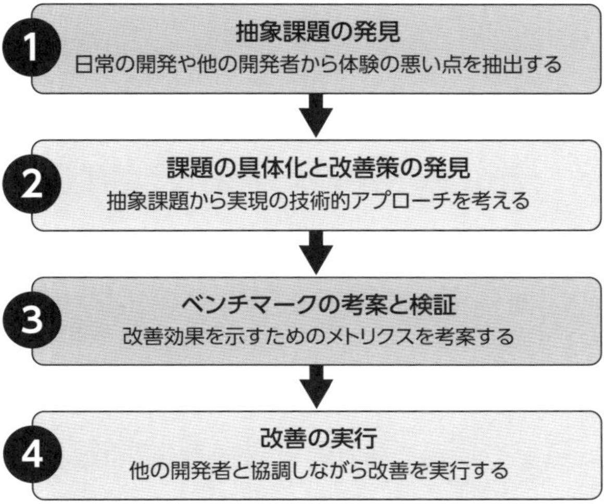

1 抽象課題の発見
日常の開発や他の開発者から体験の悪い点を抽出する

2 課題の具体化と改善策の発見
抽象課題から実現の技術的アプローチを考える

3 ベンチマークの考案と検証
改善効果を示すためのメトリクスを考案する

4 改善の実行
他の開発者と協調しながら改善を実行する

7-6 抽象課題の発見（Step 1）

　まず、改善を始める前に組織内の開発上の課題を抽出する必要があります。この項目では、開発基盤に携わるエンジニアが、日々、改善のための抽象課題を発見し、それらを解決するためのアイデアを生み出すために日常的に求められる心構えについていくつか紹介します。

プロダクトコードとの接触を増やす

　まず、日常的にあなたがあまりプロダクトコードとの関わりを持てていないのであれば、機能開発を通してプロダクトコードとの接触機会を増やしましょう。前述のような開発基盤の専業化が進むと、プロダクトコードや、同じプロダクトの中でもユーザーやビジネスに直結する領域の機能開発から距離ができてしまうことがあります。このような状態では、開発上の不便な点を実感したり、問題を発見したりすることが難しくなります。

コードレビューを通した課題発見

　接触機会を増やすために、コードレビューは1つの有効な手段です。コードレ

ビューは、他の領域への理解を広げるばかりではなく、レビュープロセスを通しての問題発見にも役立ちます。コードレビューの数をこなすことで、よくある問題点の傾向が見えてきます。たとえば、開発者が同じようなスニペットを繰り返しているとき、そこは改善を考える絶好のポイントとなります。多くのコードベースで似たような処理を繰り返している場合は、共通化や使いやすいユーティリティの提供、コードジェネレーターや、コンパイル時にマクロの導入といった施策を考えることができます。

コードベースのみならず、他の開発者同士のレビューポイントなどからも、新たな気づきを得ることができます。開発者間で議論が発生していたり、毎度同じような指摘をしていたりすることに気付いたら、そこが改善のポイントです。コーディング規約を周知し、細かな議論の余地をなくしたり、リンタに代わりにレビューを担当させる、フォーマッタを実装して、自動的に修正を完了させたりするなどのアイデアを出すことができます。議論が発生している部分については、トラブルシューティングやコーディング規約に盛り込むなど、今後同じような議論が起きないようにすることも重要です。

コードレビューで学べることは多いため、日常的にプロダクトコードのキャッチアップを怠らないべきです。

可能な限り自分で実装する機会を持つ

コードレビューは接点を増やす上で重要な手段ですが、やはり読んでいるだけではなかなか問題の本質を捉えることが難しいです。あなたの業務が機能開発より、基盤開発に重点を置いている場合、なかなか日常の業務の中で大きな機能開発を担当することは難しくなっていくと思います。その際、細かなissueに取り組んだり、既存の実装へのテストを追加したりするといった動きは始めやすく、少しでも実装機会を作るために有用です。これらを通して、常にプロダクト開発者の視点を持ち続けることを意識してください。

プロダクト開発者との対話を通して課題を発見する

他のエンジニアとの対話を通して、課題を発見することは、基盤改善のためのアイデアを出すためにとても有効です。基盤開発は、他の開発者の課題を解決することが目的であるため、プロダクト開発者のペインポイントを直接聞き出すことは、基盤改善のためのアイデアを出すためには欠かせません。

▶ プロダクト開発者との交流を仕組み化する

基盤を使っている開発者から、直接フィードバックを送ってもらえればそれに越したことはないのですが、「気軽に要望をお待ちしています」と伝えるだけではなかなか心理的障壁を越えることができません。基盤を開発するあなたから、直接プロダクト開発者からの需要を汲み取ることを意識しましょう。

COVID-19以前のオフィスでのやりとりが多かった時代では、空き時間に他の人の作業を眺めに行ったり、雑談をしたりすることは、基盤開発の課題発見のために有効な手段でした。しかし、リモートワークが当たり前になった昨今では、このような機会を意識的に設けなければ、需要の吸い上げを効果的に行うことが難しくなっています。開発者から意見を集められるような機会の仕組み化を意識しましょう。コミュニケーションの仕組み化には、たとえば以下の方法があります。

- プロダクト開発者と基盤開発者の定期的なミーティング（隔月、クォーターに1回など過剰ではない範囲で）
- 定期的なペアプログラミングやモブプログラミングの機会を設ける
- アンケートなど、フィードバックをしやすい取り組みの実施
- Slack、Teamsなどのチャットツールで、質問や雑談を促すチャンネルを設ける。メンバーの分報や雑談などを意識的にチェックする

このような取り組みで、各開発者・チームの開発上の課題や、支援が手薄な部分を把握できます。概して、組織内で起きていることや、他の開発者の作業、行動にアンテナを広く張り続けることが重要です。開発基盤に携わるエンジニアは、他のエンジニアとの関わりを強く意識することで課題発見が行いやすくなります。

しかし、これらを実践するだけでは、「話す機会を設けたのになかなか発言してもらえない」といった問題が起きることもあります。活発な発言を促すためのコミュニケーションのポイントは、この後の「他の開発者と協調していくために」の項で紹介します。

▶ 他チームの動向を把握する

あなたが横断的な基盤開発を行っている場合、各チームと距離ができてしまうため、チームの課題を吸い上げることは難しいかもしれません。

このとき、各チームのレトロスペクティブに参加してみることは、短い時間で課題を見つけるヒントになるかもしれません。レトロスペクティブとは、一定の期間後に行う振り返りのことです。直接参加するほか、その議事録に目を通す

だけでも構いません。KPTなどを行っている場合、各チームのProblemを参照することで、潜在課題を抽出できます。

その他、各チームのテックリードや、エンジニアリングマネージャーなど、キーパーソンと話してみるのもよいかもしれません。

7-7 課題の具体化と改善策の発見 (Step 2)

抽象課題を抽出したのち、今度はそれを具体的な課題に落とし込み、改善策を考えていきます。開発効率の改善の為には、今までの取り組みで抽出した抽象課題について、改善を適切に行えるよう具体課題に落とし込む必要があります。そのためには各課題に対して、どのようなアプローチで解決が可能かの仮説立てが不可欠です。ここでは、ある抽象課題を元に、仮説とベンチマークから、具体的な改善策を考えてみましょう。

抽象課題：CIの実行時間が長い

あなたの組織で抽象課題を発見したところ、CIの実行時間が長く、マージまでに時間がかかり、生産性を阻害しているという声が多く上がりました。実際、ビルドやテストの実行などに、1時間近くかかってしまう場合もあり、CIマシンのリソースを逼迫していることもありました。ビルド時間やCIの時間、リリースのためのプロセスが長いといった課題には計測が有効に働きます。

たとえば、PRが更新されるごとに実行されるCIジョブの実行時間について考えてみましょう。あなたのチームのCIジョブでは、各PRごとに以下のような処理を行っているとします。

- コードのチェックアウト
- ツール類のビルド
- 依存の解決と取得
- 依存ライブラリのビルド
- アプリのビルド
- ユニットテストの実行
- 静的解析の実行
- アプリを社内配布用にデプロイする

このようなCIジョブを持つとき、改善方法についていくつかの仮定を立てることができます。

- ツール類を毎回ビルドする必要はあるのだろうか。変更がない場合はキャッシュしたり、ビルド済みの成果物を共有したりできないだろうか
- 依存の解決やチェックアウトが遅いのかもしれない。リポジトリをミラーすることで高速にチェックアウトできるかもしれない
- 依存ライブラリについてもキャッシュできるかもしれない
- ユニットテストについて、すべてのテストケースを毎回回す必要はあるのだろうか。変更があったモジュールに対してのテストだけ回すとよいかもしれない
- せっかくビルドに成功しても静的解析が原因でCIが失敗して、体感時間が長く感じているかもしれない
- PRの変更をすべて社内配布する必要はあるのだろうか。必要な場合のみ配信する仕組みに変更できないだろうか
- 仮想マシンを導入することで、CIジョブの並列性をさらに増やし、次のジョブのエンキューまでの時間を短縮できるかもしれない

このようなアイデアを出すことが、課題の具体化の第一歩と言えます。

その後、定量化が可能である場合はベンチマークを取り、その計測結果に基づいて判断をします。今回の例では、各ステップの実行時間を取ることが最も分かりやすいベンチマークであると言えます。これにより、どのステップがボトルネックになっているかを特定できます。これらの仮説と計測結果を含めて、インパクトの大きな改善項目を特定します。

実行時間の測定は指標の中では一番計測しやすく、分かりやすいです。しかし、課題の中には簡単に効果量が測定できない改善も多く存在します。このようなベンチマークの取り方は、メトリクスの策定にも深く関わってくるため、この後に詳しく説明します。

課題の具体化のアイデアを出すには

抽象課題を解決可能な形に落とし込むためには、日頃の技術キャッチアップが肝要です。たとえば、同様の問題がフォーラムやコミュニティ内で議論になっていたり、他の組織が同様の問題に直面したりしていることもよくあります。技術情報のキャッチアップが重要であるのは、どの分野の開発を行っていても同じですが、開発基盤に携わるエンジニアは、特に動向やアップデートを注視する必

要があります。

▶ 一次情報と技術トレンドを追う

業務内外で技術情報を追い続けることは、課題発見、そして解決のために有用です。たとえば以下のようなケースが考えられます。

- 次の言語やフレームワークのメジャーアップデートにより、破壊的変更が入るため、継続的な開発のために対応をしていく必要を認識した
- GitHubのTrendingに上がってきているツールやライブラリが現状の問題解決にマッチしていた
- 自動リリースのフローに課題を抱えていたが、他者が同様の課題を独自のアプローチで解決していた

最新の技術情報には主に2つの軸があります。使っている環境に対するオフィシャルな一次情報の軸と、他の組織の取り組みなど、業界動向やケーススタディ・技術トレンドの軸です。

まずは、一次情報として、使用中の技術を提供しているオープンソースコミュニティやベンダーの情報には、常に目を光らせる必要があります。利用している言語・フレームワーク・ツールなどの最新アップデートや、今後のロードマップ、思想などを知ることで、それに沿った意思決定を行うことができます。

近年、広く使われている多くのプログラミング言語や、ソフトウェアは、オープンソースとして開発されていて、フォーラムやメーリングリスト、GitHubのissueなどで、コミュニティの議論を追うことも容易になってきました。Pythonの PEP (Python Enhancement Proposal) や Swift の Swift Evolution など、言語コミュニティごとに、提案書や議論が公開されていることも多いです。

モバイルアプリの開発分野では、iOS/Androidのアップデートは、Apple/Googleが開発者向けの情報を出しています。プロダクトがFirebaseやAWS、AzureなどのBaaSやパブリッククラウドに依存している場合、それらのキャッチアップも欠かすことができません。

これらをキャッチアップし続けることは、次の施策のアイデアを出す上で非常に有用です。たとえば、採用している技術に新しい機能やAPIが追加されることで、これまでの課題を効果的に解決できるかもしれません。また、採用している技術のロードマップを知ることで、将来的な破壊的変更や、APIの廃止などに早めに備えることもできます。

公式情報以外の、他社や有志のコミュニティなどの業界動向の把握も同様に重要です。カンファレンスや勉強会など、有志が開催するコミュニティに参加することで、他社のケーススタディや、技術トレンドを知ることができます。特にコミュニティ内では、流行のようなものが生まれることも多く、次に注目されそうなライブラリや、アーキテクチャのヒントを得ることができます。各組織で関心の高いテーマを知ることは、開発基盤改善の取り組みを決める上で有用です。

　逆にアップストリームのリポジトリの開発が滞っているダウントレンドな技術（たとえばライブラリ）に対しては、現在利用している箇所を減らしたり、代替技術を探したり、それ自体の開発を引き続くなど、次の方策を考えていく必要があります。

　これらの空気感を知るためには、技術カンファレンスや勉強会には積極的に足を運ぶ、X（旧Twitter）を常にチェックするといった活動は有用な手段です。

7-8 メトリクスを使ったベンチマークの考案と検証（Step 3）

　ここまで立てた仮説と具体的な改善策によって、基盤改善の効果が現れたかを測定するためのメトリクスについて考えます。

　Step 2までで、課題の発見と、その改善策をいくつか立てることができました。しかし、それを実施した結果、実際に改善の効果が出たかどうかを判断するのは難しいものです。目的が開発者生産性の向上である以上、効果指標を定義し、改善されていることを示すことは不可欠です。今まで紹介したような、様々な取り組みの結果、他の開発者から「なんとなくコードが書きやすくなった」と感覚的な評価を抱いてもらえるかもしれませんが、それだけでは、本当に成果が出ているのか、なんだか心元のない気がします。あなたのマネージャーも、あなたの活動を適切に評価することが難しいでしょう。

　メトリクスを定義し、観察することは、改善の効果検証のみならず、次の課題発見や作業の優先度付けにも大いに役立ちます。

　一方で、開発者生産性を測定するためのメトリクスを定義し、それを評価・測定することは非常に難しい問題です。始めに、開発者生産性の定義が如何に困難な課題であるかを見ていきましょう。次に、既存の事例を参考に、生産性を定義するためのメトリクスを考案します。その後、実際にこれらの例を利用して、改善したい項目への応用を考えていきましょう。

開発者生産性とメトリクス

開発者生産性を計測するために、まず思いつくのが、生産性を何か定量化可能なメトリクスに置き換え、その値を追い続けることです。たとえば、以下のようなメトリクスで開発者生産性を計ることを思いつくのではないでしょうか。

- 1日に記述したコード行数
- 1日にコミットしたコミット数
- 1日のデプロイ回数
- Pull Request (PR) の数
- クローズ、オープンした issue の数

さて、これらのメトリクスから、どのように開発者生産性を定義すべきでしょうか。1日の間で大量のPRを開いたり、割り込みなく、1日中コードを書き続けられたりする状態を作れれば、生産性が高い状態であると言えそうです。

しかし、1日に記述したコード行数や、コミット数だけを生産性指標と置くことが、どれだけ無意味なことかは、論ずるに値しないと思います。このメトリクスだけを追い続けることは、「コードの品質」といった軸を無視しているからです。この「生産性」が、闇雲に書かれ続けたコードから生まれた値だとしたら、果たしてそれは生産性と呼べるのでしょうか。これは有名な笑い話の1つですが、開発者生産性をある単一のメトリクスで計ろうとしてしまう危険性を端的に表しています。

定量化できないメトリクス

開発者生産性を考える中で、どうしても定量化できないような項目に出くわすことがあります。Developer Experience (開発者体験) や、コミュニケーションのしやすさ、コードレビューの充実度といった感覚的な値は、定義を考えることも、その実態を計測することも難しいです。また、数値を取ってみたとしても、体感的な体験の向上を上手く説明できないこともあるでしょう。

筆者も過去に、開発しているアプリケーションのプロジェクトが肥大化し、IDEの補完の表示に一瞬の待ち時間が発生していたという問題に出くわしたことがあります。開発者にとって、IDEが小さくフリーズしたり、細かな待ち時間が発生したりする状況は、非常にストレスを感じるものです。その後、コードベースをモジュールごとに分離し、プロジェクトを小さくすることで徐々にIDEの動作が改善されました。

しかし、この成果を説明するのに、定量的な評価は難しいなと感じたことが印象に残っています。数値を計測したところで、実際に改善された待ち時間は数秒程度でしょうが、開発者が感じた快適さの向上は、それだけでは説明が付かないものだったのです。

生産性を定義するメトリクスの考案

　開発者生産性を測定するために、何か魔法のような値があり、その値の上下で現在の組織の状態を表すことができれば、どんなに素晴らしいことでしょうか。このような値を調べてみると、これまでの開発者生産性に関しての議論が数多く見つかります。

　しかし、そのどれを見ても、一体どのように測定するかという明確な回答に辿り着くことは難しいでしょう。というのも、開発者生産性は捉えどころのないものであり、それこそが、これまで数多く議論されてきた証左でもあります。

　そんな中、開発者生産性を定義するメトリクスを考案しようとする試みの一例として、いくつかの手法や研究事例を紹介します。

▶ Four Keys

　Four Keys[注1] は、DevOps Research and Assessment (DORA) が提唱した、DevOpsの生産性を評価するためのフレームワークです。Four Keysでは、チームの継続的デリバリの効率を知る手法として、4つのメトリクスを定義しています。

表7-2　Four Keysの4つのメトリクス

メトリクス	内容
デプロイ頻度（Deployment frequency）	本番環境へのリリース頻度
リードタイム（Lead time for changes）	コミットから本番環境までの所要時間
サービス復旧時間（Time to restore services）	障害発生から回復までにかかった時間
変更失敗率（Change failure rate）	デプロイごとに、障害が発生してしまった割合

　これはWebサービスなど、デプロイを継続的に行っているプロジェクトを想定したフレームワークです。それぞれの数値を継続的に監視することで、世界中の統計データと照らし合わせ、自分たちの継続的デリバリの生産性がどれくらいに位置しているかを知ることができます。

注1　https://github.com/dora-team/fourkeys

Four Keysのリポジトリは、執筆時点でPublic Archiveに移行しました。そのため、リポジトリで配布されているツール類のメンテナンスは終了していますが、開発者生産性の定義としては今も役に立つ考え方です。

▶ SPACEフレームワーク

SPACE[注2] は GitHub や Microsoft が中心となり、2021年に発表された論文で提唱された、組織が開発者生産性を定義するためのフレームワークです。SPACEフレームワークでは、メトリクスを5つの次元に分類しています。

- S：達成感と幸福度 (Satisfaction & Well-Being)
- P：パフォーマンス (Performance)
- A：アクティビティ (Activity)
- C：コミュニケーションとコラボレーション (Communication & Collaboration)
- E：効率性とフロー (Efficiency & Flow)

このフレームワークは、生産性を単一の指標で評価せず、これらの次元を組み合わせて、生産性を定義し、適切なメトリクスの設定を助けることを目的としています。SPACEでは、これらの5つの項目について、個人、チーム、システムの3つのレベルで、メトリクスを定義することを提唱しています。これらの3つのレベルは、たとえば以下のように分類されます。

- 個人 (Individual)：開発者一人ずつの活動量、個人の仕事への満足度など
- チーム (Team or Group)：チーム全体の活動量、コラボレーションの質、チームの達成感など
- システム (System)：システムやフロー全体の定量値 (デプロイ時間など)、システム全体への評価 (エンドユーザーからの評価など)

注2 https://queue.acm.org/detail.cfm?id=3454124

図7-5　SPACEフレームワーク（出典のURLをもとに筆者が作成）

FIGURE 1: **EXAMPLE METRICS**

LEVEL	SATISFACTION & WELL-BEING How fulfilled, happy, and healthy one is	PERFORMANCE An outcome of a process	ACTIVITY The count of actions or outputs	COMMUNICATION & COLLABORATION How people talk and work together	EFFICIENCY & FLOW Doing work with minimal delays or interruptions
INDIVIDUAL One person	•Developer satisfaction •Retention† •Satisfaction with code reviews assigned •Perception of code reviews	•Code review velocity	•Number of code reviews completed •Coding time •# Commits •Lines of code†	•Code review score [quality or thoughtfulness] •PR merge times •Quality of meetings† •Knowledge sharing, discoverability [quality of documentation]	•Code review timing •Productivity perception •Lack of interruptions
TEAM OR GROUP People that work together	•Developer satisfaction •Retention†	•Code review velocity •Story points shipped†	•# Story points completed†	•PR merge times •Quality of meetings† •Knowledge sharing or discoverability [quality of documentation]	•Code review timing •Handoffs
SYSTEM End-to-end work through a system [like a development pipeline]	•Satisfaction with engineering system [e.g., CI/CD pipeline]	•Code review velocity •Code review [acceptance rate] •Customer satisfaction •Reliability [uptime]	•Frequency of deployments	•Knowledge sharing, discoverability [quality of documentation]	•Code review timing •Velocity/flow through the system

†*Use these metrics with [even more] caution - they can proxy more things.*

出典：「The SPACE of Developer Productivity」https://queue.acm.org/detail.cfm?id=3454124
Nicole Forsgren, GitHub
Margaret-Anne Storey, University of Victoria
Chandra Maddila, Thomas Zimmermann, Brian Houck, and Jenna Butler, Microsoft Research

　メトリクスを配置することで、それぞれのメトリクスが、どの項目に寄与する
かを再確認したり、逆にどのメトリクスが組織に足りていないかを発見したりで
きます。この論文における最も重要な主張は**開発者生産性は、活動量など、単一
の指標で表せるものでもなく、多面的な要素から導き出されるものである**とい
うことです。

　さらに、このフレームワークの興味深い点は、定量値のみならず「達成感と幸福度」、
「コミュニケーションとコラボレーション」というおおよそ定量化しづらい次元を
含み、重視している点です。この論文では「アンケートによる感覚的な満足度」や、
俗に「心理的安全性」と呼ばれるようなコミュニケーションの風通しのよさといっ
た知覚的な値も定量化し、メトリクスに取り込むことの有意義さについても示
唆しています。客観的な定量値のみならず、開発者の満足度や、快適さなど主
観的な感覚を含め、様々な観点でメトリクスを定義することが大切なのです。

モバイルアプリ開発の生産性を
SPACEフレームワークで定義する

　SPACEフレームワークの活用法を知るために、実際にモバイルアプリ開発固有の生産性を定義してみましょう。ここではSPACEの各次元について、元の論文を要約して説明します。その後、モバイルアプリ開発特有のメトリクスを考えます。特に、モバイルアプリ開発でインパクトのある課題である、ビルドの待ち時間や失敗率の改善を目標としたメトリクス設定を目指します。

▶ モバイルアプリのビルドにまつわる課題

　筆者がモバイルアプリ開発の基盤業務に携わる中で、よく問題になるビルドにまつわる課題を説明します。モバイルアプリ開発において、しばしばビルド体験は開発者生産性に直結し、重視されます。開発者はコードを記述した後にビルドを実行し、数秒から数分待つことで成果物を確認できます。この待ち時間を体験した方は想像しやすいと思いますが、このコーディングの中断は実時間以上のコンテキストスイッチによる負荷を開発者に与えます。

　また、ビルド速度のみならず、ビルドエラーへの遭遇率も開発者生産性に大きな影響を与えます。ビルドが安定しない場合は作業を中断し、ビルドを正常に戻すための調査や、クリーンビルドを試す必要があり時間がかかります。その発生原因も、自分が記述したコードやビルド設定が悪いのか、キャッシュの有無などプロジェクト固有の問題なのか、SDKやコンパイラのバグなのか、問題を切り分けるのが難しいケースもあります。そのため、ビルドエラーに遭遇した場合、組織内で知見を持つ開発者に問い合わせが必要になる場合があります。しかし、その問い合わせを受ける開発者も作業を中断し、調査や回答を行う必要があり、問い合わせの発生は双方の生産性を著しく低下させます。

　このような課題について、SPACEフレームワークを用いて複数のメトリクスを作成し、開発者生産性を計測してみましょう。ここからは、SPACEフレームワークで定義されている5つの次元を見ていき、そこに当てはまるメトリクスを策定してみましょう。

▶ Satisfaction & Well-Being

　Satisfaction & Well-Beingは、開発者がツールやチーム、仕事にどれだけ充実感を感じているかを表します。充実感を客観的に測ることは困難なので、計測には定期的な開発者アンケートなどを通じた、知覚的 (perceptual) な値に頼ることになります。ここでは、端的に「ビルド体験をどう感じますか？」という

質問に対する回答をメトリクスとして採用しましょう。3つのレベルに応じて、それぞれ「ビルドの待ち時間に対する満足度」「ビルドチームの対応（質問応答）への満足度」「ビルドシステムへの満足度」と分類できます。

- ビルドの待ち時間に対する満足度
- ビルドチームの質問応答への満足度
- ビルドシステムへの満足度

▶ Performance

Performanceには、最終的な結果を示すメトリクスが所属します。品質やインパクトなど、開発者が最終的にどれだけ開発に貢献できたかを表します。この値も聞くからに定量化が困難なものです。この値について厳密に定義するには、エンジニア評価の話にまで及んでしまいます。そこで、ここでは個人やチームに対しては、端的に達成すべき課題に対しての進捗率（インパクト）とします。システムに対しては、完成した製品の質をパフォーマンスの軸とするため、見つかった不具合の数（品質）や最終成果物の客観的な質、たとえばアプリストアのレビューという観点が適当でしょう。

- 個人やチーム全体の目標の達成率
- 関連する見つかったバグチケットの数
- ストアレビュー

▶ Activity

Activityは、作業を通して完了したアウトプットの数を表します。メトリクスと聞いて最も想像しやすい次元でしょう。Activityは多種多様であり、すべてを定量化するのは不可能なので、効果的な値を取捨選択する必要があります。また、これらの値を単独で評価指標にすることは推奨されません。先ほどのコミット数＝生産性の例を思い出してみてください。これらの値は、他の次元と組み合わせて、より意味のある評価指標を作ることができます。

ここではビルドやアウトプット、問い合わせの状況を把握するための値をメトリクスに設定します。個人レベルでは1日の差分ビルド・クリーンビルド回数。チームレベルでは問い合わせチケットの数や、チーム全体での総ビルド回数、開発の進捗を計るためのPRのオープン数。システムレベルでは、CIの実行回数をメトリクスとして持つことができます。

- 1日あたりの差分・クリーンビルド回数
- チーム全体の問い合わせチケットの数
- PRのオープン数
- CIの実行回数

▶ Communication & Collaboration

Communication & Collaborationは、開発者同士のコミュニケーションや、チームのコラボレーションの量や質を表します。コミュニケーションの質も、Satisfactionに似て定性的なものなので、とても複雑で、測定が困難な次元です。先ほど説明したようなビルドエラー遭遇時の質問窓口が正しく、効率的に機能しているかをこの次元を使って測定してみましょう。

個人レベルでは、ビルドエラーに遭遇した数のうち、どれぐらい問い合わせが発生したかの割合を見てみるとよさそうです。その他、ビルドの質問が即座に解決されるかどうかも重要な指標です。システムレベルでは、ドキュメントやFAQがどれぐらい充実しているかという満足度や、調べれば解決する同じ質問が再度発生していないか、という点も指標となりそうです。

- 問い合わせずに解決できた割合
- 問い合わせに対しての満足度
- 質問が解決されるまでの平均時間
- エラー時のドキュメントの充実度
- 過去と同じ質問の重複率

▶ Efficiency & Flow

Efficiency & Flowは、中断や遅延を減らして、仕事を進捗できているかどうかを可視化する次元です。たとえば、多くの仕事を抱えていてスイッチングコストが大きな状況や、不具合による中断が多い状況は、効率性を妨げている状態と言えます。前述の通り、日常のアプリ開発の中ではビルドの存在が大きく集中を削ぐ要因になります。わずか数十秒であっても、作業の手を止める要因は減らしたいです。ここではコーディングの継続時間や、ローカル環境でのビルドの失敗率に着目してみましょう。

個人レベルでは、手元のビルド時間や、どれぐらいのコーディング時間ごとにビルドをしているか、またビルド回数あたりのエラーへの遭遇率を見ることで、どれぐらい作業が中断されているかを計り知ることができそうです。チームレベルでは、ビルドに問題が生じた場合、問い合わせをしている間は、ビルドチー

ムの対応まで作業が中断されてしまうといった観点が考えられます。この中断時間を見ることで、ビルド失敗による、本質的な開発タスクへの影響を見ることができそうです。システム全体では、フルビルドの時間やビルドエラーの発生率を見ることで、ビルドの効率性を評価できます。

- 手元の差分ビルド時間
- コーディングからビルドまでの平均所要時間
- 開発者の開発環境でのビルドエラーへの遭遇率
- チーム全体の1日の総ビルド時間
- ビルドお問い合わせ待ちによる作業の中断時間
- クリーンビルドの平均時間
- 全ビルドにおける失敗率

メトリクスを多次元的に評価する

ここまで述べた値をフレームワークに当てはめると、以下のような表を得ることができます。

表7-3　メトリクスをフレームワークに当てはめる

	満足度と幸福度	パフォーマンス	アクティビティ	コミュニケーションとコラボレーション	効率性とフロー
個人	・ビルド体験に対しての満足度	・個人の目標達成度 ・チケットの消化数	・1日の差分・クリーンビルド回数 ・クリーンビルドの割合	・問い合わせずに解決できた割合 ・問い合わせに対しての満足度	・手元のビルド時間 ・コーディングからビルドまでの平均所要時間 ・開発環境でのビルドエラーへの遭遇率
チーム	・ビルドの質問応答への満足度	・チームの目標達成度への満足度 ・チケットの消化数	・PRのオープン数 ・総ビルド回数 ・問い合わせ件数	・質問が解決されるまでの平均時間	・対応による作業の中断時間 ・1日の総ビルド時間
システム	・ビルドシステムに対しての満足度	・ストアレビュー ・バグチケットの数	・CIの実行回数	・トラブルシューティングの充実度 ・過去と同じ質問の重複度	・フルビルドの平均時間 ・ビルド失敗率

この表を参考に、各課題の改善について、様々な視点から評価してみましょう。

▶ ビルドの待ち時間を減らしたい

前提として「ビルドの待ち時間が減ればアプリ開発の生産性が上がり、満足度も上がる」という仮説があります。しかし、Activityだけを元に、ビルドの待ち時間を減らすことに執心してしまうのは危険です。

たとえば、総ビルド時間が減っているように見えて、実態はそもそも開発者の総開発量が減っているだけという状況も考えられます。逆に総ビルド時間が増えていたとしても、1回にかかる差分ビルドの時間は短縮され、その結果、開発者の試行回数が増え、総ビルド時間が延びているのかもしれません。これは逆によい変化と言えます。このような読み違いを防ぐために、その結果のPerformanceやSatisfactionの変化にも着目する必要がありそうです。

また、ビルド時間の短縮は一要因に過ぎない可能性があり、その他の要因を見逃してしまう可能性もあります。極端には、ビルドなどしなくても、実行結果を得られるような開発環境があればそれに越したことはありません。最近のモバイルアプリ開発のためのIDEは、Xcodeの "Xcode Preview" やAndroid Studioの "Apply Changes" といった、アプリの実行を伴わずに、見た目を確認する機能を備えています。たとえば「コーディングからビルドまでの平均所要時間」が増え、かつPerformanceやActivityにも悪い影響が出ていない場合、ビルドせずとも生産性が担保できていると言えます。

他にも、Efficiency & Flowの観点から、画面ごとのIDEによるプレビュー機能の対応率や、その満足度も指標に加えることで、そもそもビルドの必要がない環境が維持できているかも指標に加えることができるかもしれません。

▶ ビルドについての質問を減らしたい

筆者の組織では、基盤を担当するチームが、ビルドについての質問を受け付ける窓口を設けています。この質問はビルドに失敗した各開発者から寄せられ、これらは即座に解決されるべきです。しかし、この回答のために問い合わせを受ける側にも割り込みが発生し、作業の中断に繋がります。そもそも何も問題が起きなければ、双方とも手を止める必要はありません。そのため、質問は少なければ少ないに越したことがありません。

しかし、Activityの観点のみで質問の数を観測するだけでは、真に組織が健全であることを検知できません。手元では膨大なビルドエラーが発生しているのに、上手く窓口が機能していない可能性があります。単に開発者が質問を萎縮しており、膨大な時間をかけて自己解決しているのかもしれません。Efficiency & Flowの

観点から、果たしてビルドエラーによる中断はどれぐらい起きているのか、といった視点も加える必要があります。

また、問題が発生しても、開発者が自力で問題を解消できれば、問い合わせ対応に必要な時間を減らすことができます。Communication & Collaborationの観点から、ビルドの問題に遭遇したが、ドキュメントやFAQを見ることで解決できたという件数や満足度を測定することでも、ビルドエラーへの対処が効率的にできているかを推し量ることができそうです。

▶ SPACEを使ったメトリクスの評価

SPACEフレームワークを利用することで、自分たちのメトリクスにどの観点が足りていないか、局所化など特定の状況を見逃していないかを、客観的に確認できることが伝わったかと思います。

しかし、実際に適応を考えてみて、SPACEはある程度有効なフレームワークではあるものの、そもそものPerformanceの定義が難しすぎるという根本的な問題もはらんでいます。数ある開発者生産性の評価手法の1つとして、絶対視せずに利用していくのが肝要です。

開発者生産性の定義のまとめ

開発者生産性を定義することの難しさと、既存手法、そしてフレームワークの活用例を紹介しました。

筆者は、このような体系的なフレームワークに出会う以前は、主に感覚的なメトリクスの存在について懐疑的でした。開発者に「快適ですか？」と聞いてまわることはなんだか科学的なアプローチではないように思えていたのです。しかし、このような知覚的な要素も含め、多面的に生産性を評価する方法を知ることで、開発者生産性の定義について、より深く考えることができるようになりました。

改めて理解が必要なのは、開発者生産性すべてを測定できる、たった1つの指標や銀の弾丸は存在しないということです。

また、当然ながら、開発者生産性に関する考え方は、事業やプロダクトによって様々です。たとえば、客先への納品を目的とした作りきりの受託開発や、パッケージでの販売を伴うコンソールゲームの開発、といった全く別の事業ドメインでは、Four Keysのような継続的デリバリを前提としたメトリクスは上手く噛み合わないでしょう。このような議論は、どうしてもSRE (Site Reliability Engineering) の観点から語られた事例が多く、他の領域の開発課題に適応した例が上手く見つからないこともあります。既存手法を参考にしながら、あなたの組織に最適で

効果的な指標を探してください。

7-9 改善の実行 (Step 4)

　ここまでで、抽象課題の発見、課題の具体化、ベンチマークの考案という3つのステップを見てきました。ここからは、ステップ2で立てた仮説やアイデアに基づいて、実際に施策を実行していくことになります。

　実行する施策自体はケースバイケースと言えるので、ここで細かく説明することは困難です。そのため、開発基盤の改善を実行する上で陥ってしまいがちなアンチパターンと回避策、また施策の実行において周りの人の協力を得るための心構えについて紹介します。

開発基盤改善のアンチパターン

　仮説に基づいて改善を実行する中で陥りがちな問題がいくつかあります。特にこのような問題は、組織が大きくなり、基盤の改善の専業化が進むにつれて顕著になります。

　ここからは、開発基盤の業務に従事する上で陥りがちなアンチパターンを見ていき、その解決策を考えてみましょう。

▶ アンチパターン1：特定領域への理解が薄れてしまう

　基盤業務の専業化が進むと、プロダクトコードへの理解が薄れてしまうことがよくあります。たとえば、開発ツールのような、直接的にプロダクトコードに影響を与えない領域の開発を行っていると、UI層やビジネスロジックについて、他の開発者が抱える問題点に気付きづらくなり、適切な解決策を提示することも難しくなります。

　注力している領域以外が手薄になってしまうこと自体は、どの領域でも起こりうることですが、開発基盤に携わるエンジニアは、特定領域への不理解が、課題発見・解決を行う上での障害となってしまうため、より一層注意が必要です。

▶ 解決策1：プロダクトコードや手薄な部分への理解を持ち、抽象課題を発見し続ける

　この問題への解決策として、「抽象課題の発見」の節で挙げたような取り組みが同様に有効です。レビューを通じてプロダクトコードを読む、他の開発者と対

話し続けるといった取り組みです。

　その他にも、余暇でのサイドプロジェクトやオープンソースプロジェクトへの貢献などでも自らの知識の陳腐化をある程度は防ぐことができます。サイドプロジェクトとして自分でもプロダクトを開発してみることは、特に効果のあるキャッチアップ方法でした。個人でプロダクト開発を一気通貫で行うことで、本業では手薄な部分について実感を持って課題感を持つことができました。

　また、技術キャッチアップの面でも、本業で利用できていない技術を学ぶことで、それを本業のプロダクトに応用することもできます。当然、とても時間がかかり、泥臭い対処方法ではありますが、それ以外になかなか効率化して学習し続けることは難しいです。開発基盤に従事する場合は、常に自らの知識をアップデートし続けることを意識してください。

▶ アンチパターン2：定量化が局所最適を起こしてしまう

　先ほど、定量化したメトリクスの設定が重要であることを説明しました。しかし、定量値を重視するあまり、局所最適を起こしてしまい、本質的な問題を見落としてしまうこともあります。

　SPACEフレームワークの論文内でも、開発者生産性のありがちな神話（Myths）[注3]の1つとして、「1つの生産性指標ですべてが分かる」というものが挙げられていました。少ないメトリクスを重視した結果、大局を失ってしまうこともあります。たとえば、以下のような事例が考えられます。

事例1

CIの待ち時間が長く開発を妨げているという仮説の元、CIの待ち時間を短縮するためにCIの実行時間をKPIにした。結果、CIの実行時間は短縮されたが、チェック項目が減り、後から実行されていないテストが壊れている事例が増えた。

事例2

レビューの負荷を下げるために、PRがマージされるまでの時間や、PRにつく指摘箇所の件数をチェックした。結果、値に改善が見られたが、レビューの指摘が減っていただけだった。またPRの件数も増えたが、修正が増えただけだった。

　事例だけを聞くと、愚かなことに思えるかもしれませんが、実際にはこのようなことが起きてしまうものです。

　また、筆者が経験した例として、ビルドの待ち時間を短縮するためにビルドシステムを刷新したところ、ビルド速度は向上したものの、デバッガーが上手く動

注3　ここでは誤解のような意図です。

作しなくなってしまったことがありました。これも一見すると、メトリクスの改善には寄与したように見えますが、実際には全く別の要因で生産性を低下させる一因となってしまいました。

　メトリクスを正しく追っているにも関わらず、体験の低下を検知できないケースにはどう対処していくべきでしょうか。

▶ 解決策2：複合的なメトリクスを設定する

　このような事例は、SPACEの例で紹介したように、それぞれ複合的なメトリクスを設定し、多次元的に評価することである程度は防ぐことができます。たとえば、アンチパターン2の例はいずれも、SPACEにおけるパフォーマンスの次元を考慮していないことが原因です。以下のような解決策が考えられます。

事例1の解決策
CIの実行時間 (T)、実行回数 (n)、成功率 (r) から複合的に判断する。たとえば kr/Tnなど、総実行時間と失敗率の両方を考慮したメトリクスを設定する。

事例2の解決策
レビューが不十分だったことによる手戻りによるissue/PRをカテゴライズして、トラッキングする。その値もKPIに含める。

　SPACEフレームワークを活用し、各課題について、関連しそうな値から、確からしい評価値を設定しましょう。

　また、後者のような例には、定量的なメトリクスのみではなく、定性的な満足度の観測も併用する必要があります。知覚的メトリクスの収集方法として挙げた開発者アンケートや、抽象課題の発見の手法として挙げた開発者との対話などが、これらの問題を検知する助けになることもあります。生産指標だけですべてを判断するのではなく、複合的な視点で問題を捉えることが重要です。

▶ アンチパターン3：改善を優先して開発を止めてしまう

　開発基盤に従事するエンジニアが最も意識すべきことは、プロダクト開発を阻害しないことです。大規模なリアーキテクチャや、マイグレーションに伴い、今までできていた開発に余計に手間がかかってしまう、もしくはサポートできていないという状況を起こしてはいけません。「リファクタリングのためにしばらくリリースを止めます」という判断は本末転倒です。

　しかし、一方、開発基盤の改善に携わる中で、一朝一夕にはいかない長期的な継続が求められる施策も多々あります。アプリケーション全体に影響を与える

ような大規模な変更の場合、リリースを止めて一度に書き換えるという判断は、たいていの場合は上手くいきません。広範囲にわたる変更を伴う施策の例として、以下のようなものが考えられます。

- 利用しているフレームワークや言語のメジャーバージョンアップや刷新
  - Ruby on Railsのバージョンを上げる、利用しているRubyのバージョンを上げるなど
- Objective-CやJavaで書かれていたモバイルアプリをSwiftやKotlinに書き換える
- アプリケーション全体のリアーキテクチャ
  - クリーンアーキテクチャを導入するなど
- ライブラリの変更や取り外し
  - UIフレームワークを別のものに変更する
  - サードパーティーライブラリで行っていたものを、OSや言語標準のものに切り替える

　このような広範囲に影響を及ぼす課題についても、開発を止めずに改善を続けるには、どのようなアプローチが取れるでしょうか?

▶ 解決策3 : 前方互換を重視した移行計画を設計する

　アンチパターン3のようなケースでは、前方互換を崩さず、徐々に新しい方式に移行する方式を採用することが不可欠です。すべての作業を完了させるまで、他の開発が停止してしまう状況を作ってはなりません。一方で、大量の変更を別ブランチで維持し、移行の準備が整ったらまとめてマージするといった方式は、プロダクトが大規模になると無理があります。

　このような問題を技術的に解決するためには、まず古いコードは書き換えずとも動作でき、部分的な移行が可能な設計を考案する必要があります。そのためのアプローチとして「バックポーティングや互換レイヤーの導入」「フィーチャーフラグの活用」「新規開発は新しい方式に沿って行う」の3つの手法を紹介します。

　まず、「バックポーティングや互換レイヤーの導入」のアプローチです。フレームワークやライブラリのメジャーバージョンアップにより、今まで使っていた機能が廃止され、利用できなくなるケースには、新しいAPIを古い環境でも利用する、バックポーティング層の提供が役立つ場合があります。たとえば、あるAPIが次期バージョンでは廃止されて利用できなくなるが、利用箇所が大量にあるといっ

た場合、以下のような手法で小さな単位で新しい方式への移行が行えます。

1. 新しいバージョンのAPIと同じインターフェイスを持つ実装を提供し、古いバージョンのAPIをラップする
2. 各実装を1で提供した実装に置き換え、順番にリリースに含める
3. すべての移行が終わったら、フレームワークのメジャーバージョンを上げ、1の実装を削除する

このアイデアは、個々の小さな変更をリリースに含めながら、大規模な変更を行う際に有効です。

また、この手法は、ライブラリの置き換えといったケースにも有効です。たとえば、あるサードパーティーのライブラリを別のものに置き換える際、置き換え先のインターフェイスと同様のインターフェイスで古い実装をラップし、利用箇所を置き換えていくことで、他の開発を進めながら大量の置き換えを実現できます。

3章「ブランチ・リリース戦略」でも紹介しているブランチ戦略やフィーチャーフラグの利用などは、上記のような問題の対処にも有効です。たとえば、以下のような活用が考えられます。

1. 新しい方式の実装を利用するフラグを用意する
2. 旧方式を利用している箇所に新方式の実装も追加し、フラグで切り替えられるようにする
3. すべての移行が終わったらフラグを切り替える
4. 旧方式の実装をまとめて削除する

この手法は利用している言語や開発環境により実現方法が異なりますが、基本的な考え方は役立つでしょう。総じて、移行途中の実装をリリースに含んでいけるような仕組みを用意していくことが要点となります。

互換の維持が実現できた後、新規開発については新しい方式を即座に利用できる体制を整えるべきです。

移行を進めている間にも新たな機能開発はどんどん行われます。旧方式の移行を行いつつ、新しい実装は置き換えが不要な状態を作らなければ、いつまでもマイグレーションを完了させることができません。利用フレームワークの変更やリアーキテクチャなど、新旧の方式が混在可能な場合は、まず新規コードに古

い方式が増えてしまわないように、先んじて穴を塞いでしまうことが肝要です。

　開発者が新しい方式を利用できるように、利用ガイドやベストプラクティスを速やかに周知しましょう。これが早ければ早いほど、今後移行すべきレガシーコードを減らすことができます。新しい方式に沿っていない新規コードを追加しようとしたとき、リンターなど、警告を出すような仕組みを整備するのもよいでしょう。

　大規模なマイグレーションを実行する際に、開発を止めずに移行を行うための工夫は数多く考えられます。このような手法を学ぶために、様々な領域での既存の事例を常にキャッチアップしていくことが大切です。

▶ アンチパターン4：過剰に規約や規律、正当性を重視してしまう

　日常的なコードレビューを通して、他の開発者との衝突はままあることです。

　たとえば書かれたコードが、アーキテクチャの規約やテスト戦略に添っていなかったり、エッジケースを考慮していなかったりするケースです。このとき、開発基盤エンジニアの責務は、プロダクト全体の品質を担保したり、様々なメトリクスやカバレッジを向上させたりすることにあります。一方で、各プロダクト開発者は、リリース期日など、別の到達目標を持っているのが大抵でしょう。両者で重視しているKPIが異なっているため、規約の遵守が難しいケースは頻繁に起こりえます。

　コードレビューの中で、十分にテストされていないコードに対してテストを充実させることや、設計が洗練されていないときに、アーキテクチャガイドなどの規約を遵守するようにレビュイーに依頼するケースは多くあります。このとき、プロダクト開発者は納期などの都合で、必ずしも理想的な状態にコードを保持できないことがあります。このようなケースでの過剰な規約の強要や、正論の押しつけは、プロダクトの開発や、エンドユーザーへのデリバリを妨げてしまうことにも繋がりかねません。ひいては、衝突が続くと、開発基盤の権威化に繋がったり、他の開発者からの信頼を損ねたりしてしまいます。一方で、衝突を避け、懸念を看過してしまうのも考え物です。

　このようなケースに直面したとき、開発基盤エンジニアはどのように対処すべきでしょうか。

▶ 解決策4：落としどころを明確にする

　アンチパターン4の状態では「規約を守るべき」、「何らかの事情でできない」と両者の水掛け論になってしまいがちです。このときも、開発基盤に携わる開発者は、開発を阻害しないという前提に立ち、振る舞うべきです。最低限満たされているべき妥協案を可能な限り提案しましょう。

たとえば、テストが不足していたり、特定のエッジケースで上手く動かない懸念があったりするといったケースでは、将来的な対応の約束を合意し、修正時期を決めてissue化する、暫定的な対応であることを理解してもらうなど、両者の落としどころを上手く見つけましょう。必ずしも遵守する必要がない場合は、一時的に対応を緩和するなど、柔軟な対応を心がけましょう。このような衝突が多い場合は、そもそもの規約に実効性がない可能性も考えられます。

一方で、看過すべきではないケースも存在するのが難しいところです。セキュリティリスクを伴う問題や、パフォーマンスを著しく低下させる可能性がある場合などです。そのようなクリティカルなケースでは、リリースを優先すべきではない場合もあります。

これ以上は「場合による」という回答になってしまいますが、なるべくプロダクト開発を止めないことを意識してコミュニケーションが取れるとよいと思います。

他の開発者と協調していくために

最後に、開発基盤の改善を進める上で、他の開発者から信頼してもらい、協力を得られやすくするための心構えをいくつか紹介します。

▶ 心理的に相談してもらいやすい環境を作る

「抽象課題の発見」の節で、開発者とのコミュニケーションが、基盤改善の鍵であることを説明しました。他の開発者から、日常の開発上の課題を伝えてもらうには、発言の敷居を下げることが肝要です。プロダクト開発者と開発基盤エンジニアとの距離が離れると、抽象課題の発見のための要望や問題の汲み取りが難しくなっていきます。テキストコミュニケーションのみで、面識がない間柄の場合、直接要望を伝えてもらうのはなかなかハードルが高いものだと感じています。定期的なミーティングは、機会提供にはなりますが、そもそもの信頼関係が構築できていない場合、なかなか有意義な場にならないかもしれません。

たとえば筆者の場合は、意図的に緩い発言をすることで、他者の自由な発言を促したいと考えています（あまり度を超していても逆に信頼を損ねかねませんが）。また、現代では忌避されがちな「飲みニケーション」のような機会も有用に働くことがあります。必ずしも飲酒を伴う必要はありませんが、雑談を通した方が、新しい技術的関心や、開発上の不満を吸い上げやすく、また今後の業務でも相談してもらいやすいなど、効果を実感することは多いです。効果的な方法を一概に挙げることは難しいテーマですが、発言の敷居を下げる環境作りを特に意識してください。

▶ 小まめな状況の共有

あなたが行った基盤改善について、定期的に他の開発者に共有しましょう。組織内での発表の機会や、社内ブログのような発信の場があれば、クオーター、半期ごとの頻度で、これまでの取り組みを発信するだけでもかなりの効果があります。特に、対外的なカンファレンスなどは、成果報告の場として絶好の機会です。

対外発表は、自らや所属組織のプレゼンスを高めるという目的が重視されがちですが、同時に組織内の他の開発者に現状を理解してもらうためにも役立ちます。もちろん、組織外には伝わりづらい課題や、詳細な実装については対外発表だけでカバーするのは難しいです。一方で、対外的な発表に落とし込めた方が、組織内のみならず、コミュニティ全体への貢献に繋がるため、伝わる範囲が広がり、効率的とも言えます。たとえば、対外的には、課題やそれを解決した施策と効果のような抽象度の高いトピックを扱い、その後に組織内で具体的な実装詳細に関しての発信を行うのはよい方法でしょう。

組織内に対しての告知と、対外的な貢献の両輪を回していくことを意識することで、1つの成果から、効率的により多くの開発者に影響を与えることができます。

▶ 夢を語る

他の開発者を巻き込んで、基盤改善を進めていくためには夢を語ることも大切です。「夢を語る」とは、すなわち中長期的なロードマップを示し、他の開発者やあなたのマネージャーとの合意形成を行うことです。

特に大規模なプロダクトの場合、新しいフローの導入や、大々的なアーキテクチャの変更を一朝一夕に完了させることは困難です。導入の最初期は、新たな問題を生み出したり、開発者への混乱や不満を招いたりすることが多々あります。そのような状況が続くと、開発者の関心が下がったり、協力を得られづらくなったりしてしまいます。さらには、アンチパターンで述べたような、生産性を下げる開発基盤に陥ってしまうことさえあります。

他の開発者に信頼を持ってもらうために有用なのは、最終的にどのような状況を達成したいのかを、明確に説明することです。長期的な展望や、解決したい現状を共有することで、他の開発者の協力を得られやすくなります。多少の不具合にも申し訳が立つかもしれません。「小まめな状況の共有」で触れた、定期的な発表の場に是非盛り込んでみてください。

また、このような動きは、あなたのマネージャーに対して、あなたの取り組みを理解してもらうためにも有効です。組織に引き続き開発基盤改善の重要性を理解してもらうためにも、ロードマップの共有は怠らないようにしましょう。

7-10 まとめ

　この章では、開発基盤の改善の意義と目的、そして開発基盤の改善手順、開発者生産性の定義の方法、実行のための心構えについてお伝えしました。

　繰り返しになりますが、開発者生産性や開発者体験の向上の最終目的は、エンドユーザーまでの価値提供の速度を最大化することです。そのためには、仮説の設定と、仮説に基づくメトリクスの定義、メトリクスを元にしたパフォーマンスの検証を繰り返し続けることが必要です。また、具体的な改善のためには、組織の様子や技術トレンドのキャッチアップを怠らず、他の開発者の協力を得られるような動き方をしていくことが求められるでしょう。

　この章で紹介した内容が、あなたの組織の開発基盤改善のためのヒントになれば幸いです。

著者
プロフィール

田中洋一郎

Tably 株式会社 CTO。Google Developers Expert(Web Technology 担当)。

石川宗寿

LINE ヤフー株式会社所属。著書に『読みやすいコードのガイドライン -持続可能なソフトウェア開発のために』(技術評論社)。

若狭建

合同会社桜文舎 代表社員。東京大学大学院工学系研究科情報工学専攻修了。Sun Microsystems、Sony、Google、Apple、LINE などを経て、メルカリにて執行役員として CTO Marketplace、Group CTO を歴任。現在は数社の技術顧問を務める。

田中優之

LINE ヤフー株式会社所属。2020 年より株式会社出前館へ出向。博士 (ソフトウェア工学)。

小澤正幸

エン・ジャパン株式会社 VPoE。ソフトウェアエンジニア。

川中真耶

株式会社ナレッジワーク CTO。東京大学大学院情報理工学系研究科コンピュータ科学専攻修士課程修了。日本 IBM 東京基礎研究所や Google などを経て株式会社ナレッジワークを共同創業。CTO of the year 2022 ファイナリスト。

三木康暉 (giginet)

LINE ヤフー株式会社所属。主に iOS 版 LINE の基盤・ビルドシステム開発のほか、モバイル開発体験の向上に日夜取り組んでいる。著書に『cocos2d-x ではじめるスマートフォンゲーム開発』(技術評論社)。

カバーデザイン	小口翔平＋畑中茜（tobufune）
本文デザイン・DTP	株式会社マップス
担当	小竹香里

●本書サポートページ

https://gihyo.jp/book/2024/978-4-297-14502-6

本書記載の情報の修正・訂正・補足については、当該Webページで行います。

エンジニアチームの生産性の高め方
〜開発効率を向上させて、人を育てる仕組みを作る

2024年11月8日　初版　第1刷発行

著　者	田中洋一郎、石川宗寿、若狭建、田中優之、小澤正幸、川中真耶、三木康暉
発行者	片岡 巌
発行所	株式会社技術評論社 東京都新宿区市谷左内町21-13 電話　03-3513-6150　販売促進部 　　　03-3513-6177　第5編集部
印刷／製本	港北メディアサービス株式会社

ISBN978-4-297-14502-6 C3055　　　　　　Printed in Japan

■ お問い合わせについて

本書に関するご質問については、記載内容についてのみとさせて頂きます。本書の内容以外のご質問には一切お答えできませんので、あらかじめご承知おきください。また、お電話でのご質問は受け付けておりませんので、書面またはFAX、弊社Webサイトのお問い合わせフォームをご利用ください。

なお、ご質問の際には、「書籍名」と「該当ページ番号」、「お客様のパソコンなどの動作環境」、「お名前とご連絡先」を明記してください。

〒162-0846
東京都新宿区市谷左内町21-13
株式会社技術評論社
『エンジニアチームの生産性の高め方
〜開発効率を向上させて、
人を育てる仕組みを作る』係
FAX：03-3513-6173
URL：https://book.gihyo.jp

お送りいただきましたご質問には、できる限り迅速にお答えをするよう努力しておりますが、ご質問の内容によってはお答えするまでに、お時間をいただくこともございます。回答の期日をご指定いただいても、ご希望にお応えできかねる場合もありますので、あらかじめご了承ください。

ご質問の際に記載いただいた個人情報は質問の返答以外の目的には使用いたしません。また、質問の返答後は速やかに破棄させていただきます。